AF542819

Cosoc Grand Palace
Publishing

Werde zum

PRODUK-TIVITÄTS NINJA

Raum schaffen für das, was wirklich zählt.

Graham Allcott

„Wir haben uns bei diesem Buch für eine etwas andere Art der Übersetzung entschieden. Für uns ist es wichtig, dass Sprache Dynamik vermittelt, und diese entsteht nur durch einen ungehinderten Lesefluss. Aus diesem Grund haben wir abwechselnd männliche und weibliche Formen verwendet. Wir möchten jeder und jedem die gleiche Aufmerksamkeit schenken, denn dieses Buch ist für euch alle."

Graham Allcott: Werde zum Produktivitäts-Ninja

Originalausgabe: Icon Books Ltd, Omnibus Business Centre, 39-41 North Road, London N7 9DP, UK

Übersetzung des englischen Originals: Michael Widemann
Umschlaggestaltung: Yasmin Karim
Korrektorat: Nele Sophie Mau
Lektorat: Dr. Chris W. Huber

www.cosoc.de

CGP1005
ISBN 9783982101682
E-Book ISBN: 9783982101651
Printed in the EU

ÜBER DEN AUTOR

Graham Allcott ist Redner, Unternehmer und Gründer von Think Productive, einem der weltweit führenden Anbieter von Produktivitätsworkshops und Coachings für Unternehmen. Zu den Kunden von Think Productive gehören das Cabinet Office (britische Regierung), The National Trust, eBay, Heineken, BT, GlaxoSmithKline und die Universität von Bristol.

Eine Auswahl von Think Productive-Workshops:

Wie ihr zum Produktivitäts-Ninja werdet

Wie ihr euren Posteingang auf Null bringt

E-Mail-Knigge

Wie ihr Meetings verbessert

Graham ist der Autor des internationalen Bestsellers *How to be a Productivity Ninja*, sowie von *A Practical Guide to Productivity*, *How to be a Study Ninja*, *How to have the energy* and *How to fix meetings*.

Vor der Gründung von Think Productive war Grahams Karriere hauptsächlich auf soziales Engagement fokussiert. Er leitete Freiwilligenprojekte für die Universität von Birmingham, bevor er Geschäftsführer der Wohltätigkeitsorganisation Student Volunteering England wurde und dann seine Beratungsfirma Fruitful Consulting für soziale Unternehmen gründete.

Er war außerdem Mitbegründer von Intervol und Gründungsvorsitzender von READ International und hat Regierungen in Jugend- und Gemeinschaftsfragen beraten, insbesondere die Russell Commission und den National Citizen Service.

Trotz seiner Intoleranz gegenüber Misserfolgen in anderen Bereichen seines Lebens ist er Dauerkarteninhaber von Aston Villa und begeisterter Anhänger des Baseballteams Toronto Blue Jays.

Graham lebt in Brighton, Großbritannien.

Für Chaz, meine Ninja-Komplizin

INHALT

ANMERKUNGEN DES AUTORS

Dies ist eine überarbeitete und zum Teil neu geschriebene Ausgabe, die anlässlich des fünften Jahrestages der ursprünglichen Version des Buches im Jahr 2014 veröffentlicht wurde. Ich denke, bei dieser Art von Büchern hat man als Autor die Wahl zwischen „abstrakt, aber zeitlos“ auf der einen Seite und „konkret und praktisch“„ auf der anderen. Wenn man sich für die praktische Variante entscheidet, hat dies zur Folge, dass das Buch auf der Stelle veraltet ist, sobald es geschrieben ist. Diese überarbeitete Ausgabe bringt es daher auf einen aktuellen Stand. Ich bin überzeugt, dass dies ein Buch für die 2020er Jahre ist. In den letzten fünf Jahren haben sich in der Tat einige Dinge stark verändert – unsere Abhängigkeit von unseren Handys hat zum Beispiel zu einem komplett neuen Kapitel und einer ganz neuen Art des Denkens über die verschiedenen Modi unserer Aufmerksamkeit geführt – und einige Dinge sind bemerkenswerterweise noch genau so wahr wie 2014, wie zum Beispiel unser Bedürfnis, Raum für das zu schaffen, was wichtig ist. Ganz gleich, ob ihr *Werde zum Produktivitäts-Ninja* nie zuvor gelesen habt, oder ob ihr euch diese überarbeitete Ausgabe vornehmt, um alles noch einmal durchzugehen – ich weiß, dass ihr hier viel Wertvolles finden werdet. Das Entscheidende ist, aktiv zu werden. Und überspringt nicht die Übungen. Meine E-Mail-Adresse findet ihr am Ende des Buches, wenn ihr Fragen haben solltet. Viel Spaß!

LIEBER MENSCH …

Ihr wollt alles machen und die Welt verändern, fühlt euch jedoch gleichzeitig auch ab und zu ziemlich faul? Ja, ich auch. Wir Menschen sind Jäger, die sich so weit entwickelt haben, dass wir nicht mehr jagen müssen, also haben wir vielleicht auch das Recht und eine Entschuldigung, faul zu sein. Andererseits hält uns das auch nicht davon ab, ehrgeizig und zielstrebig zu sein.

Ich würde Produktivität als die Fähigkeit definieren, mit dem geringsten Aufwand das zu erreichen, was man erreichen möchte. Natürlich möchte ich mich nicht aufreiben und verausgaben, und ich möchte auf jeden Fall auch noch Zeit für Beziehungen, Freundschaften, Leidenschaften, Hobbys, Erholung und was mich sonst noch antreibt.

Vor etwas mehr als einem Jahrzehnt, als ich mit unzähligen Dingen gleichzeitig jonglierte – einige davon für Geld, einige freiwillig, einige in der Arbeit, einige nicht –, entwickelte ich eine neue Besessenheit in meinem Bestreben, die Welt zu verändern: Produktivität. In diesem Buch geht es darum, mit dem geringsten Aufwand die größte Veränderung oder Wirkung zu erzielen – was immer das für euch bedeuten mag.

Ich möchte euch für den Kauf dieses Buches danken. Indem ihr euch dazu entschieden habt, *Werde zum Produktivitäts-Ninja* zu lesen, habt ihr bereits den Wunsch gezeigt, etwas zu bewegen, etwas zu bewirken und einfachere und bessere Wege zu finden, das zu tun, was ihr tut. Seit ich im Jahr 2009 Think Productive gegründet habe, arbeiten wir mit einigen der weltweit größten Unternehmen, Regierungs- und Wohltätigkeitsorganisationen zusammen, um ihnen zu helfen, den Informationsstress zu eliminieren, der in der modernen Arbeitswelt so weit verbreitet ist.

Meine Herangehensweise an Produktivität ist zu 100 % menschlich. Allzu oft betrachten wir diejenigen, die Großes leisten, als Menschen, die sich von uns Normalsterblichen auf irgendeine Art und Weise unterscheiden. Die großen Persönlichkeiten unserer Geschichte hatten zweifellos alle einzigartige Talente, Charisma und Visionen. Doch keine von ihnen war in vielerlei Hinsicht wirklich anders als ihr oder ich: Selbst die Mutigsten bekommen Angst, selbst die stärksten Führungspersönlichkeiten sind gelegentlich orientierungslos, und selbst die außergewöhnlichsten Menschen leiden unter Selbstzweifeln oder haben andere versteckte Charakterschwächen. Und doch gibt es einen roten Faden, der sich durch so viele Bücher zum Thema Zeitmanagement und Business zieht, durch die gesamte Branche persönlicher Weiterentwicklung und tatsächlich auch durch einen Großteil unserer Gesellschaft: Das ist der Kult um Promis, der Kult um Persönlichkeiten.

Wenn wir nun im Folgenden die Eigenschaften eines Produktivitäts-Ninja erkunden, werden wir uns ansehen, wie ein Ninja eine Mentalität von zenartiger Ruhe, Unkonventionalität, Agilität, Achtsamkeit und Einsatzbereitschaft, aber auch Skrupellosigkeit, Waffenfertigkeit, Tarnung und Täuschung entwickelt. Ich hoffe jedoch, eine meiner deutlichsten Botschaften ist, dass ihr nicht auf magische Weise zum Superhelden werden müsst, um ein Produktivitäts-Ninja zu werden.

Zu viele Menschen kaufen diese Art von Büchern und nehmen sich nicht einmal die Zeit, sie zu lesen. Zu viele andere geben sich einfach dem Personenkult hin und verlieren sich in dem Traum von Perfektion, der ihnen von der Guru-Figur vorgegaukelt wird. Sie verbringen ihre Zeit damit, sich der Fantasie hinzugeben, die Person zu sein, die das Buch geschrieben hat, und glauben den oft unrealistischen Träumen des Gurus, anstatt Veränderungen in ihrem eigenen Leben zu planen und umzusetzen.

Um es also noch einmal ganz klar zu sagen: Es gibt hier keinen perfekten Guru-Typen, den man anbeten könnte. Trotz all meiner Momente produktiver Genialität gibt es auch Momente, in denen ich an mir selbst zweifle, in denen ich es vermassle, prokrastiniere oder Dinge alles andere als effizient angehe. Der Unterschied ist, dass ich diese schlechten Gewohnheiten mittlerweile erkenne und daran arbeite, sie zu ändern.

Ich hoffe, dass meine Erfahrungen und Erkenntnisse für euch umso wertvoller sind, weil ich eben nicht so tue, als wäre mir Versagen vollkommen fremd. Hoffentlich seht ihr das als Garantie für Authentizität und als Gelegenheit, aus einigen meiner Fehler zu lernen – und nicht als Grund, dieses Buch wegzuwerfen und stattdessen nach einem Guru zu suchen und der Realität zu entfliehen. Und natürlich hoffe ich wirklich, dass euch die Idee motiviert, eure Produktivität zu steigern und den Weg des Produktivitäts-Ninja zu erkunden. Dieses Buch ist in vielerlei Hinsicht ein Handbuch für eure Arbeit und euer Leben. Es ist auch eine Hymne auf Errungenschaften. Und es ist eine Verneigung vor der Tatsache, dass hinter jeder außergewöhnlichen Errungenschaft ein ganz normaler Mensch steht, genau wie ihr.

1. DER STIL DES PRODUKTIVITÄTS-NINJA

„Beschäftigt zu sein, bedeutet nicht immer echte Arbeit. Das Ziel jeder Arbeit ist Produktion oder Leistung, und für jedes dieser Ziele braucht es Voraussicht, System, Planung, Intelligenz und ehrliche Absicht sowie Schweiß. Nur scheinbar etwas zu tun, ist nicht das Gleiche wie tun."
– Thomas Edison

Hattet ihr schon mal den Gedanken, dass ihr eure Zeit besser managen solltet? Wundert ihr euch ständig, warum manche Menschen scheinbar so viel mehr erledigen können als ihr, oder wie ihr lernen könnt, mit der endlos wachsenden Flut an E-Mails und anderen Dingen, die erledigt werden müssen, fertigzuwerden? Fragt ihr euch, warum der Tag nie genug Stunden zu haben scheint?

Die landläufige Meinung sagt, dass gutes „Zeitmanagement" der Schlüssel zu Produktivität, Erfolg und Glück ist. Es gibt Hunderte von Büchern über Zeitmanagement, zum Großteil geschrieben von diesen „Guru"-Typen, die scheinbar alles so perfekt und prägnant auf den Punkt gebracht haben: Setzt die richtigen Prioritäten, beginnt den Tag mit einer Liste der Dinge, die ihr erledigen müsst, und hakt diese dann systematisch ab, vom Wichtigsten zu Beginn des Tages bis zum Unwichtigsten am Ende. Legt eine strukturierte Ablage an, setzt euch kurzfristige, mittelfristige und langfristige Ziele, bringt Ordnung in euer Chaos und managt komplexe Projekte mit langen, aber perfekt geschriebenen Projektplänen. Das klingt alles so einfach und so perfekt, nicht wahr?

Nun, lasst uns eines gleich vorab klarstellen: Ich schreibe dieses Buch nicht, weil ich eine Art Zeitmanagement-Guru bin. Ich gehöre nicht zu den Menschen, die von Natur aus organisiert sind. Eigentlich ist mein natürlicher Arbeitsstil genau das Gegenteil: schusselig, auf Ideen fokussiert, eher auf der strategischen Ebene als auf der Ebene des „Machens" zu Hause, allergisch gegen Details, instinktiv, einen in den Wahnsinn treibend und lächerlich unrealistisch in Bezug auf das, was in einem bestimmten Zeitraum machbar ist. All diese Charaktereigenschaften kann man in gewisser Weise zu meinen Stärken zählen und haben mich in den Dingen, die ich gemacht habe, auch erfolgreich gemacht. Sie sind Teil dessen, wer ich bin. Ich spiele diese Stärken aus, erkenne sie aber auch als die hinderlichen Schwächen an, die sie sind. Indem ich meine eigenen schlechten Gewohnheiten änderte und starke, positive, neue Gewohnheiten entwickelte, konnte ich anderen helfen, das Gleiche zu tun. Doch während ich mich mit meinen eigenen unproduktiven Dämonen herumschlug und hart daran arbeitete, produktiver zu werden und mehr Kontrolle über meine Arbeit und mein Leben zu erlangen, kam ich zu einer wichtigen Erkenntnis: Zeitmanagement ist tot.

ZEITMANAGEMENT IST TOT

Irgendwann im Lauf der Zeit haben sich die Spielregeln geändert. Wir leben heute in einem Zeitalter der ständigen Erreichbarkeit und Informationsflut. Wir werden mit neuen Informationsangeboten bombardiert – und zwar aus mehreren verschiedenen Quellen gleichzeitig –, in einer Weise, die noch vor zehn Jahren unvorstellbar gewesen wäre. In den alten Büchern zum Thema Zeitmanagement war es noch relativ einfach, mit neuen Informationen umzugehen: Sie kamen in Form von Briefen, die jeden Morgen im Büro eintrafen und vielleicht noch einmal am frühen Nachmittag, wenn man wirklich beliebt war. Der Umgang mit etwas Neuem und die Reaktion darauf war eine in sich geschlossene, begrenzte Tätigkeit, die nicht mehr als eine Stunde pro Tag in Anspruch nahm. Gemäß den alten Grundsätzen des Zeitmanagements hatte man dann den Rest des Tages Zeit für die „eigentliche Arbeit", die man mittels einer einfachen täglichen To-do-Liste und einem „ABC"-Prioritätensystem zu Beginn des Tages planen konnte.

Heute erscheinen solche Systeme archaisch: Es ist eine große Herausforderung, die Zeit und Aufmerksamkeit aufzubringen, die wir brauchen, um auch nur annähernd in die Nähe unserer eigentlichen Arbeit zu kommen, denn wir werden rund um die Uhr von E-Mails, Posts in sozialen Medien, Sprachnachrichten, Instant Messenger, SMS, dem Intranet, Telefonkonferenzen, Kooperations-Tools und der Belastung, stets erreichbar zu sein, erdrückt. Habt ihr schon einmal um 17 Uhr festgestellt, dass ihr immer noch auf eine volle To-do-Liste starrt, und euch gewundert, wo der Tag geblieben ist? Ich auch.

Mal ganz abgesehen von der ständig zunehmenden Flut an Informationen in unserer Arbeit gibt es noch so viele andere Gründe, warum die alten Zeitmanagement-Theorien einfach nicht mehr zutreffen. Arbeit ist heute komplexer denn je zuvor, und dennoch sind unsere Rollen weitaus weniger definiert und die Arbeit selbst viel mehr im Fluss: Der Schwerpunkt liegt weniger auf starren Managementhierarchien als vielmehr auf der Eigenverantwortung jedes einzelnen Teammitglieds – das Kommunikationstempo hat dramatisch angezogen und von uns wird erwartet, dass wir sofort antworten oder zumindest stets „auf dem Laufenden" sind. Hinzu kommt, dass die Arbeitszeiten länger und flexibler werden, um den Bedürfnissen berufstätiger Eltern und Kolleginnen auf anderen Kontinenten gerecht zu werden.
All dies bedeutet, dass ihr euch mit einer wichtigen Tatsache abfinden müsst: Ihr werdet niemals alles fertig bekommen.

IHR WERDET NIEMALS ALLES FERTIG BEKOMMEN

Stellt euch mal folgende Frage: Wenn ihr jemals eine To-do-Liste mit Prioritäten erstellt habt (zum Beispiel mit „A"-, „B"- und „C"-Prioritäten), habt ihr es dann geschafft, die „C"-Punkte abzuarbeiten, bevor sich weitere „A"-Gelegenheiten oder potenzielle Katastrophen auftaten? Nein, natürlich nicht. Und solltet ihr es *doch* geschafft haben, zu den „C"-Punkten zu gelangen, dann wahrscheinlich nur deshalb, weil sie plötzlich zu dringlicheren „A"- und „B"-Prioritäten aufgestiegen sind, eben weil sie zuvor nicht erledigt worden waren.

Denkt an einen Moment in eurem Arbeitsalltag zurück, als es an diesem Tag tatsächlich *nichts* mehr zu tun gab. Es fällt euch wahrscheinlich schwer, euch an einen solchen Moment in jüngster Zeit zu erinnern; es gibt immer ein wenig mehr Business Development, ein paar mehr kleine Aufräumarbeiten, ein klein wenig Nachholbedarf bei der Fachliteratur oder Buchhaltung. Wahrscheinlich denkt ihr zurück an einen eurer ersten Jobs, bei dem ihr vielleicht in einer Bar gearbeitet habt, und am Ende einer langen Schicht konntet ihr den Boden wischen, die Bar abschließen, euch mit einem Bier hinsetzen und euch über die geleistete Arbeit und die Genugtuung darüber, etwas abgeschlossen zu haben, freuen. Etwas zum Abschluss zu bringen, ist ein großartiges Gefühl, nicht wahr? Die Befriedigung, etwas erreicht zu haben, und dass es vollständig erledigt und vorbei ist, ist psychologisch aufregend.

Der andere Grund, warum ein Abschluss so befriedigend ist, ist der, dass er auf natürliche Weise Freiraum schafft. Aus psychologischer Sicht verschafft uns Freiraum eine Perspektive, eine kurze Erholung vom hektischen Lebenstempo und die Zeit, unsere Prioritäten neu zu bewerten.

Das Problem ist, dass uns das moderne Arbeitsparadigma so wenig Möglichkeiten für Abschluss oder Freiraum bietet, dass es sich anfühlt, als würden wir uns ständig darum bemühen, das Licht am Ende eines langen Tunnels zu sehen. Und wenn das Licht am Ende des Tunnels endlich in Sicht ist, müssen wir feststellen, dass es nur ein fieser Typ mit einer Taschenlampe ist, der uns noch mehr Arbeit bringt.

LANG LEBE DAS AUFMERKSAMKEITSMANAGEMENT

Aber keine Sorge – mittlerweile gibt es ein neues Spiel mit vollkommen neuen Regeln. Einfach ausgedrückt: Geschicktes *Aufmerksamkeits*management ist der neue Schlüssel zu Produktivität, und wie gut ihr eure Aufmerksamkeit verteidigt und nutzt, entscheidet über euren Erfolg. Es gibt jedoch einige Todfeinde, die sich euch in den Weg stellen werden: Stress, Prokrastination, Unterbrechungen, Ablenkungen, Verpflichtungen von geringem Wert, lästige Arbeitsabläufe – und ihr müsst lernen, diese Hindernisse zu überwinden, um euch auf das zu konzentrieren, was wirklich wichtig ist. Es ist an der Zeit, wie ein Ninja zu denken.

DER STIL DES PRODUKTIVITÄTS-NINJA

„Wir müssen bereit sein, das Leben, das wir geplant haben, loszulassen, um das Leben zu haben, das auf uns wartet."
– Joseph Campbell

In diesem Buch geht es darum, eine Ninja-Mentalität zu entwickeln und diese dann auf jeden Bereich eures Arbeitsalltags anzuwenden – und sogar darüber hinaus. Es geht darum, wie wir Informationen aus neuen Quellen oder vage Ablenkungen in abgeschlossene und umjubelte Ergebnisse verwandeln. Es geht um unsere Beziehung zu Informationen in der Arbeit und darum, dass *wir* letztendlich die Kontrolle und genug Stunden am Tag haben, um die wichtigen Dinge zu erledigen. (Ihr werdet bemerken, dass ich nicht einfach gesagt habe, „alles" zu erledigen).

In diesem Kapitel stelle ich euch die wichtigsten Verhaltensweisen vor – den Stil des Ninja –, die eure Produktivität steigern, euer Stresslevel reduzieren und eure Denkweise über eure Arbeit verändern werden. Beim Stil des Produktivitäts-Ninja geht es zwangsläufig darum, wie wir über unsere Arbeit denken, und nicht darum, wie wir unsere Arbeit „machen". Es geht nicht um bestimmte Fähigkeiten, Talente oder Werkzeuge, sondern vielmehr um eine Herangehensweise an Arbeit, aus der sich leicht Systeme und Strukturen ableiten lassen. Ich werde euch in den folgenden Kapiteln zeigen, wie ihr diese entwickeln könnt, doch lasst uns zunächst über die zugrunde liegenden Prinzipien und die richtige Denkweise sprechen. In den späteren Kapiteln werden wir diese Denkweise auf euren Arbeitsalltag anwenden: eure E-Mails, To-do-Listen, Projekte und Meetings.

ENTSCHEIDUNGEN ZU TREFFEN IST UNSERE ARBEIT

An einem durchschnittlichen Tag im Informationszeitalter haben wir um 9:15 Uhr bereits mehr Informationen erhalten, als die meisten Zeitmanagement-Theoretiker der alten Schule in einer Woche! Unsere Arbeit hat sich so sehr verändert, dass für die meisten von uns die Art und Weise, wie wir mit neuen Chancen und Bedrohungen umgehen, den Unterschied ausmacht. Wir denken nicht länger über unsere Arbeit nach: Denken *ist* unsere Arbeit. Erfolgreiche Karrieren haben diejenigen, die die besten Entscheidungen treffen. Wenn ihr in eurem Unternehmen Karriere machen wollt, solltet ihr euch darüber im Klaren sein, dass eure Reaktionsfähigkeit und euer Verantwortungsvermögen die Kriterien sind, nach denen man euch beurteilen wird. Je höher ihr in einer Organisation oder eurer Karriere aufsteigt, desto zutreffender ist dies. Die Kunst, die richtige Entscheidungen zu treffen, unsere Fähigkeit, uns die nötige „Premium-Denkzeit" zu nehmen, und die Art und Weise, wie wir auf unser Bauchgefühl reagieren (vor allem, wenn diese Zeit zum Nachdenken nicht zur Verfügung steht), machen uns bei der Arbeit aus.

VERANTWORTLICH VERSUS REAKTIONSFÄHIG

Wie schnell reagiert ihr auf Veränderungen? Und damit meine ich nicht nur, dass ihr erkennt, dass sich die Dinge ändern, sondern auch, dass ihr diese Veränderungen verarbeitet, versteht und angemessen darauf reagiert. Man hat lange angenommen, dass Menschen umso mehr Verantwortung tragen, je mehr sie verdienen oder erreichen.

Doch heutzutage reicht es nicht mehr aus, einfach nur „verantwortlich" zu sein. Es ist mittlerweile populär geworden, dass Fußballer oder Manager Statements abgeben wie: „Ich erhebe meine Hände und erkläre, dass ich für meinen Anteil an unserer peinlichen Niederlage verantwortlich bin". Während es zwar besser ist, Verantwortung zu übernehmen, als dies nicht zu tun, so ist eine ehrenvolle Niederlage letztlich jedoch immer noch eine Niederlage. Und im Informationszeitalter ändern sich die Dinge rasant. In unserer Gesellschaft schätzen wir Menschen, die sich in verantwortungsvollen Positionen wohlfühlen, doch wir sehen Verantwortung selten als etwas Proaktives und Dynamisches. „Ich will die Verantwortung nicht", sagen wir, als sei dies ein Begriff, der nur mit Last und ohne entsprechende Freuden verbunden ist. Doch bedeutet eine verantwortungsvolle Position in der Regel auch Einfluss. Es liegt in der Natur der Sache, dass Verantwortung auch eine Belohnung mit sich bringen sollte – die Möglichkeit, etwas zu bewirken, Wohlstand und Erfolg für euer Unternehmen, für die Gesellschaft, für eure Familie oder für euch selbst zu schaffen. Indem wir Verantwortung als zutiefst belastend ansehen, betrachten wir sie als den Preis, der für diesen Erfolg zu zahlen ist. Wir sehen sie als einen Kompromiss. So sollte es aber nicht sein. Reaktionsfähig zu sein bedeutet daher, dass ihr in der Lage seid, in jedem Moment die Maßnahmen zu bestimmen, die ihr ergreifen müsst, um jede neue Herausforderung zu meistern und zu genießen. Dieses Buch gibt euch die Werkzeuge an die Hand, um an eurer Reaktionsfähigkeit zu arbeiten und auf drei wichtigen Ebenen reaktionsfähiger zu werden:

- **Reaktionsfähig jetzt**
  Wir entscheiden uns oft dafür, nicht mit konkreten Handlungen zu reagieren. Wir prokrastinieren und versuchen, Dinge aufzuschieben, wenn wir uns müde oder unsicher fühlen oder uns über die Ergebnisse Sorgen machen. Der Stil des Ninja wird euch helfen, eure Denkweise zu hinterfragen und neue Gewohnheiten zu entwickeln, sodass ihr proaktiv nach Möglichkeiten zu reagieren sucht, anstatt nach Wegen, Dinge zu vermeiden oder aufzuschieben.

- **Reaktionsfähig später**
  Ihr wollt euch keine Gedanken darüber machen, was bei all den anderen Projekten, an denen ihr gerade nicht arbeitet, schiefgehen könnte. Wir richten Systeme ein, damit ihr immer wisst, was ihr bei einem bestimmten Projekt als Nächstes tun werdet, und damit ihr wisst, dass diese Systeme die Dinge für euch unter Kontrolle halten werden.

- **Reaktionsfähig, wenn die Kacke am Dampfen ist**
  Wenn ihr alles stehen und liegen lassen müsst, um euch einer Krise zu widmen, ist dies viel einfacher, wenn ihr eine todsichere Methode habt, dank der ihr wisst oder euch daran erinnern könnt, was ihr liegen lassen habt. Die Systeme und Methoden in diesem Buch werden es euch vereinfachen, in solchen Momenten zu reagieren und euch voll und ganz auf die anstehende Aufgabe zu konzentrieren.

DIE EIGENSCHAFTEN DES PRODUKTIVITÄTS-NINJA

„Einfachheit ist die höchste Stufe der Raffinesse."
– Leonardo da Vinci

Im Folgenden findet ihr die wichtigsten Eigenschaften, die den „Stil des Produktivitäts-Ninja" ausmachen. Während wir diese nacheinander unter die Lupe nehmen, könnt ihr euch ein Bild davon machen, wie diese Herangehensweisen eure derzeitige Arbeitsweise beeinflussen können. In den späteren Kapiteln zeige ich euch dann die spezifischen Werkzeuge und Methoden, mit denen ihr Produktivität auf Ninja-Niveau erreichen könnt.

Seid ihr ein Ninja?

Zenartige Ruhe

Unkonventionalität

Skrupellosigkeit

Agilität

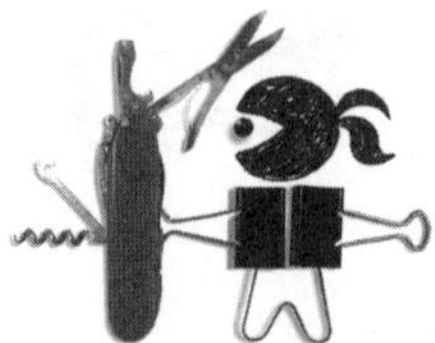

Waffenfertigkeit

Achtsamkeit

Tarnen & Täuschen

Einsatzbereitschaft

Ninja sind keine Übermenschen

ZENARTIGE RUHE

ZENARTIGE RUHE

Die Kunst, gute Entscheidungen zu treffen, beruht auf der Fähigkeit, sich die Zeit und den Raum zu schaffen, um rational und intelligent über das anstehende Problem nachdenken zu können. Entscheidungen, die in Zeiten von Panik getroffen werden, sind höchstwahrscheinlich auch die, die wir später am liebsten vergessen würden. Ein Ninja ist sich dessen bewusst, bleibt im Angesicht von Herausforderungen gelassen und ebenso ruhig unter dem Druck von Informationsüberflutung. Ihr werdet es vielleicht nicht glauben, doch es ist durchaus möglich, hundert und eine Sache erledigen zu müssen und dennoch absolut gelassen zu bleiben. Wie können wir Stress bewältigen und ruhig bleiben? Diese Frage werde ich ausführlicher beantworten, wenn wir uns mit den praktischen Fähigkeiten befassen, die für die Ninja-Beherrschung von E-Mails, Aufgaben, Projekten und Meetings erforderlich sind, doch hier schon mal ein paar grundlegende Prinzipien:

BENUTZE DEINEN KOPF, BENUTZE NICHT DEINEN KOPF!

„Der Verstand ist dazu da, Ideen zu haben, nicht um sie festzuhalten."
– David Allen

Sorgt dafür, keine wichtigen Dinge zu vergessen, indem ihr euer gesamtes Informations- und Hilfsmaterial in einem System speichert, nicht in eurem Kopf. Sorgt dafür, euch nicht von dem ablenken und stressen zu lassen, was ihr vergessen *könntet*, indem ihr ein „zweites Gehirn" anstelle eures eigenen Kopfes als Ort nutzt, an dem Informationen und Erinnerungen gespeichert werden. Dies ist sicherlich leichter gesagt als getan, doch wenn man es einmal beherrscht, funktioniert es tatsächlich. Im weiteren Verlauf dieses Buches werde ich euch mit eurem eigenen „zweiten Gehirn" und den Produktivitätsgewohnheiten eines Ninja vertraut machen.

VERTRAUT EUREN SYSTEMEN

Ihr müsst darauf vertrauen können, dass die von euch verwendeten Systeme auch funktionieren. Es besteht die Gefahr, dass zusätzlicher Stress entsteht, wenn ihr nicht sicher seid, ob eure Systeme euch tatsächlich helfen. Die Umstellung auf einen neuen Computer oder eine neue Software bringt einige Tage der Ungewissheit mit sich, doch viele Menschen leben viele Jahre, ohne sich jemals wirklich zu fragen, ob ihre Systeme so gut funktionieren, dass sie ihnen auch wirklich vertrauen können. Entscheidend ist, dass man sich konsequent an das hält, worauf man vertraut, und dass man dem vertraut, woran man sich hält. Dieses Vertrauen und die zenartige Ruhe, die ihr braucht, könnt ihr dadurch fördern, indem ihr nicht nur eure Arbeit, sondern auch den *Prozess* eurer Arbeit regelmäßig überprüft. Wenn ihr kurz und bündig, aber vor allem regelmäßig überprüft, *wie* ihr arbeitet, hilft euch das dabei, bei der Arbeit selbst klarer zu denken. Je mehr ihr nachdenkt, desto leichter wird eure Arbeit.

SENKT EURE ERWARTUNGEN. ERNSTHAFT.

Macht euch klar, dass ihr nie alles schaffen werdet. So läuft das Spiel nicht mehr. Fühlt euch sicher in dem Wissen, dass ihr die Kontrolle habt, dass ihr die richtigen Aufgaben auswählt und dass ihr so viel macht, wie nur menschenmöglich ist, und ihr werdet einen Weg finden, es zu schaffen.

HALTET EUREN KÖRPER IN GUTER PHYSISCHER VERFASSUNG

„In einem gesunden Körper wohnt ein gesunder Geist."
– Anonym

Wenn ihr euch fit und gesund haltet, reduziert ihr nicht nur Stress an sich, sondern gebt eurem Gehirn auch die nötige Konzentration und Energie, die es braucht, um klarer zu denken und bessere Entscheidungen zu treffen, was es euch ermöglicht, auch in der Arbeit den Überblick zu behalten. Zudem hat es zur Folge, dass ihr gut aussehen werdet. Eine Win-Win-Win-Situation!

SEID VORBEREITET & ORGANISIERT, BEREIT, WENN ES HART AUF HART KOMMT

„Ein aufgeräumter Schreibtisch ist ein aufgeräumter Geist."
– Anonym

Manche von uns halten Ordnung für ein wenig zu pingelig oder obsessiv. „Ich habe keine Zeit, organisiert zu sein", ist ein häufiger Einwand, den ich höre, wenn ich Kunden auf dem Weg zum Produktivitäts-Ninja coache. Die Wahrheit ist jedoch, dass wir in Zeiten des „Flows" – also in den Zeiten, in denen wir am produktivsten sind – am allerwenigsten wollen, dass wir aus der Bahn geworfen werden, nur weil wir eine wichtige Information nicht finden oder die benötigten Werkzeuge nicht zur Hand haben. Wir wollen hier keine Perfektion anstreben, doch wenn ihr euch angewöhnt, aus einem Standardzustand der Organisation heraus zu arbeiten, ist es wahrscheinlicher, dass ihr regelmäßige Phasen des superproduktiven Flows erlebt.

SKRUPELLOSIGKEIT

SKRUPELLOSIGKEIT

Es ist kein Widerspruch, zenartige Ruhe durch Skrupellosigkeit zu verfolgen. Wir haben bereits darüber gesprochen, wie wichtig es ist, Entscheidungen objektiv, gelassen und mit klarem Verstand zu treffen. Wir müssen nicht nur mehr und bessere Entscheidungen treffen, sondern auch wählerischer sein: Wir müssen Informationen verarbeiten, um die Spreu vom Weizen zu trennen, den Wald vor lauter Bäumen zu sehen und die großen Chancen von den noch größeren zu unterscheiden. Bei Skrupellosigkeit geht es nicht nur um die Art und Weise, wie wir Informationen verarbeiten, sondern um unsere Fähigkeit, unsere Zeit und Aufmerksamkeit zu verteidigen und uns nur auf die Dinge zu konzentrieren, die den größten Nutzen bringen.

„NEIN" ZU UNS SELBST SAGEN

Bei der Fülle an Informationen, die auf uns einprasseln, ist es wichtig, wählerisch zu sein. Es widerspricht der uns so vertrauten westlichen, protestantischen Arbeitsethik, Dinge *nicht* zu tun, doch genau das müssen wir tun. Und zwar sehr oft. Es ist eine wichtige Fähigkeit, wählerischer zu sein, wenn es darum geht, wozu wir „Ja" sagen – und zu lernen, „Nein" zu uns selbst zu sagen, bedeutet, nicht mehr abzubeißen, als wir schlucken können. Wenn ihr in Situationen geratet, in denen ihr euch zu viel aufgeladen habt (und das passiert mir übrigens regelmäßig!), müsst ihr zu der Erkenntnis gelangen, dass es besser ist, eure Verpflichtungen gegenüber euch selbst und anderen neu zu verhandeln, als euch bei dem Versuch, alle Verpflichtungen zu erfüllen, zu verausgaben.

„NEIN" ZU ANDEREN SAGEN

Stellt euch Folgendes vor: Ihr seid in einem Meeting, an dem ihr eigentlich nur teilnehmen wolltet, um etwas beizutragen. Plötzlich geht es jedoch in der Diskussion um Entscheidungen und Verpflichtungen in Bezug auf Maßnahmen, die die Teilnehmer am Ende der Besprechung ergreifen sollten. Es gibt bestimmte Dinge, für die ihr bekannt seid, gut darin zu sein, und gerade als diese erwähnt werden, richten sich mehrere Augenpaare auf euch. In solchen Situationen ist es leicht, sich zu sehr zu engagieren und sich zu viel aufzubürden. Es ist weitaus schwieriger, die Diskussion über das, was ihr liefern *könntet*, wieder in die Richtung zu lenken, wozu ihr *in der Lage seid*. Noch schwieriger ist es, „Nein" zu sagen, wenn ihr genau wisst, wie wertvoll euer Beitrag sein könnte, ohne das Gefühl zu haben, dass ihr die andere Seite im Stich lasst oder in der Gunst von jemandem sinkt, der wichtig ist. „Nein" zu anderen zu sagen, ist knifflig. Dies erfordert stählerne Entschlossenheit, eine skrupellose Ader und ein paar wirklich gute Taktiken, damit ihr am Ende mit einem blauen Auge davonkommt. Wir werden später noch genauer darauf eingehen, doch macht es zu eurer Mission, die Kunst des „Nein"-Sagens zu euch selbst und zu anderen zu perfektionieren. Damit kommt ihr sehr weit.

UNTERBRECHUNGEN

Unsere Aufmerksamkeit – insbesondere jene proaktive Aufmerksamkeit, wenn wir am wachsten sind, im Flow und in Höchstform – ist zweifellos unsere wertvollste Ressource. Sie muss gepflegt und wertgeschätzt werden. Gleichzeitig gibt es da draußen eine Million Unterbrechungen: E-Mails, Anrufe, Gedanken, Stress, Kollegen, soziale Medien, die nächste große Krise, das nächste große Ding. Sie alle müssen in ihrem Bestreben, euch abzulenken und aus der Bahn zu werfen, gestoppt werden. Wir werden darauf in Kapitel 3 näher eingehen, doch es ist wohl überflüssig zu betonen, dass wir unsere Ninja-Skrupellosigkeit auch dazu einsetzen müssen, um einer ganzen Reihe von Versuchungen zu widerstehen. Wir lassen uns oft *gerne* ablenken, weil es die perfekte Ausrede für Prokrastination und weniger Denken ist, und Instagram oder Twitter stechen immer den Bericht aus, den wir eigentlich fertigstellen sollten, weil es eben einfacher ist, durch diese Seiten zu scrollen und sich in Chats zu verlieren, als sich mit der intensiven Denkarbeit zu beschäftigen. Wenn wir lernen, mit solchen Unterbrechungen umzugehen, geht es dabei genauso sehr um unsere Selbstdisziplin wie auch um unsere Fähigkeit, „Nein" zu den Unterbrechungen durch andere zu sagen.

80-20 UND DIE MACHT DES WIRKUNGSDENKENS

„Beginne mit dem Ziel vor Augen."
– Stephen Covey

Skrupellos zu sein bedeutet auch, selektiv zu sein, wenn es darum geht, wie wir unsere Ziele erreichen. Mit Hilfe der 80-20-Regel können wir erkennen, dass nicht alles, was wir tun, die gleiche Wirkung hat. 20 Prozent von dem, was wir tun, machen 80 Prozent der Wirkung aus. Oft besteht die Versuchung, nach Perfektion zu streben. In einigen Bereichen unserer Arbeit ist diese Perfektion gesund und sogar notwendig, doch in anderen Fällen kann sie vermieden werden und die Auswirkungen auf das Endergebnis sind kaum wahrnehmbar. Wir müssen bei unserer Planung also skrupellos sein. Was versuchen wir zu erreichen? Hat jemand anderes dieses Problem bereits vor uns gelöst? Können wir eine Lösung erbetteln, borgen oder stehlen? Wie können wir dieses Problem am schnellsten aus der Welt schaffen und weitermachen? Diese Fragen führen uns dazu, über Innovation nachzudenken und das Konventionelle zu verachten (worauf wir gleich noch zu sprechen kommen werden!), doch wenn wir uns nur voll auf den Zweck und nicht auf die Mittel konzentrieren, haben wir eine bessere Chance, Zeit zu sparen, unseren Energieaufwand erheblich zu verringern und das Endergebnis nur um einen Bruchteil zu reduzieren.

WAFFENFERTIGKEIT

WAFFENFERTIGKEIT

Ein Ninja allein ist schon ziemlich gewandt, weiß jedoch, dass er mit den richtigen Werkzeugen noch effektiver ist.

WÄHLT EURE WAFFEN, KENNT EURE WERKZEUGE

Es gibt eine Reihe von Werkzeugen, die uns dabei helfen, stets die Oberhand zu behalten. Es gibt zwei Arten von Werkzeugen, die jeder Produktivitäts-Ninja in seinem Arsenal haben sollte: Denkwerkzeuge und Organisationswerkzeuge.

Der Schlüssel zum Erfolg liegt darin, zu entscheiden, welche Werkzeuge man wann einsetzt, und sich über ihre einzelnen Fähigkeiten im Klaren zu sein. Werkzeuge müssen uns Zuversicht geben und sicherstellen, dass wir durch ihren produktiven Einsatz nur selten durch unsere eigene Unfähigkeit gehindert werden.

DENKWERKZEUGE

Je komplexer unsere Entscheidungen werden, desto offensichtlicher wird unser Bedarf an Werkzeugen, die unser Denken unterstützen. Bei strategischen Planungsprozessen oder in Mitarbeitergesprächen mit Vorgesetzten kommen wir oft als erstes mit solchen Werkzeugen in Berührung, doch ihr Wert wird nach wie vor unterschätzt. Bestimmte Instrumente und ihre explizite Anwendung können auch Kunden, Vorgesetzten und anderen Entscheidungsträgern zusätzliches Vertrauen in eure Prozesse geben und euer Denken anregen. Die SWOT-Analyse zum Beispiel (Betrachtung von Stärken, Schwächen, Chancen und Risiken) ist ein gängiges Denkwerkzeug für Unternehmen, das eine einfache Struktur für das Nachdenken über die Gegenwart und die Zukunft in einer für Menschen leicht verständlichen Weise bietet. Es gibt eine ganze Reihe solcher Denkwerkzeuge und Modelle, die unser Leben einfacher und unsere Entscheidungsfindung besser machen sollen.

ORGANISATIONSWERKZEUGE

Von Microsoft Outlook über iPhone-Apps bis hin zum bescheidenen Hefter gibt es viele Möglichkeiten, sich besser zu organisieren. Der Trick besteht darin, ein sehr gutes Organisationslevel zu erreichen, kein ausgezeichnetes oder mittelmäßiges. So stellen wir sicher, dass sich die Zeit, die wir für Organisation aufwenden, optimal in Form von gesteigerter Produktivität auszahlt und nicht zu einem Zeitfresser und einer unwillkommenen und unnötigen Ablenkung wird.

LASST EUCH NICHT VON „PRODUKTIVITÄTSPORNOS" VERFÜHREN

> „Einer Facebook-Gruppe über Produktivität beizutreten ist so, als würde man einen Stuhl zum Thema Joggen kaufen."
> – Merlin Mann

Werkzeuge sollen uns helfen, Dinge zu erledigen, doch unsere Besessenheit von ihnen kann gelegentlich zur Ablenkung werden. Das Internet ist voll von Produktivitätsratschlägen, doch obwohl wir sowohl mit Technologie als auch Innovationen Schritt halten und unsere Motivation gelegentlich auch mit einem inspirierenden Zitat unterfüttern müssen, so müssen wir uns doch auch darüber im Klaren sein, dass dies an sich „tote Zeit" ist, die uns von der Erledigung unserer vorrangigen Aufgaben und Projekte abhält. Ich mache mir Sorgen, wenn ich höre, dass Menschen über ihre Produktivität ausschließlich in Bezug auf die neueste App sprechen, die sie gerade heruntergeladen haben. Diese Werkzeuge helfen uns beim Denken und Organisieren: Sie ersetzen nicht die Notwendigkeit dafür. Noch schlimmer: Es kommt nicht selten vor, dass Menschen all ihre Projekte und Aufgaben aus einer Software in eine andere übertragen, in der irrigen Annahme, dass sie dadurch ihre Produktivität um 5 % steigern könnten. Nein, das ist lediglich ein Tag voll Prokrastination.

ENTSCHEIDUNGSPROZESSE NACHAHMEN

Das Herzstück unseres Wegs zum Produktivitäts-Ninja ist die Verbesserung unserer Fähigkeit, Entscheidungen zu treffen. Indem wir uns immer wieder antreiben, uns zu verbessern und zu erneuern, werden die Qualität und Geschwindigkeit unserer Entscheidungen zunehmen. Denkt daran, dass es unser Ziel ist, fundierte und klare Entscheidungen zu treffen. Denkwerkzeuge helfen, unsere geistige Agilität zu steigern, doch das tun auch die richtigen Informationen.

Es wird oft behauptet, dass es auf der Welt nur acht Geschichten gibt. Für jede Herausforderung, die ihr angeht, gibt es wahrscheinlich einen Präzedenzfall. Wenn ihr euch also auf die Suche nach jemandem macht, der mit dem Gebiet eurer Entscheidungsfindung vertraut ist, könnt ihr Abkürzungen für Entscheidungen finden, von denen ihr dachtet, dass sie ewig dauern würden, sie zu meistern. Andere um Rat zu fragen und nachzuforschen, wie andere ähnliche Fragen gelöst haben, ist eine gute Möglichkeit, innerhalb eines engen Zeitrahmens zu fundierteren Erkenntnissen zu gelangen. Seid ebenso großzügig und teilt das Gelernte mit anderen. Ihr werdet feststellen, dass ihr mit den Informationen und Ratschlägen, die ihr im Gegenzug erhaltet, zehnfach belohnt werdet. Lernt von denen, die bereit sind zu teilen, und teilt mit denen, die bereit sind zu lernen. Ich denke, dass wir auf ein neues Zeitalter der Zusammenarbeit zusteuern, zumal unsere Vernetzung neue Technologien hervorbringt, die all dies ermöglichen.

LinkedIn, Twitter und Facebook sind fantastische Werkzeuge, um Fragen oder Probleme an eine Gruppe geschätzter Freunde und Kollege zu richten: Es ist so unglaublich wertvoll, eine zweite, dritte, vierte und fünfte Meinung zu einer Sache zu bekommen. Es ist fantastisch, wie viel Zeit und geistige Energie ihr dadurch spart. Scheut euch jedoch auch nicht, unabhängig zu denken und eure eigenen Schlussfolgerungen zu ziehen, wenn euer Instinkt euch dies mitteilt.

TARNEN & TÄUSCHEN

TARNEN & TÄUSCHEN

Wir haben bereits darüber gesprochen, dass ihr eure Aufmerksamkeit schützen und euch konzentrieren müsst. Das ist nicht einfach. Hier muss ein Ninja ein klein wenig auf die altmodische Taktik des „Tarnens und Täuschens" zurückgreifen.

*WENN IHR **IM RAMPENLICHT STEHT,** KÖNNTET IHR **INS KREUZFEUER GERATEN.***

Eines der schlimmsten Dinge, die ihr tun könnt, ist stets verfügbar zu sein. Das ist eine Einladung an einige eurer größten Feinde: Ablenkungen und Unterbrechungen. Meidet das Rampenlicht so lange, bis ihr etwas habt, das die anderen hören solltet. Vermeidet dieses ganze soziale Geplapper und die Zeitverschwendung, wie es in so vielen Büros an der Tagesordnung ist. Seid ein wenig schwer zu greifen, ein wenig geheimnisvoll und, wenn es denn sein muss, sogar unnahbar. Schützt eure Aufmerksamkeit, um sicherzustellen, dass ihr sie für das verwendet, wofür ihr sie verwenden wollt, und nicht für das, wofür euch andere einspannen wollen. Hier sind ein paar Beispiele:

- Verbringt so viel Zeit wie möglich abseits eures Schreibtisches – arbeitet von zu Hause aus, in Cafés, in Besprechungsräumen und im Freien. Selbst wenn ihr in einem Großraumbüro arbeitet, wo dies scheinbar nicht möglich ist, könnt ihr immer noch versuchen, mit eurem Vorgesetzten ein wenig „Denkzeit" abseits eures Schreibtisches auszuhandeln. Und natürlich könnt ihr auch die etwas skrupellose und „verstohlene" Taktik anwenden, indem ihr einfach vage klingende Termine in euren Kalender eintragt, sodass die anderen einfach annehmen: „Oh, sieht so aus, als wäre sie nicht im Büro ...".

- Engagiert einen „Türsteher", der euch dabei hilft, „Nein" zu Terminen oder Meetings zu sagen, die sich für euch einfach nicht lohnen. (Wenn ihr jemand anderen dazu bringen könnt, „Nein" zu sagen, ist das oft einfacher für euch und angenehmer für die Person, die ihr abblitzen lasst!)

- Selektiert eure Anrufe und geht nur dann ans Telefon, wenn ihr entschieden habt, dass der Anruf wahrscheinlich wichtiger ist als das, woran ihr gerade arbeitet.

- Blockiert Zeit in eurem Kalender für kreatives Denken, Review, Planung und andere wichtige Aktivitäten. Denkt euch dafür ein persönliches Codewort aus, wenn ihr in einem Büro arbeitet, in dem andere Termine in eurem Kalender buchen können und eure Selbstbestimmtheit wahrscheinlich eher nicht respektieren, wenn sie „persönliche Denkzeit" oder „Lesen" als Kalendereintrag sehen. Verwendet stattdessen „privat" oder „Meeting außerhalb des Büros".

- Definiert klare Grenzen für Aktivitäten wie E-Mail, Skype und Instant Messenger. Gewöhnt euch an, ganz bewusst zu entscheiden, wann diese Programme ein- und ausgeschaltet werden müssen. In fast allen Organisationen, in denen ich gearbeitet habe, ist Outlook (oder ein anderer E-Mail-Client) standardmäßig 100 % der Zeit eingeschaltet. Diese Störungen von außen gelten auch für viele andere Werkzeuge. Es ist an der Zeit, sich dem Druck der ständigen Erreichbarkeit zu entziehen und „abzutauchen".

ABTAUCHEN

Wir müssen unsere Aufmerksamkeit nicht nur gegenüber anderen verteidigen, sondern auch gegenüber uns selbst. Wir können unser eigener schlimmster Feind sein. In der Software-Entwicklung gibt es den Ausdruck „*Going Dark*", also „Abtauchen", der sich auf die Zeit bezieht, in der Entwicklerinnen während des Programmierens „ganz in ihrem Element sind" und dann keine E-Mails mehr beantworten oder auf Nachrichten reagieren. Sie sind dann extrem schwer ausfindig zu machen. Die Vorgesetzten dieser Softwareentwicklerinnen frustriert das ohne Ende; gleichzeitig wissen sie aber auch, dass wahrscheinlich gerade außergewöhnliche Produktivität passiert.

Wenn eure Aufmerksamkeit und Konzentration durch den unbegrenzten Zugang zum Internet beeinträchtigt wird und ihr euch von den Millionen von Ablenkungen verführen lasst (und wer tut das nicht?!), solltet ihr hin und wieder die Leitung kappen. Genau, ein Produktivitätsbuch rät euch, das Internet *abzuschalten*! Wenn ich mein WLAN für zwei Stunden abschalte, weiß ich, dass in dieser Zeit keine neuen E-Mails eintreffen werden und dass es nervig genug sein wird, die Verbindung wieder herzustellen, was mich dann davon abhält, genau dies zu tun. Wenn ihr das Internet nicht an der Quelle abschalten könnt, könnt ihr zumindest in Microsoft Outlook die Funktion „Offline arbeiten" verwenden, in Google Chrome Blocker installieren, euer Handy in den „Flugmodus" schalten oder noch besser eine App verwenden, um euch selbst aus den verlockendsten Apps auszuschließen (mehr dazu in Kapitel 11).

VERDECKTES **DELEGIEREN**

Andere Menschen einzuspannen, die eure Arbeit für euch erledigen, ist ein guter Weg, um mehr zu erreichen. Das Problem ist nur, dass es auf der Welt wohl nicht so viele Menschen gibt, die eure Arbeit erledigen wollen! Daher ist ein gewisses Maß an verdecktem Delegieren angebracht. Dies ist aus mehreren Gründen unkonventionell, bedenkt jedoch zunächst, dass ihr wahrscheinlich keine Anerkennung für eure Taten beanspruchen könnt und dass sich die Dinge anders entwickeln könnten, als ihr es euch vorgestellt habt. Wenn ihr bereit seid, das zu akzeptieren, ist dies eine gute Taktik. Noch besser: Prüft anhand eurer Projektliste, bei welchen eurer Projekte ihr es euch leisten könnt, andere auf ihre eigene Art und Weise daran arbeiten zu lassen, oder welche euch am wenigsten am Herzen liegen. Das sind dann diejenigen, die ihr verdeckt delegieren könnt. Hier sind drei gängige Arten des verdeckten Delegierens. Als Ninja entwickelt ihr eventuell eure eigenen Methoden.

1. Die Huckepack-Methode: Bewerbt euer Angebot in der Postwurfsendung eines anderen Unternehmens, stellt euer neues Produkt auf einer Veranstaltung eines anderen Unternehmens vor oder „borgt" euch dessen Kontaktliste, um gemeinsam etwas zu starten. Wenn irgendwo auf der Welt Momentum existiert, springt auf den Zug auf.

2. Gewinnt Verbündete für euch: Haltet Ausschau nach „Win-Win"-Gelegenheiten, um mit ebenso versierten, nützlichen und inspirierenden Menschen zusammenzuarbeiten.

3. Abkürzungen: Findet Menschen, die die Recherchearbeit bereits geleistet, eine Empfehlung bekommen und auf die harte Tour gelernt haben und auch bereit sind, ihr Wissen weiterzugeben, damit ihr nicht die gleichen Fehler macht. Ein fünfminütiger Anruf, um eine persönliche Empfehlung zu erhalten, ist viel einfacher, als eine Stunde lang nach der besten Lösung zu googeln. Findet Menschen, deren Meinung ihr vertraut – und vertraut ihnen auch!

UNKONVENTIONALITÄT

UNKONVENTIONALITÄT

Was zählt, ist das Endergebnis. Es spielt keine Rolle, ob ihr auf konventionellem Weg zum Ziel kommt oder einen einfacheren Weg findet. Nur weil ein erfahrener Fachmann euch sagt, dass etwas 16 Stunden dauern wird, muss das noch lange nicht stimmen. Seid bereit, alles zu hinterfragen. Es ist wichtig, ständig nach jeder erdenklichen Möglichkeit Ausschau zu halten, um den Fortschritt und Innovationen zu nutzen und Dinge einfacher zu machen, denn es ist ziemlich wahrscheinlich, dass viele Menschen in eurem Umfeld schon längst damit aufgehört haben. Sie machen die Dinge einfach auf die alte Art und Weise und sind froh, wenn sie sich nicht allzu sehr verändern müssen. Wir müssen um jeden Preis vermeiden, in einen Trott zu verfallen und Dinge weniger effizient zu erledigen, als wir eigentlich könnten.

HABT KEINE ANGST, HERVORZUTRETEN, WENN DIE ZEIT REIF DAFÜR IST.

Dinge anders zu machen, ist riskant, auch wenn wir ein gutes Gefühl haben, sie besser machen zu können. Manager bevorzugen in der Regel den Status quo, da er ihnen das Leben leichter macht. Wenn ihr also etwas tut, das den Status quo in Frage stellt, bewegt ihr euch oft auf einem schmalen Grat zwischen Ruhm und Misserfolg. Doch hier geht es nicht um die Jagd nach Ruhm (auch wenn wir ihn widerwillig und gnädigerweise akzeptieren, wenn es denn so weit ist); es geht darum, Dinge besser zu machen, und um die Befriedigung, die sich einstellt, wenn man Grenzen überschreitet, um Prozesse zu verbessern und unsere Produktivität zu steigern.

GRENZEN ZU ÜBERSCHREITEN IST EINFACHER, WENN MAN SIE NICHT WIRKLICH ÜBERSCHREITET.

Dies ist eines der Geheimnisse eines Ninja. Genau das Problem, mit dem ihr heute bei der Arbeit konfrontiert werdet, ist ein Problem, mit dem jemand in einer anderen Branche gestern konfrontiert wurde und mit dem jemand anderes morgen konfrontiert werden wird. Genauso wie wir also unsere Entscheidungsfindung übernehmen können, können wir auch Innovationen von anderer Stelle übernehmen. Es kann eine hilfreiche Methode sein, eine Situation vollkommen neu zu überdenken und zu versuchen, das Problem aus der Perspektive von jemandem aus einem völlig anderen Gebiet zu betrachten. Wenn ihr zum Beispiel kreativer kommunizieren möchtet, fragt euch doch einfach: „Wie würde eine

Werbeagentur das machen?“ oder „Wie würde Nelson Mandela das anpacken?“. Oder wenn ihr mehr Struktur inmitten des Wahnsinns braucht, fragt euch, wie eine Chirurgin oder eine Ingenieurin die Herausforderung angehen würde. Und wenn ihr Menschen kennt, die genau so etwas tun, ruft sie an und bittet sie um ihre Sichtweise. Ihr werdet überrascht sein, wie effektiv diese Art der Nachahmung sein kann. Grenzen tatsächlich zu überschreiten, ist aufregend, doch dies kann sehr viel zeitaufwändiger und anstrengender sein, als Dinge nur einfach zu übernehmen. Innovation in einer Branche oder in einem Job kann anderswo der Status quo sein – und umgekehrt.

NACHAHMUNG & VERBÜNDETE

Von Unkonventionalität und Innovation besessen zu sein, bedeutet auch, sich von einigen törichten Schöpfungen des Egos verabschieden zu müssen: Man sollte nie Angst haben, sich schämen oder zu stolz sein, um Rat zu fragen, auch wenn das vermeintlich bedeutet, Schwäche zu zeigen. Und lasst euch keine Gelegenheit entgehen, etwas Neues von einer vertrauenswürdigen Quelle zu lernen. Es ist von entscheidender Bedeutung, sich an dem Erfolg anderer zu orientieren. Mentoring ist dabei eine gute Möglichkeit: Nehmt Ratschläge von denjenigen an, die den Weg, den ihr einschlagen wollt, bereits gegangen sind. Vermeidet die Fehler, die sie selbst gemacht haben, und findet die Abkürzung zum Erfolg. Denkt neben Mentoren auch an eure Verbündeten. Wer sind die Menschen, die zur gleichen Zeit wie ihr einen ähnlichen Weg gehen? Die Chancen stehen gut, dass auch sie Mentoren haben und ebenso wichtige Dinge lernen. Scheut euch nicht, euer Wissen mit anderen zu teilen, denn ihr werdet erstaunt sein, welche unbezahlbar wertvollen Lektionen ihr im Gegenzug erhalten werdet. Manchmal sträuben wir uns gegen diese Form der Zusammenarbeit, weil wir – als wären wir eine Art Superheld – glauben, es wäre tugendhafter, Dinge allein zu erreichen oder im Konkurrenzkampf zu stehen. Denkt jedoch daran, dass es nur darauf ankommt, dass ihr eure Ziele erreicht; wie ihr das macht, interessiert niemanden.

BRECHT DIE REGELN UND SEID RESPEKTLOS GEGENÜBER BÜROKRATIE

Es gibt zwar gewisse Regeln, die es wert sind, eingehalten zu werden – und es gibt auch Regeln, bei deren Verletzung ihr gefeuert werden würdet –, doch ein Produktivitäts-Ninja geht mit der Einstellung an die Arbeit heran, sich zuerst auf das Endergebnis zu konzentrieren und von da aus rückwärts zu arbeiten. Regeln zu hinterfragen, insbesondere im Zusammenhang mit Bürokratie, ist eine fantastische Kompetenz. Denkt daran, dass es einfacher ist, sich hinterher zu entschuldigen, als zuerst um Erlaubnis zu bitten, wenn das Risiko ernsthafter Konsequenzen begrenzt ist. Es gibt Momente, in denen wir Führungsstärke zeigen und durchgreifen müssen. Habt keine Angst davor, das Regelwerk zu zerreißen, vor allem dann, wenn ihr dabei gleichzeitig ein paar verstaubte bürokratische Vorschriften vernichten könnt.

AGILITÄT

AGILITÄT

Ein Ninja muss leichtfüßig sein und schnell auf neue Chancen oder Bedrohungen reagieren können. Alle Situationen, die viel Umdenken, schnelle Reaktionen und Entscheidungen erfordern, bedürfen natürlich unserer proaktiven Aufmerksamkeit. Und wie wir wissen, ist dies eine endliche Ressource. Unsere Fähigkeit, schnell und angemessen auf neue Herausforderungen zu reagieren, hängt im Wesentlichen von zwei Dingen ab:

1. Unseren eigenen geistigen „Reserven" oder der Fähigkeit, einen Großteil unserer Tage im Modus proaktiver Aufmerksamkeit zu verbringen, ohne dabei zu ermüden. Wir erreichen dies vorübergehend durch den Konsum von Koffein oder andere Stimulanzien, was bis zu einem gewissen Grad und kurzfristig auch in Ordnung ist; wir müssen jedoch nachhaltiger denken.

2. Unserer Fähigkeit, andere Ressourcen zur Unterstützung dieses Prozesses einzusetzen – andere Menschen, mehr Zeit und bessere Technologie.

LEICHTFÜSSIG **BLEIBEN**

Bereits als wir über Werkzeuge sprachen, sagten wir, dass wir uns in „Leerlaufzeiten" auf diese konzentrieren müssen, um dann in schwierigen Zeiten möglichst agil zu sein; dasselbe gilt für die Verbesserung unserer „Reaktionsfähigkeit". Es gibt einige wichtige Schritte, die wir tagtäglich praktizieren können, um dies zu erreichen:

- Seid organisiert: Wenn wir reagieren müssen, müssen wir bereit sein.

- Nehmt euch lieber zu wenig vor als zu viel: Es ist immer sehr verlockend, mehr abzubeißen, als wir schlucken können, und es ist sogar noch viel einfacher, unsere Tage mit den Terminen anderer Menschen zu füllen. Reserviert zu Beginn der Woche oder des Monats Zeit in eurem Kalender, die ihr dann mit Dingen füllen könnt, von denen ihr noch gar nicht wusstet, dass sie überhaupt existieren.

- Wachst hinein, nicht heraus: Denkt bei jedem Organisationssystem, das ihr verwendet, einen Schritt voraus und entwickelt die richtigen Systeme, bevor ihr sie benötigt. Wenn ihr zum Beispiel einen Umsatzschub und neue Kunden erwartet, wird euch die Verwaltung von Kundenkontaktinformationen in einer unübersichtlichen Excel-Tabelle, die bereits jetzt aus allen Nähten platzt, im entscheidenden Moment ausbremsen. Die Zeit, die ihr in die Entwicklung einer supercoolen Datenbank investiert, bevor dies überhaupt nötig ist, erscheint im Moment zwar unproduktiv, ist aber in Wirklichkeit die klügere Entscheidung. Zu Queen Victorias Zeiten bauten die Londoner die Abwasserkanäle und U-Bahnlinien so, dass sie das Zehnfache der erforderlichen Kapazität hätten bewältigen können. Heutzutage beschweren sich die Menschen über das U-Bahn-System, vergessen dabei jedoch, wie weit es seiner Zeit voraus war und wie weise es war, so weit vorauszudenken, was den zusätzlichen Kapazitätsbedarf anging. Ich kann nur sagen: Gott sei Dank haben sie das auch für die Kanalisation getan!

ERKENNT CHANCEN UND BEDROHUNGEN, *EGAL WOHER SIE KOMMEN*

„Eine Chance wird von den meisten Menschen verpasst, weil sie in einen Overall gekleidet ist und wie Arbeit aussieht."
– Thomas A. Edison

Um gut und angemessen zu reagieren, brauchen wir eine strategische Vision. Wir müssen Gelegenheiten erkennen, auch wenn sie ganz leise an die Tür klopfen, und wir müssen Bedrohungen wahrnehmen, solange sie noch in weiter Ferne sind. Auch dies erfordert eine gewisse Vorbereitung und Recherche und auch hier gibt es einige nützliche Abkürzungen, die man gehen kann. Networking ist zum Beispiel eine gute Möglichkeit, das Ohr am Puls der Zeit zu haben. Jeder hat eine andere Strategie in Bezug auf Networking, doch im Großen und Ganzen habe ich mir vorgenommen, folgende Kriterien in dieser Reihenfolge abzuhaken:

1. Wie wahrscheinlich ist es, dass ich interessante und nützliche Menschen treffe?

2. Ist diese Person außergewöhnlich? Hat sie etwas zu sagen, kann sie Erfolge nachweisen oder ist sie voller Enthusiasmus? (Wenn nicht, lasst es – hier gibt es nichts zu sehen!)

3. Kann mir diese Person etwas mitteilen, was meine Arbeit bereichert und meine strategische Sichtweise erweitert?

4. Können wir gemeinsam an etwas arbeiten?

5. Sprechen wir hier von einer offensichtlichen Win-Win-Situation, die die Hälfte des Aufwands für das Gespräch selbst wettmacht?

Erst wenn ich zu Nummer fünf komme, sage ich zu. Oft lassen wir uns von den endlosen Möglichkeiten mitreißen, die Umsetzung jedoch steht auf einem ganz anderen Blatt. Ergreift also nur die Gelegenheiten, die sich in einem Gespräch als nicht von der Hand zu weisen herauskristallisieren.

ACHTSAMKEIT

ACHTSAMKEIT

UNSEREN VERSTAND MANAGEN

Unser Verstand ist unser wichtigstes Werkzeug. Emotionale Intelligenz und Selbsterkenntnis sind aus so vielen Gründen wichtig, nicht zuletzt, weil sie uns in die Lage versetzen, aktiv zu werden. So zum Beispiel sind viele der Dinge, die die Ninja-Mentalität ausmachen, wie zum Beispiel gelassen bleiben, skrupellos sein und auf unkonventionelle Weise Grenzen überschreiten, nicht einfach. In vielerlei Hinsicht widersprechen sie sogar unserer evolutionären Programmierung.

AUF DAS „REPTILIENHIRN" HÖREN & UNSER EIGENER WIDERSTAND

Unsere Gehirne haben sich seit unserer Zeit als Affen stark weiterentwickelt, doch eines hat sich kaum verändert: das Reptilienhirn. Dieser von Seth Godin in seinem brillanten Buch *Linchpin* populär gemachte Begriff beschreibt, dass sich dieser Teil unseres Gehirns immer noch daran erinnert, wie es war, überleben zu müssen, sich anzupassen, kein Aufsehen zu erregen. Das Schlimmste, was das Reptilienhirn denken könnte, wäre, dass wir durch das, was wir tun, auffallen. Aus der Masse herauszustechen, bedeutete evolutionär gesehen, dass man von einem Raubtier gejagt werden würde, und genau so denkt das Reptilienhirn immer noch!

Steven Pressfields Buch *The War of Art* ist ein aufschlussreicher und sehr persönlicher Bericht über seinen Kampf als Schriftsteller gegen das, was er „den Widerstand" nennt. Der Widerstand ist eine Denkweise, in der Regel entwickelt vom Reptilienhirn, die durch Stress, Verunsicherung, Angst vor Versagen, Angst vor Erfolg und einer ganzen Reihe anderer Emotionen gekennzeichnet ist, die in unserem Gehirn herumschwirren und uns befehlen, still zu halten. „Stopp. Tu das nicht. Das ist riskant. Mach es so, wie andere es machen, denn wir wissen doch, dass das bereits akzeptiertes Verhalten ist. Innovation und Unkonventionalität sind verrückte Ideen. Kreativität ist einfach nur falsch." Eure Aufgabe als Ninja ist es, diese Gedanken so weit wie möglich zum Schweigen zu bringen.

Das klingt einfach, ist es aber nicht – vor allem, weil diese Gedanken oft so leise sind, dass ihr gar nicht merkt, dass sie zum Schweigen gebracht werden müssen. Achtet genau auf euch selbst und euer Bauchgefühl, beobachtet jedoch auch objektiv eure Produktivität und registriert, zu welchen Aufgaben ihr euch hingezogen fühlt und welche euch abstoßen.

EMOTIONEN & MEDITATION

Viele Menschen werden euch sagen, dass das Streben nach Zeit und Raum, um auf eure Emotionen und euer Herz zu hören und einfach nur achtsam zu sein, entweder Zeitverschwendung oder typisches „Hippie-Psychogeschwätz" ist. Ein Ninja weiß es besser – Wahrnehmung ist alles. Ein schlechter Tag kann genauso viel damit zu tun haben, was in eurem Kopf vor sich geht, wie mit dem, was im Büro passiert. Alle, die regelmäßig irgendeine Art von Meditation praktizieren, wissen um ihre Vorteile. Tatsächlich kann Meditation dazu beitragen, alle anderen Aspekte der Ninja-Mentalität, die wir gerade besprochen haben, zu schärfen. Ich gehe hier von einer sehr weit gefassten Definition von Meditation aus, zu der das stille Sitzen mit Blick auf eine schöne Aussicht, Beten, freies Schreiben und andere kreative Tätigkeiten, Yoga, Spazieren (wenn der Zweck das Gehen ist, nicht das Ankommen!) und viele andere Dinge gehören. Auch hier geht es darum, eine zenartige Ruhe zu erreichen und fokussiert und voll präsent zu sein.

ANDEREN ZUHÖREN

Wir müssen uns nicht nur die Zeit nehmen, auf unsere eigenen Gedanken und Gefühle zu hören, sondern aktives und effektives Zuhören ist das Herzstück erstklassiger Meetings und Zusammenarbeit. Eine weitere wichtige Fähigkeit ist es, auf Einwände zu hören und lediglich Feedback und Verbundenheit zu hören, anstatt Kritik und Widerstand. Wir werden auf diese Themen in Kapitel 10 zurückkommen.

EINSATZBEREITSCHAFT

EINSATZBEREITSCHAFT

Der letzte Punkt in unserer Liste der anzustrebenden Eigenschaften ist eine, die so viele der anderen, über die wir gerade gesprochen haben, untermauert und stärkt: Einsatzbereitschaft. Zenartige Ruhe in der Hitze des Gefechts ist nur möglich, wenn man gut vorbereitet ist. Agilität ist nur möglich, wenn man aus einer Position der Einsatzbereitschaft heraus startet und bereit ist, umgehend zu reagieren und die richtige Maßnahme zu ergreifen. Und man ist nur dann bereit, skrupellos zu sein, wenn man die nötige Energie hat. Einsatzbereitschaft beinhaltet sowohl praktische als auch mentale Vorbereitung.

PRAKTISCHE EINSATZBEREITSCHAFT

Ein Ninja, der sich mit seinen Waffen auskennt, kennt das Gefühl der zusätzlichen Kontrolle, das er verspürt, wenn er ein Problem oder ein Projekt mit den richtigen Werkzeugen anpackt. Es gab mal eine Zeit, in der es als nerdig oder uncool galt, organisiert zu sein und sich auf Büromaterial oder abgefahrene Apps zu konzentrieren. Jetzt ist die Zeit gekommen, euren inneren Geek von der Leine zu lassen. Es ist an der Zeit, praktische Systeme zu unterhalten, mit denen ihr stets auf alles vorbereitet seid, was auf euch zukommt. Es mag vielleicht weniger cool erscheinen, als sich einfach so treiben zu lassen, doch sich mit Schreibwaren einzudecken, Zeit in die richtigen Systeme zu investieren und eure Arbeit aus einer Position guter Vorbereitung heraus anzugehen, ist unglaublich wirkungsvoll.

MENTALE EINSATZBEREITSCHAFT

Wir müssen nicht nur körperlich, sondern auch geistig gut vorbereitet sein. Das bedeutet natürlich, achtsam zu sein, doch es bedeutet auch, dass wir auf unsere wertvollsten Ressourcen achten müssen: unsere Aufmerksamkeit und Energie. Deshalb brauchen wir Zeit, in der wir einmal nicht arbeiten. Das könnte vielleicht bedeuten, stundenlang sinnlos durch Instagram zu scrollen oder sich irgendeinen Mist im Internet anzusehen. Vielleicht bedeutet es aber auch, mit Freunden auszugehen oder sich die Zeit zu nehmen, um sich auf etwas vollkommen anderes zu konzentrieren (oder auch auf gar nichts). Viele Menschen werden von ihren Chefs unter Druck gesetzt, länger im Büro zu bleiben. Ich habe mit vielen Menschen gesprochen, die sagen, dass sie, obwohl sie das Gefühl haben, dass es gar nichts zu tun gibt, trotzdem so lange bleiben, bis ihr Chef nach Hause gegangen ist. Wenn ihr einen Job habt, in dem ihr unter dieser Art von Gruppenzwang steht, muss sich das ändern. Wir werden gemeinsam daran arbeiten. Was euren

Chef betrifft, so wäre es vielleicht ein Anfang, ihm ein Exemplar dieses Buches zu kaufen!

MITTAGSPAUSE IST NICHT FÜR WEICHEIER

„Die Zähne zusammenzubeißen" ist eine Phrase, die bedeutet, sich zusammenzureißen, die Augen stets auf die Deadline gerichtet, oder sich der bevorstehenden arbeitsreichen Zeit bewusst zu sein. Das bedeutet, sich nicht um sich selbst zu kümmern und nicht nach Luft zu schnappen. Eine gute kurzfristige Taktik, wenn es hart auf hart kommt. Studien zeigen jedoch, dass anhaltende Phasen eines solchen Zustands lediglich zu schwindenden Ergebnissen führen. In dem Film *Wall Street* sagte Gordon Gecko, brillant gespielt von Michael Douglas, den inzwischen legendären Satz: „Mittagspause ist etwas für Weicheier". Er hat sich im kollektiven Bewusstsein eingeprägt und wird auch heute noch verwendet. Irrtum: Eine Mittagspause ist definitiv nichts für Weicheier. Einsatzbereitschaft jedoch sehr wohl etwas für Ninja.

EINSATZBEREITSCHAFT FÜHRT ZU MAGIE

Es ist schwer zu sagen, warum eine Mittagspause oder eine kurze Auszeit während des Arbeitstages euch immer so schnell wieder in die Lage versetzt, voll fokussiert zu sein und euer Bestes zu geben. Es ist einfach so. Ruhepausen sind unerlässlich für eure Einsatzbereitschaft. Wenn ihr das nächste Mal während eurer Arbeitszeit über einen längeren Zeitraum hinweg *nicht* arbeitet und eure Aufmerksamkeit auf etwas vollkommen anderes richtet, beobachtet einfach, was passiert: Ich wette, dass ihr an diesem Tag *mehr* schafft, nicht weniger. Das ist wie ein magisches, kleines Geheimnis. Unterschiedliche Gangarten scheinen für jeden Menschen anders zu funktionieren, doch das hat genauso viel mit dem Körper wie mit dem Kopf zu tun. Eine fünfminütige Pause an der frischen Luft ist wesentlich effektiver als zehn Minuten im Internet herumzudaddeln, während eure Arbeitsdokumente im Hintergrund nach wie vor geöffnet sind. Der Trick besteht darin, das zu finden, was für euch funktioniert. Während wir uns im weiteren Verlauf des Buches damit befassen, wie ihr eure Aufmerksamkeit und euer Momentum managt, werden wir auf dieses sehr ungewöhnliche, aber verblüffend effektive Geheimnis zurückkommen.

ÜBUNG: VORBEREITET SEIN

Was ihr benötigt:	Eigenwahrnehmung, einen Ort zum Nachdenken
Wie lange es dauert:	20 Minuten
Ninja-Mentalität:	Achtsamkeit

Ihr habt nun über die Schlüsseleigenschaften gelesen, die den Stil des Produktivitäts-Ninja ausmachen – zenartige Ruhe, Skrupellosigkeit, Waffenfertigkeit, Tarnen und Täuschen, Unkonventionalität, Agilität, Achtsamkeit, Einsatzbereitschaft. Nehmt euch also einen Moment Zeit und entscheidet, welche davon bei euch bereits recht gut ausgeprägt sind und auf welche drei ihr euch im Laufe des Buches konzentrieren solltet.

Schreibt euch diese hier auf und kommt wieder auf sie zurück, während ihr das Buch durcharbeitet.

BEINAHE EIN NINJA ...

....

....

....

....

....

NOCH EIN WENIG ÜBUNG NÖTIG ...

....

....

....

....

....

NINJA SIND KEINE ÜBERMENSCHEN ...

... ERWECKEN JEDOCH MANCHMAL DIESEN EINDRUCK

NINJA SIND KEINE ÜBERMENSCHEN … … ERWECKEN JEDOCH MANCHMAL DIESEN EINDRUCK

„Das Leben ist in Wirklichkeit einfach, doch wir bestehen darauf, es kompliziert zu machen."
– Konfuzius

Auf diese Weise zu arbeiten ist befreiend, macht Spaß und ist superproduktiv. Als Produktivitäts-Ninja werdet ihr manchmal auf andere wirken, als hättet ihr ein ganz außergewöhnliches Talent. Manchmal wird das sogar euch selbst so vorkommen.

Ein Ninja ist jedoch etwas vollkommen anderes als ein Superheld. Ein Ninja ist ein ganz normaler Mensch, jedoch ausgestattet mit Werkzeugen und Fähigkeiten und einer ganz besonderen Einstellung. Dabei sind weder Superkräfte noch Kryptonit im Spiel.

Als Ninja werdet ihr den Ruf genießen, jemand zu sein, der abliefert, der zuverlässig ist, gute Entscheidungen trifft und seine Arbeit ernst nimmt. Außer, wenn ihr eure Ninja-Maske tragt. Behaltet das für euch.

Ninja sind leidenschaftlich, unentbehrlich und gelassen unter Druck. Ninja erledigen Dinge auf eine Weise, die, nun ja, magisch erscheint.

Als Ninja werden einstige Routineaufgaben zu Gelegenheiten, um Spaß zu haben, zu entdecken, zu experimentieren und euren inneren Nerd von der Leine zu lassen. Wenn ihr nicht nur über eure Arbeit selbst, sondern auch über euren *Arbeitsprozess* nachdenkt, wird euch das dabei helfen, zu lieben, was ihr tut. Ganz egal, was auch immer das sein mag. Ihr werdet begeistert und motiviert sein, weil ihr das, was ihr bislang getan habt, nun besser machen könnt; ihr werdet weniger gestresst sein, und ihr werdet eine Dynamik in eurer Arbeit erleben, die ihr nie für möglich gehalten hättet. Aber es wird auch nicht alles ein Kinderspiel ein.

AUCH NINJA VERMASSELN ES GELEGENTLICH MAL

„Der beste Brauer braut manchmal schlechtes Bier."
– Deutsches Sprichwort

Durch das Streben nach Ultraproduktivität, den Einsatz unkonventioneller Mittel und aufgrund einer Vielzahl anderer,

„menschlicherer“ Gründe, können auch Ninja hin und wieder Mist bauen. In den alten Büchern zum Thema Zeitmanagement stellten sich die Zeitmanagement-„Gurus“ als perfekte Superhelden dar. Sie gaben euch detaillierte Planer zum Ausfüllen, ließen euch in Anerkennung andauernder, enormer Errungenschaften hochleben und wir, die Leser, rätselten, wie in aller Welt sie das Unmögliche geschafft haben. Nun, glaubt ihnen kein Wort. Wir alle vermasseln es manchmal – ganz egal, wie gut organisiert, wie intelligent oder wie scheinbar perfekt wir sind oder zu sein versuchen.

Wir können nach Perfektion streben und scheitern, oder wir können nach zenartiger Ruhe, Skrupellosigkeit, Waffenfertigkeit, Tarnen und Täuschen, Unkonventionalität, Agilität, Achtsamkeit und Einsatzbereitschaft streben und damit Erfolg haben. Ja, wir werden Fehler machen. Nein, wir werden nicht perfekt sein. Doch wir werden eure Produktivität auf eine Art und Weise steigern, die ihr bisher nicht für möglich gehalten habt.

Es ist mir einfach nicht möglich, euch zu Superhelden zu machen, und wenn ihr das wollt, gibt es viele andere Bücher, die das versprechen, jedoch nicht halten. Das ist ein unrealistischer Traum, eine nicht zu erfüllende Fantasie.

Doch es *ist* möglich, dass wir euch zu Ninja machen.

2. WARUM WIR UNS STRESSEN LASSEN

„Die größte Waffe gegen Stress ist unsere Fähigkeit, einen Gedanken dem anderen vorzuziehen."
– William James

Wenn ihr dieses Buch gekauft habt, stehen die Chancen gut, dass ihr euch gestresst fühlt. Ein Produktivitäts-Ninja weiß, dass Stress in der einen oder anderen Form unvermeidlich ist, wenn man ehrgeizig ist und Dinge vorantreiben will, die wirklich wichtig sind. Tatsächlich kann ein ordentlicher Schuss Adrenalin hin und wieder eine wunderbare, aufregende Sache sein. Wir wissen jedoch auch, dass Stress ein Hindernis für die Art von entspannter Konzentration und zenartiger Ruhe ist, die wir für eine langfristige, nachhaltige Produktivität benötigen. Dieses Kapitel wird euer Bewusstsein für Stress schärfen und ihr lernt zu erkennen, was bei euch Stress auslöst.

KAMPF ODER FLUCHT: DIE KÖRPERLICHE URSACHE VON STRESS

Ihr habt wahrscheinlich schon einmal von dem Konzept „Kampf oder Flucht" gehört. Wenn unser Gehirn eine Gefahr oder ein Risiko wahrnimmt, produziert es Adrenalin und erhöht die Herzfrequenz, wodurch unsere geistige Wahrnehmungsfähigkeit und damit auch unsere Fähigkeit insgesamt, besagter Gefahr zu entkommen, enorm gesteigert wird. Als wir noch in Höhlen lebten, verschafften uns solche Adrenalinschübe den nötigen Vorsprung, um einen drohenden Angriff zu überleben oder für unsere nächste Mahlzeit zu töten. In vielerlei Hinsicht ist Arbeit das neue Jagen. So wie damals als Tiere sind wir in der Lage, unsere Familien zu ernähren – nicht, indem wir töten, sondern indem wir unseren Beitrag leisten, unsere Aufgabe erfüllen und mit Geld belohnt werden, das wir dann zum Kauf von Lebensmitteln und für ein Dach über dem Kopf verwenden und somit unseren Familien Sicherheit bieten. Wir sorgen für den Lebensunterhalt. In diesem Sinne geht es bei Arbeit immer noch ums Überleben, und in uns schlummert nach wir vor ein Urinstinkt, der dies sehr ernst nimmt, obwohl wir eigentlich auch ohne Arbeit überleben würden (durch Arbeitslosengeld, Ersparnisse, eine drastische Änderung unseres Lebensstils oder durch ein wenig Hilfe von Freunden).

DER PSYCHOLOGISCHE VERTRAG

Irgendwann in den Wochen vor oder kurz nach dem Antritt einer neuen Stelle unterzeichnen Arbeitnehmer und Arbeitgeberin einen Vertrag. In diesem Vertrag werden alle grundlegenden Dinge schriftlich festgehalten, damit beide Parteien ein gewisses Maß an Sicherheit, Kontrolle und Klarheit in Bezug auf ihr Verhältnis haben. Doch habt ihr schon einmal wirklich über die Erwartungen beider Parteien nachgedacht und darüber, wie weit sie über das hinausgehen, was in diesem Vertrag niedergeschrieben ist? Und darüber, wie sich diese Annahmen in den Köpfen von Arbeitgebern und Arbeitnehmerinnen im Laufe der Zeit weiterentwickeln? Über den Vertrag hinaus gibt es Dinge wie:

Arbeitnehmer:

> *„Es gibt eine wirklich schöne Kantine. Die Speisekarte wechselt jeden Tag und es gibt immer eine gute, gesunde Auswahl. Das ist ein Zeichen dafür, dass ich wertgeschätzt werde."*
>
> *„Meine Vorgesetzte lässt mich flexibel arbeiten, wenn ich Probleme mit der Kinderbetreuung habe, die ich lösen muss."*
>
> *„Die Arbeit ist so abwechslungsreich."*

Arbeitgeberin:

> *„Wenn zusätzliche Arbeit anfällt, die nach 17 Uhr erledigt werden muss, bleiben sie natürlich länger."*
>
> *„Wir erwarten von unseren Mitarbeitern, dass sie nicht einfach nur erscheinen, sondern auch Einfallsreichtum, Energie und Leidenschaft."*
>
> *„Billige Hotels auf Dienstreisen? Sie lieben sie!"*

All diese Dinge sind Teil des psychologischen Vertrags zwischen Arbeitgeberin und Arbeitnehmer – Dinge, die nie offiziell als Zusatz zum Arbeitsvertrag hinzugefügt wurden, der seit eurer Einstellung oder eurer letzten Beförderung in einem Regal verstaubt. Änderungen an diesem psychologischen Vertrag wirken sich auf unsere Zufriedenheit bei der Arbeit aus, auf unsere Motivation, unser Selbstwertgefühl und somit auf die Moral des Teams oder der gesamten Organisation. Sie stellen unsere vermeintliche Wertschätzung in Frage und sind oftmals die Ursache für Stress.

Stellt euch einmal folgendes Szenario vor: Euer Unternehmen ändert keine einzige eurer formalen Vertragsbedingungen, tut innerhalb einer Woche aber alles, um euren Arbeitsalltag zu verschlechtern. Plötzlich verlangen sie, dass ihr viel länger arbeitet; sie bestehen darauf, dass ihr auch abends und am Wochenende eure E-Mails abruft; euer netter Chef, mit dem ihr euch so gut verstanden habt, wird plötzlich durch einen unerträglichen Widerling ersetzt; es gibt Ärger mit dem größten Kunden, für den ihr zuständig seid; und selbst wenn ihr um Urlaub oder flexible Arbeitszeiten bittet, werdet ihr nun kurz abgefertigt. Ihr bringt immer noch dasselbe Gehalt nach Hause und könnt immer noch euren Lebensunterhalt bestreiten, doch das gesamte Büroumfeld ist jetzt ganz anders als noch vor einer Woche. Es macht keinen Spaß mehr, ihr fühlt euch nicht länger wertgeschätzt und glaubt nicht mehr, dass das zu euch passt.

Wenn es bei der Arbeit nur um euer persönliches Überleben ginge, und wie das alte Sprichwort so schön besagt, man „arbeitet, um zu leben, und lebt nicht, um zu arbeiten", dann würdet ihr jetzt nicht daran denken, den Arbeitsplatz zu wechseln. Euer Gehalt bleibt unverändert, und was ist schon so schlimm an ein wenig zusätzlicher Arbeit am Abend?

Die Wahrheit ist, dass wir nicht nur unsere Brötchen verdienen, sondern uns auch wertgeschätzt fühlen und das Gefühl haben wollen, dass das, was wir tun, eine gewisse Bedeutung hat. Wir wollen das Gefühl haben, dass unsere Beziehung zu der Organisation, in der wir einen Großteil unserer Lebenszeit verbringen, gesund, fair und glücklich ist. Wir ziehen Freude und Identität aus den Erfolgen unseres Unternehmens und das noch mehr, wenn wir gelobt werden, weil wir an diesem Erfolg beteiligt waren. Wir fangen sehr schnell an, das Wort „wir" zu benutzen, wenn wir unseren Arbeitgeber, unsere Organisation oder unser Team beschreiben. Wir alle wollen gute Arbeit leisten und unsere Mama stolz machen. Wenn wir lieben, was wir tun, definiert uns die Arbeit als die Art von umgänglicher Mensch, der das tut, was er liebt. Wenn wir jedoch hassen, was wir tun, definiert uns die Arbeit *immer noch*, und zwar als die Art von Mensch, der Dinge tut, die ihm keinen Spaß machen, um Geld zu verdienen und Verantwortung für sich selbst zu übernehmen. Mama ist so oder so stolz, doch nur eines davon wird euch glücklich machen.

Es wird oft davon gesprochen, dass es ein Traum wäre, „frei von Arbeit" zu sein. Diese Aussage würde ich ernsthaft anzweifeln. Arbeit gibt uns einen Sinn und das brauchen wir. Warum arbeiten so viele Millionäre weiterhin an ihrem Vermögen, obwohl sie das eigentlich gar nicht müssten? Warum sagen Lotteriegewinner Dinge wie, „Nun, das wird mich nicht verändern, ich werde weiterhin Teilzeit arbeiten“? Ich würde behaupten, dass das eigentliche Streben nach finanzieller Freiheit darin besteht, dass man sich aussuchen kann, woran man arbeitet! Bill Gates ist ein gutes Beispiel dafür. Ich kann mir nicht vorstellen, dass er heutzutage weniger Stunden arbeitet als zu der Zeit, als er Microsoft gründete. Ein so außergewöhnliches Unternehmen wie Microsoft aufzubauen, würde jede Mama stolz machen, doch das verblasst im Vergleich zu der Tatsache, dass er es sich nun zum Ziel gemacht hat, Malaria auszurotten. Tim Ferriss, Autor des Buches *The 4-Hour Work Week*, sprach über die Automatisierung und das Delegieren von operativen Aufgaben an andere, damit man den Traum einer Weltreise leben und nur vier Stunden pro Woche arbeiten muss. In Interviews spricht Ferriss jedoch auch darüber, dass er „immer mit irgendetwas beschäftigt ist“ und nur solche Tätigkeiten als Arbeit einstuft, die er aktiv nicht ausstehen kann. Ich wette, Tim Ferriss arbeitet etwa vierzehn Stunden am Tag – er betrachtet das nur nicht als Arbeit, weil es ihm Spaß macht. Arbeit ist etwas sehr Persönliches und von zentraler Bedeutung für unser Selbstverständnis. Kein Wunder also, dass selbst kleine Änderungen am psychologischen Vertrag mit unserem Arbeitgeber dazu führen können, dass wir uns verängstigt, verletzt, wütend, bedroht oder eingeschüchtert fühlen. Wenn wir uns angegriffen fühlen oder das Gefühl haben, dass wir ein Spiel spielen, bei dem es um viel geht und unsere Leistung analysiert wird, ist es ganz natürlich, dass unser Adrenalinspiegel in die Höhe schnellt.

SYMPTOME VON STRESS

Egal, woran wir arbeiten, unser Adrenalinspiegel kann uns dazu antreiben, das Unmögliche möglich zu machen. Wenn wir jedoch die Grenze zwischen gesundem und ungesundem Adrenalin überschreiten, gestresst und unglücklich sind, verwandelt sich unsere Motivation und unser Schwung in Stress und wir spüren die ersten Anzeichen von Lähmung. Es gibt viele Anzeichen von Stress und ebenso viele Bücher und medizinische Ratgeber, die sich damit beschäftigen. Die folgende Liste ist keineswegs erschöpfend, sondern beleuchtet nur einige der häufigsten Symptome. Nichtsdestotrotz ist sie eine ziemlich umfassende Angelegenheit!

ZU DEN SYMPTOMEN GEHÖREN:

Körperliche Symptome:

Appetitlosigkeit, Heißhunger, v. a. auf Zucker, Verdauungsstörungen, Sodbrennen, Verstopfung, Schlaflosigkeit, ständige Müdigkeit, grundloses Schwitzen, Nägelkauen, Kopfschmerzen, Muskelkrämpfe, Übelkeit, Atemnot, Ohnmachtsanfälle, Weinen oder das Gefühl, weinen zu wollen, Impotenz, Unfähigkeit, still zu sitzen, hoher Blutdruck.

Verhaltensstörungen:

Konzentrationsschwierigkeiten, Motivationsmangel, Entscheidungsunfähigkeit, die Unfähigkeit, eine Aufgabe zu beenden, bevor man mit der nächsten beginnt, Versagensangst oder das Gefühl, versagt zu haben, Einsamkeit, Gereiztheit und unhöfliches oder kurzangebundenes Verhalten gegenüber Kollegen, das Gefühl, nicht zurechtzukommen, Angst vor schweren Krankheiten, Wut, Paranoia, Klaustrophobie, Angst vor der Zukunft.

„Angst entsteht durch einen Mangel an Kontrolle, Organisation, Vorbereitung und Aktion."
– David Kekich

Wenn ihr euch nun wundert, warum ihr in einem Buch über den Weg zum Produktivitäts-Ninja so viel über Stress lest, liefert euch die zweite Liste hoffentlich einige Hinweise darauf, wie zentral unser Umgang mit Stress für unser Leistungsvermögen ist. Wenn wir uns darauf konzentrieren, unsere Verhaltensweisen zu ändern, können wir das Ausmaß, in dem wir körperlichen Stress erleben, verringern, und das kann unsere Produktivität deutlich steigern.

STRESSAUSLÖSER ERKENNEN

Ich bin ein alter Mann und keine Sorge ist mir fremd, doch das meiste, worum ich mich gesorgt habe, ist überhaupt nie eingetreten.
- Mark Twain

Stress an sich zu erkennen, ist wichtig, und auch wenn das nicht einfach ist, wenn einem gerade „die Kugeln um die Ohren fliegen", so gibt es doch offensichtliche Anzeichen, mit denen man ihn erkennen kann. Dies ist der erste Schritt, um zu der zenartigen Ruhe zurückzukehren, die ein Produktivitäts-Ninja braucht. Die Auslöser von Stress zu erkennen – also die Elemente in unserer Arbeit, die uns *potenziell* Stress verursachen, und mit diesen effektiv umzugehen, bevor wir in Stress geraten, ist jedoch weitaus schwieriger. Doch es ist viel besser, zehn Minuten damit zu verbringen, Stress im Keim zu ersticken, als sich ein paar Stunden, Tage oder sogar Wochen von dem Stress zu erholen, der dadurch verursacht wurde, dass wir nicht rechtzeitig gehandelt haben. Im Folgenden betrachten wir einige häufige Stressursachen, damit ihr in den kommenden Kapiteln, in denen wir uns mit der Ninja-Mentalität bezüglich eurer Aufmerksamkeit, E-Mails, To-do-Listen, Projekte und Meetings befassen, erkennen könnt, wie diese Denkweise Stress reduziert.

KONTROLLE

Das Gefühl, die Kontrolle zu verlieren, ist der sicherste Wege, Stress zu empfinden. Ganz gleich, ob ihr mit Veränderungen in eurem Team, eurer Stellenbeschreibung oder eurer Unternehmenskultur konfrontiert werdet. Das Schöne daran ist, es liegt vollkommen in eurer Hand, gute, achtsame Systeme zur Bewältigung eurer Arbeit zu entwickeln. Warum solltet ihr auch nicht ein wenig Zeit investieren wollen, um Arbeitsweisen zu entwickeln, die Stress reduzieren, Klarheit schaffen und zu einer zenartigen Ruhe führen? Ein Projekt oder eine Reihe von Maßnahmen fühlt sich umso kontrollierter an, je mehr *Klarheit* ihr habt, nicht je mehr ihr davon erledigt. Wir können ein hohes Arbeitspensum eigentlich ganz gut bewältigen – es ist die Unklarheit darüber, was zu diesem hohen Arbeitspensum gehört, die Stress auslöst.

VERÄNDERUNGEN

Der Umgang mit Veränderungen ist größtenteils schwierig, weil wir dabei eine gewisse Zeit lang die Kontrolle verlieren und uns neu orientieren müssen. Veränderungen bringen aber auch neue Gewohnheiten oder Prozesse mit sich, die erlernt werden müssen, zeitaufwändige Dinge, die das Einfache für eine gewisse Zeit wieder schwierig machen, während wir uns mit der neuen Art, Dinge zu tun, vertraut machen. Sie bergen auch viel Potenzial für persönliche Konflikte und eine ganze Reihe neuer Probleme, die es zu bewältigen gilt.

Veränderungen können wirklich das Schlimmste im Menschen hervorrufen. Es ist jedoch die Art und Weise, wie wir auf Veränderungen reagieren, die uns ausmacht. Es ist an der Zeit, die Kontrolle zurückzuerlangen.

PANIK WEGEN ÜBERLASTUNG

E-Mails, Anrufe, Papierkram, soziale Medien ... die schiere Menge an neuem Input ist an sich schon ein erheblicher Stressfaktor. Ich würde behaupten, dass ein großer Teil des Stresses, der durch diese Informationsflut verursacht wird, in Wirklichkeit von anderen Formen des Stresses herrührt, wie die oben und unten aufgeführten. Wenn wir uns jedoch bereits gestresst fühlen, reicht der bloße Gedanke an noch *mehr* E-Mails, noch mehr Entscheidungen und noch mehr Ablenkungen aus, um den Schmerz noch zu vergrößern und regelrechte Panikattacken auszulösen. Auch diesen Kampf werdet ihr mit guten Systemen gewinnen, auf die wir in den nächsten Kapiteln näher eingehen werden.

DIE ANGST, SICH ZU BLAMIEREN

Ansonsten vollkommen intelligente, vernünftige Menschen verrennen sich in dem Wunsch, jederzeit ein erfolgreiches Erscheinungsbild abzugeben, um ihre Chefs, Kolleginnen und Mitstreiter zu beeindrucken. Ganz gleich, ob wir nun ein Meeting leiten, einen Vortrag auf einer Konferenz halten oder ein Projekt abliefern: Die Angst vor dem Versagen kann jederzeit zuschlagen. Wir mogeln uns durch Meetings, wenn wir uns nicht ausreichend vorbereitet haben, anstatt dies einfach zuzugeben. Oder wir versuchen, ein gescheitertes Projekt in ein positiveres Licht zu rücken oder die Schuld auf andere zu schieben, anstatt eine ehrliche und aufschlussreiche Untersuchung anzustellen, was schiefgelaufen sein könnte. Wir wollen wie die beste, erfolgreichste und auf beängstigende Weise perfekte Projektion unseres wahren Ichs dastehen. Es ist ein System, das sich selbst nährt: Weil wir als Kultur so wenig bereit sind, die Regeln zu ändern, ist der Einzelne gezwungen, nach diesen Regeln zu spielen oder aber das ganze Spiel zu verlieren. Auch wenn wir wissen, dass jeder gelegentlich Mist baut.

Wir sind oft hin- und hergerissen, denn wir spielen zwei verschiedene Spiele: Wir wissen, was wir wirklich gerne tun würden, wir wissen, was das Projekt am meisten braucht, doch wir wissen auch, dass wir unsere Fassade aufrechterhalten und vermeiden müssen, dumm dazustehen. An diesem Punkt ist es einfach und nur natürlich, sich so vage wie möglich über den Stand des Projekts zu äußern, sich zurückzuziehen und die Menschen zu meiden, die uns zur Rechenschaft ziehen oder unser kleines Geheimnis lüften könnten. Kommt euch das bekannt vor?

DIE ANGST, AUFZUFLIEGEN

„Der größte Fehler, den man im Leben machen kann, ist die ständige Furcht, einen zu machen.“
– Elbert Hubbard

Ich muss immer schmunzeln, wenn ich ein sehr persönliches Interview mit einem Entertainer, einer Politikerin, Unternehmerin oder einer anderen Person des öffentlichen Lebens höre, in dem sie eingestehen, sie glaubten die Einzigen zu sein, die nach dem Motto *„Fake it ‘til you make it“* vorgingen. Dies sind Menschen, zu denen wir als Autoritätspersonen aufschauen, Koryphäen ihres Metiers, und dennoch leiden sie unter dem Hochstapler-Syndrom – dem Gedanken, dass sie eines Tages als Betrüger entlarvt werden, dass jeder „weiß“, dass sie eigentlich gar nicht kompetent genug sind, um ihren Job zu erledigen. Menschen mit einer langen und erfolgreichen Laufbahn denken immer noch so. Vielleicht auch ihr. Dies ist nur eine andere Form der Angst, sich zu blamieren. Aus meiner eigenen Perspektive, als jemand, der ebenfalls unter dieser Angst leidet, bin ich der Meinung, dass diese Angst eigentlich ein recht nützliches Konzept ist, denn sie gibt uns die Möglichkeit, kühner, mutiger und kreativer zu sein, wenn man sie richtig einsetzt, aber natürlich müssen wir auch sorgfältig darauf achten, sie im Zaum halten.

KONFLIKTE

Kein vernünftiger Mensch hat Freude an Konflikten. Diejenigen, die behaupten, sie zu genießen, lügen entweder oder sind es einfach nicht wert, dass man sich mit ihnen abgibt. Denn dies impliziert eine Art von angeborener Freude am Elend anderer. Bestimmte Konflikte jedoch führen zu produktiveren Ergebnissen, als wenn man Konflikte vollkommen ignoriert oder leugnet. Ein schwelender Konflikt ist eine der Hauptursachen für anhaltenden Stress, wohingegen ein mutiges Gespräch zu Frieden, einer Rückkehr zur Ruhe und hoffentlich mit der Zeit zu Versöhnung und Respekt führen wird. Es gibt viele gute Bücher und Kurse, die sich mit Taktiken und Methoden zur Konfliktbewältigung befassen, und es ist sicherlich ein Thema, das es wert ist, näher betrachtet zu werden.

UNKLARHEIT & UNEINDEUTIGKEIT

Hinter vielen Ursachen für Stress steht Stress, der dadurch entsteht, dass wir mit vagen oder unklaren Informationen umzugehen haben. Irgendwo tief verborgen in dieser E-Mail oder in den aufmunternden Worten eures Chefs steckt möglicherweise die größte Chance oder die größte Bedrohung. Wenn ihr diese nicht erkennt und euch nicht darum kümmert, werdet ihr mit Sicherheit dumm dastehen, die Dinge werden aus dem Ruder laufen und es wird zweifellos stressig werden. Deshalb sind wir ständig auf der Suche nach dem Gold unter all dem Müll, der in unseren E-Mail-Postfächern landet und in den Unterlagen, die in unseren Büros herumliegen, und versuchen, die Nuggets mit potenziellen Chancen oder die tickenden Zeitbomben zu finden, die wir entschärfen müssen. In vielen Fällen ist es nicht die Realität, sondern eine *potenzielle* Realität, die den Stress verursacht. Das Potenzial für verpasste Gelegenheiten oder Fehlschläge ist immer in unserem Hinterkopf. Eine diffuse Vision oder Intention kann ebenso belastend sein. Nicht zu wissen, in welche Richtung man ein Projekt lenken möchte, oder wenn man sich Sorgen macht, dass die eigene Vision nicht mit der einer Kollegin übereinstimmt, kann das alle möglichen Probleme verursachen.

Klarheit ist für Ruhe das, was Unklarheit für Stress ist. Wir werden im nächsten Kapitel und an anderer Stelle in diesem Buch mehr darüber sprechen.

ÜBUNG: ICH UND STRESS

Was ihr benötigt:	Eigenwahrnehmung, einen Ort zum Nachdenken
Wie lange es dauert:	15 Minuten
Ninja-Mentalität:	Achtsamkeit

Lasst uns einige der spezifischen Ursachen für Stress, die wir gerade besprochen haben, noch einmal wiederholen. Welche davon betreffen euch am ehesten? Bewertet euch mit einer Punktzahl zwischen eins und fünf, die angibt, welche davon eine geringe und welche eine hohe Belastung darstellen.

Stressfaktoren	1	2	3	4	5
Panik wegen Überlastung/Arbeitspensum	☐	☐	☐	☐	☐
Unklarheit darüber, was zu tun ist	☐	☐	☐	☐	☐
Schwierige Entscheidungen	☐	☐	☐	☐	☐

Stressauslöser					
Hohe Erwartungen, die an mich gestellt werden	☐	☐	☐	☐	☐
Angst davor, Fehler zu machen/mich zu blamieren	☐	☐	☐	☐	☐
Niemand hört mir zu	☐	☐	☐	☐	☐
Dumm dastehen	☐	☐	☐	☐	☐
Konflikte	☐	☐	☐	☐	☐
Veränderungen in der Arbeitsweise meines Teams	☐	☐	☐	☐	☐
Veränderungen in der Außenwelt	☐	☐	☐	☐	☐
Unklarheit/Uneindeutigkeit	☐	☐	☐	☐	☐

ES SIND NICHT NUR DIE FÜHRUNGSKRÄFTE ...

Viele Menschen denken, dass die stressigsten Jobs an der Spitze von Organisationen zu finden sind. Es gibt sicherlich wenig Zweifel daran, dass solche Jobs stressig sind. Als ehemaliger Firmenchef kann ich euch sagen, dass ich einige schlaflose Nächte und ziemlich intensiv mit Stress und Überlastung zu kämpfen hatte. Ich habe mit Führungskräften einiger großer Unternehmen gesprochen, die alle ähnliche Geschichten erzählen: Sie haben einfach gelernt, mit dem Stress zu leben, ihn zu minimieren und ihn zu einem akzeptablen Zustand zu machen, mit dem man leben kann, anstatt über magische Kräfte zu verfügen, die ihn vollkommen verschwinden lassen. Es gibt jedoch auf jeder Ebene von Organisationen potenzielle Stressauslöser. Diejenigen auf den unteren Ebenen von Organisationen mit weniger Verantwortung haben oft weniger Kontrolle über ihr Arbeitspensum, erbringen aber dennoch die gleiche Leistung. Diejenigen auf der mittleren Führungsebene sind die, für die ich oft am meisten Mitleid empfinde: Bemüht, es allen um sie herum recht zu machen und voranzukommen, zerquetscht von dem Druck und den Vorstellungen ihrer Vorgesetzten und direkt untergeordneten Mitarbeiter – sie sitzen buchstäblich zwischen den Stühlen. Stress wird nicht durch die Hierarchiestufe bestimmt, sondern durch die Tendenz eines Jobs oder einer Situation, Stressauslöser zu produzieren.

ZEIT, EINE NEUE PERSPEKTIVE EINZUNEHMEN

Abschließend wollen wir in diesem Kapitel mit zwei Mythen aufräumen, die in den Köpfen der Menschen erschaffen wurden, die von ihrer Arbeit gestresst sind:

1. Die Welt geht unter.

   (Nein, tut sie nicht.)

2. Alle anderen kommen schneller voran und erreichen mehr als ich.

   (Ihr würdet lachen, wenn ihr die Wahrheit wüsstet.)

Immer mit der Ruhe. Alles wird gut.

DAS GEGENTEIL VON STRESS

Hier ist das Ziel, das wir anstreben: „Spielerisches, produktives Momentum und Kontrolle". Das gibt euch inneren Frieden und erhöht eure Chancen, regelmäßig die zenartige Ruhe zu erreichen, die ihr braucht.

Spielerisch ... ist positiv, entspannt und akzeptiert, dass ihr die Freiheit habt, erfolgreich zu sein, auch wenn ihr dabei gelegentlich Fehler macht.

Produktiv ... ist die Gewissheit, dass ihr hervorragende Entscheidungen trefft, weil ihr vorbereitet seid.

Momentum ... ist der Flow-Zustand großartiger Arbeit, so aufregend, dass er zu noch mehr großartiger Arbeit führt. Das Gegenteil von Prokrastination und Stress.

Kontrolle ... gibt euch die Macht und Zuversicht, weiterzumachen, was zu noch mehr Momentum, mehr Leichtigkeit und mehr Produktivität führt.

Ich weiß, das mag jetzt vielleicht nach viel klingen, doch das Einzige, was sich hier von dem Gefühl unterscheidet, gestresst zu sein, festgefahren und abgestumpft von der Welt um euch herum, ist das, *was in eurem Kopf passiert.*

„Stress ist ein ignoranter Zustand.
Er glaubt, dass alles ein Notfall ist.
Nichts ist so wichtig. Leg dich
einfach hin."
- Natalie Goldberg

ÜBUNG: SICH MIT SEINEN STRESSAUSLÖSERN AUSEINANDERSETZEN

Was ihr benötigt:	Eigenwahrnehmung, einen Ort zum Nachdenken
Wie lange es dauert:	20 Minuten
Ninja-Mentalität:	Achtsamkeit

Während wir uns im Laufe des Buches intensiv mit der Frage beschäftigen, wie man zum Produktivitäts-Ninja wird, werden wir uns auch mit den in diesem Kapitel beschriebenen Stressauslösern befassen und ihr werdet viele Lösungen aufgezeigt bekommen, die euch dabei helfen, Veränderungen vorzunehmen, die weitreichende Auswirkungen auf eure Arbeit und euer Leben haben werden.

Im Moment geht es uns jedoch darum, die Bereiche anzusprechen, die sofortige Aufmerksamkeit benötigen. Es ist an der Zeit, die Kontrolle zu übernehmen. Schaut euch die Liste der Stressauslöser unten noch einmal an und notiert alle offensichtlichen Schritte, die ihr ergreifen könnt, um eine sofortige Entlastung zu erzielen. Ergreift so viele oder so wenige, wie ihr braucht, um ein Gefühl zenartiger Ruhe zu erreichen.

Kontrolle: *(Vorschlag)* – Nehmt euch fünf Minuten Zeit, um euren Schreibtisch aufzuräumen, damit ihr einen übersichtlichen Platz zum Arbeiten habt.
Schreibt hier eure eigenen Ideen auf

....

....

Veränderungen: *(Vorschlag)* – Notiert alle Bereiche eures Lebens, in denen ihr derzeit Veränderungen erlebt/findet jemanden, mit dem ihr darüber sprechen könnt – ein geteiltes Problem ist nur noch ein halbes Problem.

....

....

Panik wegen Überlastung: *(Vorschlag)* – Lest Kapitel 4-6 und macht die Übungen.

....

....

Dumm dastehen: *(Vorschlag)* – Geht ein Risiko ein und äußert euch eurem Team gegenüber klar, deutlich und verantwortungsbewusst in Bezug auf eine Angelegenheit, zu der ihr euch bislang absichtlich vage ausgedrückt habt.

....

....

Die Angst, aufzufliegen *(Vorschlag)* – Wendet die „*Fake it 'til you make it*"-Strategie an. Sucht den Augenkontakt, atmet tief durch und sagt, was ihr zu sagen habt, mit einem gesunden Selbstvertrauen. Es kommt nur darauf an, wie ihr es rüberbringt.

....

....

Konflikte: *(Vorschlag)* – Führt ein mutiges Gespräch mit einer Kollegin, mit der ihr einen Konflikt habt, auch wenn das Ergebnis darin besteht, dass ihr euch darauf einigt, nicht einer Meinung zu sein.

....

....

Unklarheit und Uneindeutigkeit *(Vorschlag)* – Nehmt euch zehn Minuten Zeit, um über ein aktuelles Problem *nur nachzudenken*, und macht euch Notizen, um eure Gedanken zu strukturieren.

....

....

Seid ihr ein Ninja?

- Ein Ninja überwindet Stress bei der Arbeit, indem er vorbereitet ist und Skrupellosigkeit in seiner Arbeitsweise praktiziert.
- Ein Ninja nutzt Achtsamkeit, um seine größten Stressfaktoren zu erkennen, und ergreift Maßnahmen, um diese zu bekämpfen.
- Ein Ninja weiß, wie er eine zenartige Ruhe erlangt: Er ist skrupellos, vorbereitet und achtsam.

3. AUFMERK-SAMKEITS-MANAGEMENT

„Wir wollen uns nur noch der Kunst widmen. Wir werden alle mit zunehmender Geschwindigkeit in Richtung Grab gezerrt. Jedes Bild, das wir nicht machen, wird auch nicht von jemand anderem gemacht werden. Wir brauchen also nicht einkaufen zu gehen, wir brauchen nicht zu kochen. Es ist ein sehr, sehr einfaches Leben, das der Kunst gewidmet ist."
– Gilbert Proesch, eine Hälfte des Künstlerduos Gilbert & George

„Wir haben uns beigebracht, den Kopf frei zu bekommen. Das ist etwas ganz Erstaunliches. Es fühlt sich an wie eine Wüste, die sich vor uns ausbreitet und aus der wir etwas machen können."
– George Passmore, Gilbert & George

Über das Thema Zeitmanagement sind schon viele Bücher geschrieben worden, doch über die etwas subtilere Fähigkeit „Aufmerksamkeitsmanagement" wird kaum jemals etwas geschrieben: In diesem Kapitel geht es um einige der entscheidenden Gewohnheiten des Aufmerksamkeitsmanagements, die euch zum Produktivitäts-Ninja katapultieren werden.
In diesem Kapitel werden wir uns darauf konzentrieren, wie ihr eure Aufmerksamkeit auf vier grundlegenden Ebenen managen könnt:

1. Arbeit auf der Grundlage eures Levels an Aufmerksamkeit planen

2. Eure Aufmerksamkeit vor Ablenkungen schützen

3. Eure Aufmerksamkeit verbessern, indem ihr die Leistung eures Gehirns steigert

4. Neue „Aufmerksamkeitsinseln" schaffen

Doch bevor wir dazu kommen, wollen wir uns ansehen, warum Aufmerksamkeitsmanagement in unserem Zeitalter der Informationsüberflutung so wichtig ist.

WISSENSARBEIT BEDEUTET, DASS IHR NICHT NUR DER ARBEITER, SONDERN AUCH DER CHEF SEID

Erinnert ihr euch noch an die Zeit, als ihr Jobs hattet, die keinerlei Entscheidungen erforderten? Ihr habt irgendwo hinter der Theke gestanden oder in einer

Tortenfabrik gearbeitet. Das sind die Jobs, bei denen ihr eine große Kiste voll Kirschen hattet und auf dem Fließband kam euch eine Reihe von Torten mit Zuckerguss entgegen. Euer Job war so einfach, dass ihr ihn im Schlaf hättet erledigen können: auf jede Torte eine Kirsche platzieren. Nicht viele Möglichkeiten zu prokrastinieren, nicht viele Gelegenheiten, euch lächerlich zu machen oder die Kontrolle zu verlieren, und nicht viele Probleme, die euer Gehirn am Ende der Schicht mit nach Hause nehmen konnte. Tatsächlich beansprucht diese Art von Arbeit kaum eure Aufmerksamkeit, lässt sich leicht mit einem Kater erledigen und ihr müsst nie wirklich in Topform sein. Klingt irgendwie wunderbar, nicht wahr? Außerdem liefert sie einen wunderbar einfachen Indikator für euren Erfolg: Wenn ihr alle Kirschen auf alle Torten gelegt habt, habt ihr gewonnen. Wenn ihr die Hälfte vergessen habt, ist das nicht so gut. Bei solchen Jobs kann eine Vorgesetzte leicht überprüfen, wie ihr vorankommt, und eine Chefin kann leicht das große Ganze überblicken und feststellen, ob alles läuft.

Vielleicht sehnt ihr euch gerade ein wenig zurück nach der Einfachheit solcher Jobs. Die Wahrheit ist, dass es nur noch sehr wenige dieser Jobs gibt – die meisten sind inzwischen durch Computer oder Maschinen automatisiert, und die, die noch übrig sind, sind Jobs in Bars und Cafés, die ohnehin nicht besonders gut bezahlt werden. Vor vielen Jahren hat Peter Drucker diese Zukunft vorausgesagt. Er sagte das Ende des Industriezeitalters und den Beginn des Informationszeitalters voraus. Die Menschen würden sich von funktionalen Jobs in Bars und Tortenfabriken abwenden, hin zu „Wissensarbeit". Bei der Wissensarbeit geht es darum, Mehrwert zu schaffen oder Wert aus Informationen, anstatt eine bestimmte Funktion auszuüben. Wenn man darüber nachdenkt, ist das der Kern dessen, was ihr heute tut, und viele der stärker industrialisierten Städte vollziehen gerade in großem Maßstab den Übergang zu Einstiegsjobs in der Wissensarbeit.

Stellt euch vor, euer Job würde darin bestehen, um 9 Uhr morgens die Tortenfabrik zu betreten, eine große Kiste Kirschen in die Hand gedrückt zu bekommen und während die Torten auf dem Fließband entlanglaufen, eine Kirsche auf jede Torte zu legen. Wenn das Fließband langsamer wird, macht auch ihr langsamer. Wenn das Fließband stoppt, dann ... wartet ihr einfach. Ihr habt festgelegte Pausen, eine festgelegte Erholungszeit während der Mittagspause und ihr könnt euren Feierabend auf die Minute oder sogar auf die Sekunde genau vorhersagen. Stellt euch vor, es ist 17 Uhr am Freitag in der Tortenfabrik und ihr wollt nach Hause gehen und ins Wochenende starten. Glaubt ihr, dass ihr vor 9 Uhr am Montag auch nur an Kirschen denken werdet? Glaubt ihr, dass ihr am Sonntagabend zu Hause sitzen und euch Gedanken darüber machen werdet, was morgen in eurem Job alles schiefgehen könnte? Nein, natürlich nicht. Der Job mag zwar langweilig sein, doch er bietet auch Klarheit. Es ist ausgesprochen einfach, exakt zu wissen, was ihr zu tun habt, wie ihr vorankommt oder was ihr verbessern müsst.

Euer Job im Bereich der Wissensarbeit unterscheidet sich von der Arbeit in der Fabrik, wo ihr Kirschen auf Torten platziert, insofern, dass es in eurer Arbeit so viele Ebenen der Uneindeutigkeit gibt: Stellt euch vor, dass ihr in der Tortenfabrik plötzlich nicht mehr nur die Person seid, die die Kirschen auf die Torten platziert, sondern auch die Person, die die Kirschen kontrolliert, die Person, die entscheidet, wann die Schicht beginnt und wie schnell das Fließband läuft, die Person, die gelegentlich für den Konditor einspringt, wenn dieser im Urlaub ist, die Person, die den gesamten Betriebsablauf überwacht, und auch die strategische Geschäftsführerin, die darüber entscheiden muss, ob die Fabrik bei der zunehmenden Bedeutung gesunder Ernährung in der Welt von heute nur noch Kirschen als Bestandteil von Obstsalaten verkaufen und die Torten komplett abschaffen sollte. Das ist anstrengend, nicht wahr? Willkommen zurück in eurer Welt.

GLEICHZEITIG CHEF UND ARBEITER

CHEF UND ARBEITER

Bei jedem Job im Bereich der Wissensarbeit nehmt ihr im Prinzip zwei verschiedene „Rollen“ gleichzeitig ein: Ihr seid gleichzeitig der „Chef“ und der „Arbeiter“. Ihr seid verantwortlich für:

- Entscheiden, was eure Arbeit ist („Chefmodus“)
- Erledigen der Arbeit („Arbeitermodus“)
- Verarbeiten neuer Informationen (Arbeitermodus), um zu entscheiden, ob ihr deswegen eure Prioritäten ändern müsst (Chefmodus)

Daraus ergibt sich ein unmittelbarer Konflikt und ein ernsthaftes Potenzial für Unentschlossenheit bezüglich der Frage, welcher Rolle ihr zu verschiedenen Tageszeiten eure Aufmerksamkeit schenken sollt: Verbringt ihr mehr Zeit im Chefmodus (Nachdenken und Analysieren eurer Arbeit, Absichern ihres Erfolgs, Planen eurer nächsten Schritte) oder im Arbeitermodus (Kirschen auf der Torte platzieren, in welcher Form auch immer das in eurem aktuellen Job geschieht)? Natürlich ist das Gras auf der anderen Seite immer grüner: Die Zeit, die ihr im Chefmodus verbringt, erinnert euch an all die Dinge, die ihr im Arbeitermodus erledigen solltet.

Doch während ihr versucht, eure To-do-Liste abzuarbeiten, macht ihr euch gedanklich Notizen über all die neuen Projekte, die unbedingt Denkzeit erfordern. Da die meisten Menschen nicht genau definiert oder abgegrenzt haben, was für sie persönlich Chefmodus und was Arbeitermodus ist, geraten sie in Stress, weil sie sich nicht sicher sind, ob sie die richtigen Entscheidungen getroffen haben, und beginnen dann zu prokrastinieren – keine vernünftigen Grenzen oder Gewohnheiten zu haben, bedeutet in diesem Fall, dass man nie aufhört, im Chefmodus zu denken, und im Arbeitermodus nie ganz sicher ist, ob man wirklich das Richtige tut.

STRESS WIRD DURCH KLARHEIT REDUZIERT UND KLARHEIT DURCH AUFMERKSAMKEIT GESCHÄRFT

An dieser Stelle kommt Aufmerksamkeitsmanagement ins Spiel – euer neuer bester Freund im Kampf gegen Stress und Informationsüberflutung.

WAS BEDEUTET „AUFMERKSAMKEIT" EIGENTLICH?

Eure Aufmerksamkeit ist eine noch begrenztere Ressource als eure Zeit. Wart ihr auch schon mal in der Situation, dass ihr am Ende eines Tages noch viel zu tun hattet, immer noch motiviert wart und auch alle nötigen Werkzeuge oder Informationen zur Verfügung hattet, aber dennoch nur ins Leere gestarrt habt? Unter diesen Umständen redet ihr euch oft ein, dass euch die Zeit ausgegangen ist, in Wirklichkeit hattet ihr jedoch einfach keine Aufmerksamkeit mehr.

An anderen Tagen habt ihr vielleicht das Gefühl, dass ihr den ganzen Tag über in einem Meeting nach dem anderen gewesen seid, und es wird 16 Uhr, bevor ihr überhaupt die Chance habt, euch an den Schreibtisch zu setzen, um endlich eure E-Mails zu lesen, Unterlagen durchzugehen, die nächsten Schritte zu planen und die Kontrolle zu übernehmen. An solchen Tagen habt ihr vielleicht wirklich das Gefühl, dass es euch an Zeit mangelt, nicht an Aufmerksamkeit. Wieder falsch. Eure Aufmerksamkeit ist eine Währung, die es auszugeben gilt, und wenn ihr euch dazu entscheidet, bis zu 80 % eurer Aufmerksamkeit für Besprechungen aufzuwenden, dürft ihr euch nicht wundern, wenn die letzten 20 % eurer Aufmerksamkeit nur noch für die Bearbeitung einiger E-Mails reichen, gefolgt von einer Zeit, in der ihr ins Leere starrt und euch überfordert fühlt. Doch macht euch nicht vor, dass es die Schuld der anderen wäre – wenn ihr beginnt, die in Meetings verbrachte Zeit nicht nur in Bezug auf verlorene Zeit, sondern auch in Bezug auf aufgewendete Aufmerksamkeit und Energie zu betrachten, werdet ihr bald erkennen, dass komplexe und schwierige Meetings eure persönlichen Ressourcen sehr stark erschöpfen.

Aufmerksamkeit ist eure Währung. Zeit mag vielleicht „ausgegeben" werden, Aufmerksamkeit jedoch muss dennoch gezahlt werden. Achtet auf diese Währung, denn sie ist die wertvollste Währung der Welt.

ZEIT + DIE RICHTIGE AUFMERKSAMKEIT UND KONZENTRATION = ERLEDIGT

AUFMERKSAMKEIT IST ENDLICH

„Nur die Mittelmäßigen sind immer in Bestform."
– Colin Powell

An einem durchschnittlichen Tag habt ihr unterschiedliche Aufmerksamkeitsreserven. Eine grobe Analyse ergibt vereinfacht dargestellt drei verschiedene Arten von Aufmerksamkeit:

1. **Proaktive Aufmerksamkeit:**
   In diesem Zustand seid ihr voll fokussiert, hellwach, im Flow und bereit, eure wichtigsten Entscheidungen zu treffen oder eure kompliziertesten Aufgaben zu meistern. Dieses Level an Aufmerksamkeit ist extrem wichtig, und ich hoffe, dass ihr durch dieses Buch erkennt, wie wertvoll sie tatsächlich ist.

2. **Aktive Aufmerksamkeit:**
   In diesem Zustand seid ihr mittendrin, voll dabei, vielleicht aber ein wenig nachlässig. Ihr lasst euch leicht ablenken, seid gelegentlich brillant, oft aber auch schlampig. Dieses Level der Aufmerksamkeit ist nützlich.

3. **Inaktive Aufmerksamkeit:**
   Die Lichter sind an, doch niemand scheint zu Hause zu sein. Es ist nicht mehr allzu viel Gehirnschmalz übrig, und ihr habt wahrscheinlich mit komplexen oder schwierigen Aufgaben zu kämpfen. Eure Aufmerksamkeit ist in diesem Zustand nicht vollkommen wertlos, ihr Wert jedoch begrenzt.

Das sind natürlich nur grobe und künstliche Abgrenzungen, aber dennoch nützliche, über die ihr nachdenken solltet, wenn ihr versucht, eure Produktivität durch gutes Aufmerksamkeitsmanagement zu maximieren. Ich habe die letzten zwei Jahre damit verbracht, die Tendenzen und Verläufe meines Aufmerksamkeitsmanagements zu beobachten und mit anderen über ihre eigenen Muster zu sprechen. Hier ist ein Muster, das ich regelmäßig sehe. Es handelt sich um den klassischen „Morgenmenschen“:

8–9 Uhr: Aktive Aufmerksamkeit. Auf dem Weg zur Arbeit und Ankunft. Der Kaffee beginnt zu wirken. Ein wenig lesen, nachdenken oder E-Mails checken.
9–11 Uhr: Proaktive Aufmerksamkeit. Entweder wird sie dafür eingesetzt, die schwierigste Aufgabe auf eurer Liste abzuarbeiten, oder sie wird in einem langweiligen Meeting oder mit E-Mails verschwendet.

11–13 Uhr: Aktive Aufmerksamkeit. Wir sind wieder mittendrin und leisten gute (jedoch keine großartige) Arbeit.

13:30–15:30 Uhr: Inaktive Aufmerksamkeit. Nach der Mittagspause. Der Tag schleppt sich dahin. Zu viele Kohlenhydrate zum Mittagessen. Konzentrationsschwierigkeiten. Auch der Kaffee beginnt, ein bisschen fade zu schmecken.

15:30–16:30 Uhr: Aktive Aufmerksamkeit. Toter Punkt überwunden! Hurra! Ihr kommt wieder einigermaßen vernünftig voran.

16:30–17:30 Uhr: Inaktive Aufmerksamkeit. Der offizielle Koffeincrash. Ihr schiebt ein paar Unterlagen hin und her oder arbeitet fieberhaft an der E-Mail, die ihr noch vor dem Feierabend abschicken wollt.

Wie viel Zeit für proaktive Aufmerksamkeit bleibt uns?

Weniger als ihr denkt.

Zwei bis drei Stunden pro Tag, von Montag bis Donnerstag, und vielleicht ein paar Stunden am Freitag.

ÜBUNG: MEIN AUFMERKSAMKEITS-ZEITPLAN

Was ihr benötigt:	Stift und Papier, proaktive/aktive Aufmerksamkeit im Chefmodus
Wie lange es dauert:	20 Minuten
Ninja-Mentalität:	Einsatzbereitschaft

- Nehmt ein Blatt Papier und skizziert einen durchschnittlichen Arbeitstag in der für euch passenden Form – als Flussdiagramm, Liste, Liniendiagramm, Mindmap oder Tabelle.
- Tragt Beginn- und Endzeiten ein, sowie alle geplanten Pausen und was unmittelbar vor und nach der Arbeit passiert (zum Beispiel die Heimfahrt oder ob ihr E-Mails checkt, bevor ihr ankommt).
- Kennzeichnet euer Aufmerksamkeitslevel für jede dieser Kategorien: Welches sind eure proaktiven Zeiten, welche sind aktiv und welche sind inaktiv?
- Schreibt auf, was euch dabei überrascht, und notiert auch die besten und schlechtesten Zeiten, um euch den dringlichsten, schwierigsten oder komplexesten Aufgaben zu stellen.

TRENNT DENKEN UND TUN, TRENNT CHEF UND ARBEITER

„Produktivität ist niemals Zufall. Sie ist immer das Ergebnis von Streben nach Exzellenz, intelligenter Planung und konzentriertem Einsatz.“
– Paul J. Meyer

Euer Ziel im Umgang mit eurer Aufmerksamkeit ist es, eine spielerische, produktive Dynamik und Kontrolle zu erzeugen, den Stress zu begrenzen und die Gewissheit zu haben, dass ihr die bestmögliche Arbeit abliefert.

Ich sollte wohl erwähnen, dass der Informationsinput im Laufe unserer Arbeit vier verschiedene Phasen durchläuft, die ihr euch am besten mit dem Akronym ***CORD*** merkt (auf Englisch: ***C****apture und Collect*, ***O****rganize*, ***R****eview* und ***D****o*). Wir werden diese in Kapitel 5 noch genauer betrachten, doch im Wesentlichen bestehen sie aus:

- **Erfassen und Sammeln:** Informationen sammeln, wo immer sie landen, jedoch auch nützliche Ideen festhalten, sobald sie auftauchen (zum Beispiel in Meetings oder an eurem Schreibtisch)

- **Organisieren:** All diese Informationen einordnen und schlau daraus werden. Hier legt ihr fest, was machbar ist, was wichtig ist und wann ihr es eventuell tun wollt. Ihr organisiert alles in irgendeiner Form von To-do-Liste und dann hoffentlich, wenn wir die Ideen in diesem Kapitel weiterentwickeln, in einem etwas fortschrittlicheren und agileren System, um damit gut arbeiten zu können

- **Review:** Während ihr eure To-do-Liste oder euer gesamtes System mit all euren Projekten und Verpflichtungen durchseht, entscheidet ihr, woran ihr wann arbeiten müsst

- **Erledigen:** Abschluss. Die Kirschen auf die Torte platzieren

Wann also seid ihr im Chefmodus und wann im Arbeitermodus? Und welches Maß an Aufmerksamkeit braucht ihr nun beim Erfassen, Organisieren, Review und Erledigen? Auch wenn es natürlich Ausnahmen gibt, sieht es in etwa so aus:

Phasen der Arbeit	Inaktive Aufmerksamkeit	Aktive Aufmerksamkeit	Proaktive Aufmerksamkeit
Erfassen und Sammeln (Arbeiter Modus)	✓		
Organisieren (Chef-Modus)		✓	
Review (Chef-Modus)			✓
Erledigen (Arbeiter-Modus)	✓	✓	✓

Was uns dies zeigt, ist, dass der Chefmodus unserer Arbeit, die Phasen Organisieren und Review, den größten Teil unserer aktiven und proaktiven Aufmerksamkeit erfordern. Das Nachdenken über unsere Arbeit ist in vielerlei Hinsicht der schwierigste Teil. Wenn ihr eine Woche lang über die Lösung eines potenziell schwierigen Problems nachdenkt, ist die Lösung leicht zu bewerkstelligen. Dieser Teil besteht dann einfach nur darin, zum Telefon zu greifen, E-Mails zu schreiben, Gespräche zu führen, Recherche zu tätigen – das Brot- und Buttergeschäft für jeden Wissensarbeiter. Es ist das Denken, das Zeit und Energie erfordert. Die Trennung von Denken und Tun verbessert die Ergebnisse von beiden ungemein.

„Denken ist die härteste Arbeit, die es gibt, und das ist wahrscheinlich der Grund, warum sich so wenige damit beschäftigen."
– Henry Ford

Wie wir festgestellt haben, ist eure proaktive Aufmerksamkeit ein knappes und wertvolles Gut in eurem Bestreben, produktiv zu sein und die Informationsüberflutung und den Stress einzudämmen. Vier Dinge sind erforderlich, damit ihr euer Bestes geben könnt:

1. Plant eure Arbeit entsprechend dem Level an Aufmerksamkeit, auf dem ihr euch gerade befindet.

2. Schützt eure Aufmerksamkeit so gut wie möglich vor Ablenkungen und Unterbrechungen.

3. Tut alles, was in eurer Macht steht, um den Flow eurer Aufmerksamkeit zu erhöhen, indem ihr Phasen inaktiver Aufmerksamkeit zu aktiven, und Phasen aktiver Aufmerksamkeit zu proaktiven Phasen macht.

4. Wenn irgendwie möglich, zaubert euch zusätzliche Aufmerksamkeit und Zeit herbei, die ihr früher nicht zur Verfügung hattet.

1. PLANT EURE ARBEIT AUF DER GRUNDLAGE EURES LEVELS AN AUFMERKSAMKEIT.

In jedem Job gibt es eine Reihe von Aufgaben. Diese reichen oft von großen Entscheidungen darüber, was zu tun ist und wann es zu tun ist, bis hin zum Aktualisieren von Kontaktinformationen, dem Abheften von Unterlagen oder dem Wechseln der Druckerpatrone. Wenn ihr euch erst einmal auf euer Aufmerksamkeitslevel konzentriert, werdet ihr feststellen, dass es eine sträfliche Verschwendung wäre, die Druckerpatrone während einer Phase proaktiver Aufmerksamkeit zu wechseln. Es ist, als würde man eine Nuss mit einem Vorschlaghammer knacken wollen, obwohl es sich in diesem Moment wahrscheinlich nicht anders anfühlt, als würde man die Druckerpatrone zu irgendeinem anderen Zeitpunkt wechseln. Ja, Aufmerksamkeitsmanagement ist in der Tat ein subtiles Unterfangen.

Nachfolgend könnt ihr sehen, was ich, wenn überhaupt möglich, bestimmten Aufmerksamkeitsstufen zuzuordnen versuche.

Es lohnt sich, über eure natürlichen Stärken und Schwächen nachzudenken. Hebt euch Aufgaben, die euch besonders schwerfallen, für Zeiten auf, in denen euer Aufmerksamkeitslevel proaktiv ist, lasst die anstrengenden, aber leichteren Aufgaben für aktive Aufmerksamkeitszeiten übrig und versucht die einfachen oder langweiligen Dinge für jene Zeiten zu reservieren, in denen ihr sonst nicht viel auf die Reihe bekommt.

EURE PROAKTIVE AUFMERKSAMKEIT IST EIN KNAPPES GUT: SETZT SIE KLUG EIN

Eure proaktive Aufmerksamkeit folgt zwar bestimmten Mustern, ändert sich jedoch von Tag zu Tag und manchmal von Minute zu Minute. Um eure Arbeit entsprechend eurem Aufmerksamkeitslevel planen oder auswählen zu können, müsst ihr daher alle möglichen Optionen zur Verfügung haben, damit ihr jederzeit in der Lage seid, aus einer Position der zuversichtlichen, zenartigen Ruhe heraus fundierte Entscheidungen zu treffen. Ihr müsst sicherstellen, dass ihr eure Denkarbeit dann leistet, wenn eure Aufmerksamkeit proaktiv ist. Diese Denkarbeit zu Ende zu führen, liefert euch die bestmögliche Auswahl an Optionen und die bestmöglichen Informationen, die euch bei euren Entscheidungen unterstützen, was ihr im Arbeitermodus tun solltet.

Proaktive Aufmerksamkeit	**Aktive Aufmerksamkeit**	**Inaktive Aufmerksamkeit**
Wichtige Entscheidungen	Alltägliche Entscheidungen	Ablage
Projektplanung und Reviews	Alltagsgeschäft planen oder To-do-Listen abarbeiten	Büromaterial oder andere Dinge online bestellen
Die meisten Telefongespräche (zum einen, weil ich so aufmerksam wie möglich zuhören möchte, zum anderen, weil ich es generell nicht mag!)	Internet-Recherche	Sachen ausdrucken
Wichtige E-Mails	E-Mails abarbeiten	E-Mails löschen oderPapierkram wegwerfen, den ich nicht mehr benötige
Meetings leiten	An Meetings teilnehmen	An Meetings teilnehmen, die mich nicht interessieren, die ich aber nicht vermeiden kann
Kreatives Denken, Erstellen neuer Workshop-Materialien, …	Handouts für Workshops vorbereiten und sicherstellen, dass ich alles habe, was ich brauche	Kaffee kochen!

Wenn wir in einer Phase inaktiver oder aktiver Aufmerksamkeit gefangen sind und keine Ahnung haben, was wir als Nächstes tun könnten, führt das sehr schnell zu Unklarheit, Stress, Prokrastination und schlechten Entscheidungen.

PROAKTIVE AUFMERKSAMKEIT & DER CHEFMODUS

In den kommenden Kapiteln werden wir uns damit befassen, wie ihr eure To-do-Liste und eure Aufgaben in jeder der vier Arbeitsphasen managt: Erfassen und Sammeln, Organisieren, Review und Erledigen. Es ist zu vermuten, dass eine längere Stressphase ihre Ursache darin hat, dass ihr nicht in der Lage wart, eurer Arbeit im Chefmodus genügend proaktive Aufmerksamkeit zu widmen, insbesondere dem Überprüfen eurer Verpflichtungen und Prioritäten. Der Review ist die Phase in eurer Arbeit, in der ihr den Wald vor lauter Bäumen wieder seht; ihr betrachtet objektiv das gesamte Spektrum eurer Verpflichtungen und Projekte und stellt sicher, dass ihr so weit wie möglich auf dem Laufenden seid. Dadurch fühlt sich ein Großteil der Phase Erledigen mühelos an. Nachdem ihr im Chefmodus die wertvolle und notwendige Denkarbeit geleistet habt, habt ihr im Arbeitermodus tatsächlich das Gefühl, nur noch Kirschen auf einer Torte platzieren zu müssen: keine Konflikte, keine Verwirrung – nur spielerisches, produktives Momentum und Kontrolle. Aus diesem Grund sollte es für jeden Produktivitäts-Ninja das Hauptziel sein, seine proaktive Aufmerksamkeit auf den denkenden Teil seiner Arbeit zu richten und nicht auf das Tun.

Das hört sich zwar einfach an, doch denkt einmal über eure eigenen Zeiten proaktiver Aufmerksamkeit nach und überlegt, was während dieser Zeiten im Arbeitsalltag um euch herum passiert. Für mich ist zum Beispiel die Zeit zwischen 9 und 11 Uhr für gewöhnlich eine gute Zeit für proaktive Aufmerksamkeit. Dies ist auch die Zeit, in der meine Kollegen oft eine Frage beantwortet haben wollen, in der die meisten E-Mails und Anrufe des Tages eingehen und in der mich viele Kunden treffen möchten. Man muss schon ziemlich fokussiert, entschlossen und skrupellos sein, um das Beste aus dieser Zeit zu machen! Aus diesem Grund verbringe ich meine Vormittage regelmäßig außerhalb des Büros; ich möchte die proaktive Aufmerksamkeit für meine beste Arbeit einsetzen und meine aktive und inaktive Aufmerksamkeit für die Teile meiner Arbeit aufsparen, die nicht so viel Energie oder Engagement erfordern.

2. EURE AUFMERKSAMKEIT GEGEN UNTERBRECHUNGEN UND ABLENKUNGEN VERTEIDIGEN

Der Chefmodus erfordert die Art von Denken, die nur konzentrierte, proaktive Aufmerksamkeit bieten kann.

Unsere beste Denkarbeit - die Art des Denkens, die wir brauchen, um uns ruhig und in Kontrolle zu fühlen - basiert darauf, dass wir *zwei* Dinge in Einklang bringen. Wir müssen uns in Phasen höchster proaktiver Aufmerksamkeit befinden *und* wir müssen Konzentration aufwenden, um dieses Denken bis zum Ende durchzuziehen. Wenn wir uns durch etwas anderes ablenken lassen, haben wir lediglich ein wenig nachgedacht und sind auch nicht überzeugt, dass wir fertig damit sind; daher lauert hinter der nächsten Ecke Stress, weil die Dinge nicht klar sind.

Grob gesagt gibt es zwei Arten von Ablenkungen: interne Ablenkungen und externe Ablenkungen.

INTERNE ABLENKUNGEN: EINE DER GRÖSSTEN ABLENKUNGEN, DENEN WIR AUSGESETZT SIND, IST UNSER EIGENER VERSTAND.

Wir versuchen, uns hinzusetzen und einen Bericht zu schreiben. Unser Arbeiter-Ich kommt gerade auf Touren und wir haben unser Denken im Chefmodus so weit wie möglich abgeschlossen. Also, ran an den Bericht. Aber, Moment mal - der Chef ist nicht da! Wir sind jetzt nur ein einfacher Arbeiter im Arbeitermodus. Keine Chefs weit und breit. Niemand hätte etwas dagegen, wenn wir einen kurzen Blick in Facebook werfen. Oder uns kurz davonstehlen, um noch eine Tasse Tee zu machen und mit einer Kollegin zu plaudern.

Wir sind ständig mit unseren eigenen Schlachten gegen Ablenkungen konfrontiert. Alles andere auf der Welt scheint einfach interessanter zu sein als das, woran wir gerade arbeiten. Hattet ihr auch schon einmal das Gefühl, dass ihr einfach nur an euren Stuhl gefesselt oder an einen Schreibtisch gekettet sein müsstet, um zu schreiben, etwas zu schaffen, zu organisieren, zu bearbeiten oder zu beenden? Manchmal fühlt es sich so an, als steckten wir voller einzigartiger und kreativer Möglichkeiten, uns ablenken zu lassen - wenn wir diese wunderbare und einzigartige Kreativität doch nur in der Arbeit selbst nutzen könnten!

Ein Produktivitäts-Ninja ist sich seiner selbst bewusst und kann bessere Gewohnheiten entwickeln, um diese Art von Ablenkungen so weit wie möglich zu bekämpfen. Hier sind einige der Dinge, die ihr dazu beitragen könnt (wir werden auch in späteren Kapiteln noch darüber sprechen):

NEUE IDEEN SO SCHNELL WIE MÖGLICH AUS DEM KOPF BEKOMMEN – BRINGT DEN CHEF ZUM SCHWEIGEN

Während ihr an einer Sache arbeitet, vor allem dann, wenn diese weniger interessant ist als andere Aspekte eurer Arbeit, werdet ihr die Stimme eures Chefs in eurem Kopf hören, wie er mit neuen Ideen für andere Projekte ankommt, über all die Dinge nachdenkt, die ihr noch erledigen müsst, und der ganz allgemein versucht, euch aus dem Arbeitermodus in den Chefmodus zu zwingen. Um dies zu verhindern, müsst ihr all diese Gedanken festhalten, damit ihr später auf sie zurückkommen könnt (um sie zu organisieren, zu überprüfen und, wenn nötig, die damit zusammenhängenden Aufgaben zu erledigen). Haltet Stift und Papier bereit. Das funktioniert aber nur, wenn ihr darauf vertraut, diese festgehaltenen Gedanken später auch tatsächlich wieder aufzugreifen.

E-MAILS VERARBEITEN, NICHT E-MAILS CHECKEN

Wenn ihr eure E-Mails blockweise abarbeitet und euren Posteingang mehrmals am Tag leert, verringert ihr die Hintergrundgeräusche und eure Neugier, in eurem Posteingang nach möglichen Ablenkungen zu suchen, erheblich. Ja, ich sagte leeren. Ich werde euch im nächsten Kapitel genau zeigen, wie das möglich ist!

INTERNET-KNAPPHEIT

Das Internet ist gleichermaßen das größte Produktivitätswerkzeug und auch das größte Prokrastinationswerkzeug, alles in Einem. Könnt ihr hier ein unmittelbares Problem erkennen? Es geht darum, vollkommen klar zu sein: Entscheidet euch, zu welchen Tageszeiten ihr Zugang zu einer fantastischen Fülle von Informationen haben wollt – *und* bestimmt die Zeiten am Tag, zu denen ihr der Versuchung widerstehen wollt, euch in einer „YouTube-Schleife" zu verlieren, wertvolle Aufmerksamkeit zu verschwenden, sich über Fremde auf Twitter zu ärgern oder Promi-Klatsch zu lesen. Lernt, dass das Internet sowohl euer bester Freund als auch euer schlimmster Feind ist, und dass es zu bestimmten Zeiten so weit wie möglich von eurem impulsiven Zugriff entfernt sein sollte.

> „Wir gehen jeden Abend in dasselbe Restaurant und bestellen immer dasselbe Gericht, Monat für Monat, bis wir beschließen, etwas anderes zu tun. Und das wird jeden Abend so sein, bis wir es uns wieder anders überlegen. Uns gefällt die Vorstellung nicht, Speisekarten lesen zu müssen oder über Essen nachzudenken. Für uns ist das eine Verschwendung von Hirnschmalz."
> – George Passmore, Gilbert & George

„SELEKTIVE IGNORANZ"

„Selektive Ignoranz" ist ein Begriff, den Tim Ferriss in seinem Buch *The 4-Hour Work Week* verwendet. Er beschreibt damit die Idee, dass er es vermeidet, Zeitungen zu kaufen oder unnötig Medien zu konsumieren. Er spricht darüber, wie er „abkürzt", indem er seine Freunde nach deren Meinung zu politischen Themen fragt, um eine gute Entscheidung darüber treffen zu können, wen er wählen soll, ohne viel Zeit damit zu verschwenden, sich mit diesen Themen zu befassen; und wie er bewusst Gadgets oder Internetseiten vermeidet, von denen er weiß, dass sie ihn ablenken könnten. Wenn ihr Nachrichten als nervig und wenig hilfreich empfindet, solltet ihr einschränken, wieviel davon ihr in euer Leben lasst (und mit Leben meine ich Aufmerksamkeit!).

Für mich war das einfach, verbrachte ich doch jede Woche etwa eine Stunde damit, mich über die Fachpresse, Branchennachrichten und dergleichen auf dem Laufenden zu halten. Nach einer Weile wurde mir klar, dass mir die wichtigen Nachrichten ohnehin weitergeleitet wurden, also habe ich meine Abonnements gekündigt und mir eine Ablenkung weniger pro Woche gegönnt. Es wird hier noch viele weitere Beispiele geben, die ihr ausprobieren könnt.

HALTET AUSSCHAU NACH DEN INFORMATIONS-DJS DIESER WELT

Ein großartiger Trick, um Ablenkungen zu reduzieren und mit der Informationsflut fertig zu werden, besteht darin, nach DJs statt nach Schallplatten Ausschau zu halten. DJs sind die Enthusiasten, die Informationen kuratieren, den Mist aussieben, euch die Schlagzeilen oder besten Beiträge liefern und euer Denken lenken. John Peel war ein legendärer DJ. Gilles Peterson bei BBC Radio ist ein gutes aktuelles Beispiel: Er reist um die Welt, knüpft Kontakte zu interessanten und einflussreichen Menschen in den Musikszenen auf der ganzen Welt und liefert jede Woche drei Stunden lang eine einzigartige Musikmischung, von der ich das meiste ohne seine Hilfe nie gefunden oder verstanden hätte. Da die Welt mehr und mehr Content produziert, gibt es auch immer mehr, das es wert ist, beachtet zu werden, aber auch unendlich viel mehr, das es wert ist, vermieden zu werden. TED fungiert als DJ: Die Organisation kuratiert Veranstaltungen und eine Website, die ein breites Spektrum interessanter Ideen verschiedener Referenten vorstellt.

Ich glaube, wir bewegen uns auf das Zeitalter des „Informations-DJs“ zu. Ich hoffe, dass Think Productive ebenfalls als DJ fungieren kann: Wir nutzen unseren Blog und unsere LinkedIn-Gruppe, um eine ganze Reihe von Sichtweisen zum Thema Produktivität zu finden, zu kommentieren und zu teilen. Wir tragen unsere eigene Perspektive bei, diskutieren, hören zu, vernetzen uns. Wir tun dies, weil es uns wichtig ist. Haltet also Ausschau nach den DJs, nicht nach seelenlosen Moderatoren.

SEID KEIN „EARLY ADOPTER“

Es gilt als cool, ein „Early Adopter“ zu sein. Ein kurzer Blick auf die Menschenschlange vor dem Apple Store, wenn eine neue Version des iPads oder iPhones vorgestellt wird, beweist, dass Menschen gerne die Ersten sind, die neue Gadgets in die Hände bekommen. Es ist jedoch sicher nicht klug, ein Early Adopter zu sein. Lasst erst mal die Masse ausprobieren und fragt sie dann nach ihrer Meinung (die sie gerne abgeben wird, da sie als Early Adopter jedem, der ihnen zuhört, davon erzählen können), bevor ihr eine Kaufentscheidung trefft. Das Gleiche gilt für Online-Software. Es gibt da draußen Tausende neuer Websites, die vorgeben, das nächste Facebook oder LinkedIn zu sein, das euer Leben revolutionieren wird. Bei einigen mag das auch zutreffen, doch viele von ihnen werden bereits in wenigen Monaten wieder Geschichte sein.

Geduld ist eine Tugend. Ihr müsst nicht cool sein. Und selbst wenn ihr wirklich cool sein wollt, interessiert es letztlich niemanden. Auf dem Sterbebett wird euch niemand fragen, was ihr besessen oder welche Software ihr benutzt habt, und schon gar nicht, ob ihr zu den Ersten gehört habt.

SEID EUCH EURER SELBST BEWUSST

Euer erstaunlich kreativer Geist wird sich Hunderte von Möglichkeiten ausdenken, um Dinge zu vermeiden, die entweder zu langweilig, zu anspruchsvoll oder einfach nicht erfüllend sind. Seid ständig auf der Hut vor diesen Vermeidungstaktiken und beginnt, sie aktiv zu bekämpfen. Zu meinen gehören zum Beispiel seit Jahren die folgenden:

- Mein Haus aufräumen
- „Schreibtischgemurkse" – zu den Symptomen gehören das exzessive Beschriften von Dingen, das Nachfüllen von Tackern und Sortieren von Büromaterial, …
- Essen – manchmal ist das natürlich notwendig, doch oft ist es einfacher, zwei Minuten lang einen Schoko-Riegel zu essen, als über eure Arbeit nachzudenken oder sie zu erledigen
- Internetrecherche oder Online-Shopping
- Unterhaltungen im Büro beginnen
- Podcasts anhören, in der irrigen Annahme, dass es euch voranbringen könnte, wenn ihr die Hälfte eurer Aufmerksamkeit für etwas Inspirierendes aufwendet – hebt euch das für später auf
- Mit irgendeinem neuen Internet-Tool oder einer iPad-App herumspielen, bei der man viel „einrichten" muss (RSS-Reader sind ein gutes Beispiel dafür), in der irrigen Annahme, dass es sich später auszahlt und euch Zeit spart
- Auf Twitter nach Baseball-Nachrichten oder Transfergerüchten von Aston Villa suchen
- Leichtere oder interessantere Aufgaben erledigen als die, die jetzt wirklich erledigt werden müssten

Dies sind alles Verzögerungstaktiken. Einige davon könnten für euch eventuell nützlich sein, andere weniger. Wichtig ist jedoch, dass sie alle mit einem Minimum an Aufmerksamkeit erledigt werden können. Wenn ihr also gerade voller proaktiver Aufmerksamkeit seid, können diese Dinge warten.

EXTERNE ABLENKUNGEN: MIT UNTERBRECHUNGEN UMGEHEN

Kein noch so großes Maß an Eigenwahrnehmung allein wird unsere Aufmerksamkeit schützen, und das aus einem sehr guten Grund: Die Welt ist voll mit anderen Menschen, die alle vorhaben, uns zu unterbrechen und uns auf einen anderen Weg zu lenken. Folglich müssen wir unsere kostbare Aufmerksamkeit skrupellos gegen diese zahlreichen Feinde verteidigen. Während der Umgang mit unseren eigenen Ablenkungen eher einer Wissenschaft gleicht (Verhalten beobachten, diagnostizieren, was in unserem Kopf vorgeht, neues Verhalten entwickeln, Wirksamkeit testen, wiederholen), ist der Umgang mit den Unterbrechungen und Vorstellungen anderer Menschen eine Kunstform. Eure Raffinesse, eure Fertigkeiten und eure oftmals hinterlistige Skrupellosigkeit kommen hier voll zum Tragen.

Es gibt einige ziemlich offensichtliche Formen der Unterbrechung, die wir gleich behandeln können, und viele eher subtilere Formen der Unterbrechung, auf die wir später eingehen werden.

MEIDET DIE MEISTEN MEETINGS, ZU DENEN IHR EINGELADEN WERDET

Meetings sind eine wunderbare Möglichkeit, Zeit damit zu verbringen, sich mit den Prioritäten anderer Leute zu beschäftigen, anstatt mit den eigenen. Meetings zu meiden, die nicht direkt mit euren wichtigsten Projekten oder Verantwortungsbereichen zu tun haben oder bei denen es möglich wäre, sich auf viel einfachere Weise einzubringen, ist von entscheidender Bedeutung. Wir alle wissen, dass dies manchmal ein wenig Kreativität oder gar Trickserei erfordert, doch den ganzen Vormittag in einem Meeting als luxuriöses „Extragehirn" für das Projekt von jemand anderem zu verbringen, ist eine lächerliche und unhöfliche Verschwendung eurer wertvollen proaktiven Aufmerksamkeit. Ich werde später noch ausführlicher darauf eingehen, doch wenn irgendwie möglich, sagt einfach „Nein".

GEHT NICHT ANS TELEFON

Anrufe gehören zu den schlimmsten Unterbrechungen. Sie kosten euch Zeit und Energie, sowohl während des Gesprächs selbst als auch bei der „Regeneration" (diese „Oh, wo war ich gleich noch mal gewesen?"-Gespräche, die ihr mit euch selbst führen müsst, sobald ihr den Anruf beendet habt). Versucht Folgendes:

Schaltet euer Telefon zu den Zeiten aus, die ihr für eure proaktive Aufmerksamkeit nutzen wollt. Im Laufe der Zeit solltet ihr ganz bewusst entscheiden, ob ihr euer Telefon eingeschaltet lassen wollt, sodass es sich so anfühlt, als würdet ihr euch dazu *entscheiden*, für eine bestimmte Zeit Anrufe entgegenzunehmen.

Es gibt noch einen weiteren guten Grund, dies zu tun. Sprachnachrichten werden als Kommunikationsmedium stark unterschätzt. Die Kommunikation verläuft nur in eine Richtung, nicht in zwei. So kommt der Anrufer, der die Nachricht hinterlässt, in Sekunden statt in Minuten zum Kern des Sachverhalts, und wenn ihr ihn zurückruft, habt ihr beide bereits die Hälfte des Gesprächs hinter euch.

Ich persönlich arbeite mit den Mitgliedern meines Teams oft über WhatsApp-Sprachnachrichten zusammen, anstatt per E-Mail oder Telefon. Das geht schneller und ist persönlicher als eine E-Mail und man erwartet nicht so schnell eine Antwort wie bei einem Anruf.

SCHLIESST EUER E-MAIL-PROGRAMM SO OFT WIE MÖGLICH

Erstaunliche Dinge passieren außerhalb eures Posteingangs. Tatsächlich findet der Großteil der Arbeit, die ihr leistet, außerhalb eures Posteingangs statt. Wir sind soziale Wesen, und das „Ping" einer neuen E-Mail reicht aus, um uns so neugierig zu machen, dass wir unsere wichtigste Arbeit ruhen lassen und „nachsehen", wer sich bei uns meldet, um „Hallo" zu sagen. Dabei verlieren wir unseren Fokus und unterbrechen die wichtigste Arbeit des Tages. Und wofür? Meist für eine Rundmail an alle Mitarbeiter, in der steht, dass Julie aus der Buchhaltung ein paar Süßigkeiten aus ihrem Griechenlandurlaub mitgebracht hat, oder für eine Erinnerung an die Mitarbeiterbesprechung nächste Woche, die ihr ohnehin schon in eurem Kalender stehen hattet. Doch die meisten Menschen schalten ihr E-Mail-Programm ein, sobald sie morgens ins Büro kommen, und schalten es abends als Letztes aus, bevor sie nach Hause gehen. Das bedeutet, dass ihr permanent Unterbrechungen ausgesetzt seid, die leicht zu vermeiden wären. Wenn ihr euer E-Mail-Programm ausschaltet, und sei es nur für ein paar Stunden am Tag oder für 30 Minuten pro Stunde, bekommt ihre einen klareren Kopf, reduziert den Lärm, der euch abzulenken droht, und könnt euch leichter auf die Dinge konzentrieren, die wirklich wichtig sind.

TRAGT KOPFHÖRER ODER VERWENDET EIN ZEICHEN, UM FRAGEN VON KOLLEGEN ABZUWEHREN

Elena ist meine Geschäftspartnerin und die Geschäftsführerin von Think Productive. Als solche bekommt sie eine Menge Fragen vom Rest des Teams, die ihren Flow unterbrechen. Wenn sie etwas proaktive Aufmerksamkeit benötigt, stellt sie ein kleines Porzellankätzchen auf ihren Schreibtisch. Jeder im Büro, auch ich als ihr Chef, weiß, dass das Kätzchen ein Zeichen dafür ist, dass sie Zeit für proaktive Aufmerksamkeit braucht. Wir heben unsere Fragen oder Ideen für später auf, und sie bleibt fokussiert. Ich habe diesbezüglich schon einige Varianten gesehen: selbst gebastelte Plastikschilder, Whiteboards, Hüte, Polizei-Absperrband an der Stuhllehne – „Abstand halten, hier gibt es nichts zu sehen" – oder Ähnliches. Am einfachsten und effektivsten sind vielleicht große Kopfhörer. Sie haben nicht nur die praktische Funktion, dass ihr den Bürotrubel mit Musik übertönen könnt (zu der manche Menschen sehr gerne arbeiten, während andere sich nur schwer konzentrieren können), sondern sie verhindern auch, dass ihr die an euch gerichteten Gespräche oder Fragen hört. Wenn ihr *dennoch* unterbrochen werdet, während ihr Kopfhörer tragt, ist es für die Person, die euch unterbricht, ziemlich offensichtlich, dass sie euren Flow unterbricht.

ARBEITET VON ZU HAUSE ODER VON EINEM ANDEREN ORT AUS

Der beste Weg, um sicherzustellen, dass ihr nicht durch den Lärm und die Störenfriede im Büro unterbrochen und abgelenkt werdet, ist natürlich, dass ihr euch an einem anderen Ort als im Büro aufhaltet. Von zu Hause arbeiten *kann* eine gute Lösung dafür sein. Es kann aber auch eine Reihe neuer Ablenkungen mit sich bringen: „Ich fange mit meinem Bericht an, sobald ich den Abwasch erledigt und das Wohnzimmer aufgeräumt habe." Von zu Hause arbeiten ist nicht für jeden.

Ich finde, dass ich unterwegs am besten nachdenken kann: in Zügen, Flugzeugen und Cafés. Das sind Orte, an denen die Atmosphäre und die Umgebung beruhigend wirken, wo es aber wenig Ablenkung gibt: Schreibtisch, Stift und Papier, Laptop und ich. Es gibt nichts anderes zu tun, als Kaffee zu trinken und meine beste Arbeit abzuliefern, und genau das tue ich dann auch oft.

SAGT „NEIN"

Macht euch klar, dass ihr kein schlechtes Gewissen haben solltet, „Nein" zu sagen, wenn euch jemand in einem entscheidenden Moment einer wichtigen Aufgabe unterbricht, wenn ihr doch gerade einen Lauf in einer Phase produktiver, proaktiver Aufmerksamkeit habt. Versucht, ihre Anfrage oder das Gespräch auf einen Zeitpunkt zu legen, an dem ihr wisst, dass eure Aufmerksamkeit langsam nachlassen wird, um so eure wertvollste Aufmerksamkeit und euer Momentum zu verteidigen. Lasst nicht gleich alles stehen und liegen, wenn eine andere Person zu einem ungünstigen Zeitpunkt etwas von euch will.

DENKT DARAN: DIE MEISTEN INFORMATIONEN SIND NAHEZU WERTLOS

Seid sehr wählerisch, wenn es darum geht, was ihr lesen, recherchieren oder dann damit anfangen wollt. Im Informationszeitalter kommen Gelegenheiten oft ziemlich aufdringlich daher, durch Empfehlungen von Freunden, Weitergabe in den sozialen Medien und so weiter. Es ist nicht mehr so wichtig, den Horizont zu sondieren. Es ist viel einfacher, die wichtigeren Dinge zu euch kommen zu lassen.

3. EURE AUFMERKSAMKEIT STEIGERN: INAKTIVE AUFMERKSAMKEIT AKTIV MACHEN, AKTIVE AUFMERKSAMKEIT PROAKTIV MACHEN

Ehrlich gesagt, wenn ihr das Gefühl habt, dass sich euer Geist in einer echten Phase inaktiver Aufmerksamkeit befindet, könnt ihr unmöglich viel dagegen unternehmen. Ihr seid bereits müde, unkonzentriert und vielleicht auch unmotiviert. Es gibt jedoch eine Menge, was ihr unternehmen könnt, um bessere Gewohnheiten zu entwickeln, die euren Geist gesünder und glücklicher machen und die Wahrscheinlichkeit erhöhen, dass er längere Phasen proaktiver und aktiver Aufmerksamkeit produziert. Bevor ich weiter darauf eingehe, möchte ich euch ein paar schnelle Lösungsansätze vorstellen – die Heftpflaster des Aufmerksamkeitsmanagements:

ÄNDERT DIE SICHTWEISE

Es ist durchaus möglich, euer Gehirn vorübergehend zu einer kurzen zusätzlichen Phase aktiver Aufmerksamkeit zu „überlisten“, wenn ihr euch träge und matt fühlt. Dazu müsst ihr euer Gehirn wachrütteln, damit es sich wieder aufraffen muss. Wenn ich gebeten werde, ein langes Meeting zu leiten, bitte ich die Teilnehmer, am Nachmittag die Stühle zu verschieben und in eine andere Richtung zu blicken. Schon diese kleine Bewegung, die den Blickwinkel verändert, reicht aus, um euer Bewusstsein zu wecken und es zu erhöhter Aufmerksamkeit anzuregen. Wenn ihr an einem langen Bericht arbeitet, tut dies etwa alle halbe Stunde in einen anderen Teil des Raums. Wenn ihr an einer Excel-Tabelle arbeitet, ändert die Schriftfarben für eine halbe Stunde in rot oder grün, und dann wieder zurück. Diese Perspektivwechsel können tatsächlich dazu beitragen, dass ihr länger durchhalten könnt, als ihr eigentlich die Energie dafür habt.

ÄNDERT DAS SPIEL

Wenn ihr wirklich damit zu kämpfen habt, konzentriert zu bleiben, solltet ihr alle 30-60 Minuten das Spiel ändern. Brütet nicht weiter über eurem Bericht und starrt ins Leere; bearbeitet lieber eine halbe Stunde lang E-Mails, dann wieder eine halbe Stunde den Bericht, dann eine halbe Stunde etwas völlig anderes, eine halbe Stunde den Bericht und so weiter. Haltet eure Aufmerksamkeit auf Trab und bleibt in Bewegung.

FRISCHLUFT

Geht nach draußen und macht einen kurzen Spaziergang. Die frische Luft in euren Lungen, die Bewegung, die anderen Eindrücke, Geräusche, Gerüche und Denkmuster werden euch für die nächste kurze Zeit wieder wach machen. Wenn ihr nicht nach draußen gehen könnt, öffnet einfach ein Fenster, atmet ein paar Mal tief die frische Luft ein und nehmt euch nur fünf Minuten Zeit, um die Aussicht zu bewundern und eure Umgebung wahrzunehmen. Diese Zeit, in der ihr „einfach nur sein" könnt, ist kostbar und wird eure Sinne wecken und eure Aufmerksamkeit wieder auf das Wesentliche lenken.

STRATEGISCHES KOFFEIN (SIEHE JEDOCH UNTEN!)

Eine kleine Dosis Koffein zur richtigen Zeit kann ein effektiver Ninja-Move sein. Wenn ihr müde seid, werdet ihr hinterher „abstürzen" und in der schlimmsten Art untätiger Aufmerksamkeit landen, die ihr erleben könnt. Doch bis dahin: Kaffeemaschine laden, anschnallen und los geht's!

GEHIRNWARTUNG

Die oben genannten Punkte sind lediglich schnelle Lösungsansätze, die im Verlauf eines Jahres nur wenig Wirkung zeigen werden. Ihr werdet vielleicht feststellen, dass es durch sie an einigen Tagen besser läuft, doch was ihr im Folgenden seht, ist die Heilige Dreifaltigkeit der regelmäßigen *Steigerung* eures Aufmerk-

„In Zeiten von Lebenskrisen, sei es ein Waldbrand oder glühender Stress, gehe ich als Erstes zu den Grundlagen zurück ... ernähre ich mich richtig, bekomme ich genug Schlaf, mache ich jeden Tag körperlichen und geistigen Sport."
– Edward Albert

samkeitslevels: Ernährung, körperliche Fitness und Meditation. Euer Gehirn ist ein Muskel, und wie jeder andere Muskel auch, steht er mit eurer allgemeinen körperlichen Gesundheit und Fitness in Verbindung. Ein gesunder Körper ist wahrlich ein gesunder Geist. Zu viele Blogs und Bücher zum Thema Produktivität konzentrieren sich nur auf Abkürzungen, Tipps und Möglichkeiten, das Werkzeug eures Geistes zu nutzen, ohne sich damit zu beschäftigen, wie ihr dieses Werkzeug verbessern, seine Kapazität erhöhen und euer persönliches Potenzial, wirklich etwas zu bewegen, steigern könnt. Im Folgenden findet ihr eine kurze Übersicht über einige der Dinge, die wahre Wunder bewirken können, eure Aufmerksamkeit, Konzentration, Wachsamkeit und allgemeine Gehirnleistung zu steigern. Vielleicht findet ihr einige dieser Vorschläge ganz vernünftig, andere wiederum geradezu verrückt. Ihr müsst nicht alle ausprobieren, habt jedoch etwas Geduld mit mir.

TREIBSTOFF FÜRS GEHIRN IST TREIBSTOFF FÜR DIE ARBEIT

Eine der besten Möglichkeiten, eure Aufmerksamkeit und Energie zu steigern, ist eine gesunde Ernährung. In den letzten Jahren habe ich mit einem Ernährungscoach, Colette Heneghan, zusammengearbeitet, um meine eigene geistige Leistungsfähigkeit zu steigern. Ich bin mit den Ergebnissen wirklich sehr zufrieden, und ihr könnt euch gerne mal das Buch ansehen, das wir zusammen geschrieben haben: *Work Fuel: The Productivity Ninja Guide to Nutrition*. Doch bevor ihr das tut, hier noch ein paar schnelle Tipps, die euch helfen werden:

- **Esst keine Lebensmittel, die ihren eigenen Jingle haben**
  Lehnt die fabrikmäßig hergestellten, von der Werbung angepriesenen „Fake-Lebensmittel" ab, die sich allzu sehr verbreitet haben. Konzentriert euch auf

den Verzehr von „Lebensmitteln aus Pflanzen, nicht von Lebensmitteln, die in Fabriken hergestellt werden“.

- **Esst den Regenbogen**
  Ohne gleich zu sehr ins Detail gehen zu wollen: Verschiedene Gemüsesorten enthalten unterschiedliche Nährstoffe, peppt also grüne Salate durch gelbe Paprika, rote Tomaten und violette Rote Bete auf. Durch den Verzehr eines breiten Farbspektrums tut ihr alles, um euren Körper mit der richtigen Bandbreite an Nährstoffen zu versorgen.

- **Trinkt mehr Wasser**
  Euer Gehirn hat im Prinzip keine Möglichkeit, euch mitzuteilen, dass es dehydriert ist. Eins ist sicher: Da ihr die ganze Nacht „gefastet“ habt, werdet ihr am Morgen auf jeden Fall dehydriert sein. Beginnt euren Tag mit einem großen Glas Wasser, bevor ihr zu Koffein greift.

- **Ausgeglichenheit – Beständigkeit schlägt Intensität**
  Das „Richtige“ oder „Falsche“ zu essen, kann uns mit Schuldgefühlen oder Angst erfüllen. Ein Großteil unserer individuellen Entscheidungen ist für sich genommen nicht wichtig. Wenn ihr euch gesund ernährt, ist es in Ordnung, hin und wieder ein Stück Kuchen zu essen. Ihr braucht euch deswegen nicht schlecht fühlen. Es kommt nicht darauf an, was du gerade isst, sondern vor allem, was du die meiste Zeit über isst. Beständigkeit ist der Schlüssel. Und haltet euch von exotisch klingenden Modediäten, Entgiftungskuren und „Bio-Hacking“-Programmen fern, die euch am Ende sowieso nur eure ganze Energie kosten. Verankert gutes Essverhalten in euren täglichen Gewohnheiten, dann wird es eher zur Routine.

- **Schlaf**
  Schlafmangel ist manchmal unvermeidlich. Tut dennoch alles, was ihr könnt, um sowohl die Qualität als auch die Quantität eures Schlafs zu verbessern. Wollt ihr eines meiner Geheimnisse wissen? Wenn ich den ganzen Tag von zu Hause aus arbeite, mache ich oft nach dem Mittagessen oder am Nachmittag einen kleinen „Power-Nap“. Selbst zwanzig Minuten in ruhiger Dunkelheit reichen aus, um wieder Energie zu tanken und zu regenerieren (der Trick besteht darin, nicht zu lange zu schlafen, sonst wird es schwieriger, wieder aufzuwachen!).

KÖRPERLICHE FITNESS

Um es noch einmal zu sagen: In einem gesunden Körper wohnt tatsächlich ein gesunder Geist. Neben gesunder Ernährung ist es wichtig, euren Körper durch regelmäßige Bewegung zu stärken. Es muss nicht zwangsläufig anstrengend sein. Ein paar kurze Trainingseinheiten von, sagen wir, einer halben Stunde pro Woche reichen aus. Wenn ihr zwei oder drei Kilometer von eurem Büro entfernt wohnt, ist es wahrscheinlich schon ausreichend, wenn ihr einfach zu Fuß zur Arbeit geht.

Ob Training für einen Marathon, Yoga, Tennis mit einem Freund oder hochintensives Intervalltraining - wichtig ist, dass ihr etwas findet, das ihr leicht in eure Alltagsroutine integrieren könnt und das euch guttut. Genießt es, wenn es gut läuft, aber macht euch bitte nicht fertig, wenn es eine Woche lang nicht ganz so gut funktioniert. Kurzfristig wird das keinen großen Unterschied machen. Ninja sind schließlich auch nur Menschen.

MEDITATION & ABSCHALTEN

In seinem Buch *The Happiness Hypothesis* stellt Jonathan Haidt die überzeugende These auf, dass eines der wenigen Dinge, die nachweislich glücklicher machen, regelmäßiges Meditieren ist. Meditation gibt es in den verschiedensten Ausprägungen und wird auch oft mit Mystik, Religionen und Kulten in Verbindung gebracht, was viele von uns als beunruhigend oder unangenehm empfinden. Beim Meditieren geht es darum, präsent zu sein und uns nur auf uns selbst und unsere Verbundenheit mit der Welt um uns herum zu konzentrieren. *The Happiness Hypothesis* enthält auch eine brillante Analogie, die es mir ermöglichte, Meditation auf eine viel tiefere Weise zu verstehen.

DER ELEFANT UND DER AFFE

Euer Verstand ist wie ein Affe, der auf einem Elefanten reitet. Der Affe steht für euren bewussten Verstand. Er plappert vor sich hin, hat eine Million Ideen pro Sekunde und befindet sich ständig in einem Zustand der Unruhe. Der Elefant hingegen steht für euer Unterbewusstsein. Er trägt all die Dinge, die unter der Oberfläche vor sich gehen. Der Affe ist natürlich zu klein, um die Richtung des Elefanten zu steuern, während der Elefant oft nicht in der Lage ist, den Weg zu kommunizieren, den er einschlagen möchte. Während des Meditierens versucht ihr, den Affen zum Schweigen zu bringen oder ihn zumindest zu ignorieren und sein Geschwätz an euch abprallen zu lassen. Ihr versucht herauszufinden, was dieser Elefant sagt, um dann Elefant und Affe im Einklang zusammenarbeiten zu lassen.

MEDITATION MUSS NICHT SCHWER SEIN

In unserer permanent vernetzten Welt vergessen wir manchmal, auf uns selbst zu hören. Der Affe in unserem Kopf wird durch Arbeit, Stress, die Nachrichten, soziale Medien, Podcasts, Blogs, Zeitungen, Fernsehsendungen, das Geschwätz im Radio und das unerbittliche Tempo des 21. Jahrhunderts gefüttert. Sich Zeit zu nehmen, um auf unsere emotionalen Reaktionen zu hören, zur Ruhe zu kommen, Raum zu schaffen, um für die Welt um uns herum dankbar zu sein ... all diese Dinge werden aus unserer Kultur der ständigen Erreichbarkeit verdrängt und ausgeklammert. Ich beschäftigte mich seit etwa vier Jahren mit Meditation, probierte immer wieder mal damit herum, fand aber nie wirklich die Zeit dafür (oder anders ausgedrückt, die Energie, sie zur Priorität zu machen). Dann, eines Tages, als ich mich mit einem Meditationslehrer unterhielt und wie üblich nach der „besten Buchempfehlung“ oder dem „besten Podcast“ fragte, sah mir dieser Meditationslehrer in die Augen und sagte: „Alter, sitz einfach nur“. Und das war tatsächlich alles, was ich hören musste. Es gibt eine Million Versionen der perfekten Art zu meditieren, eine Million Menschen, die versuchen, dem ihre eigene Bedeutung oder eine pseudoreligiöse Erklärung beizumessen, doch im Grunde genommen besteht Meditation einfach darin, zu sitzen und nichts zu tun. Es ist nicht so kompliziert. Hört auf die Stille. Am Anfang ist es irritierend, aber ihr werdet lernen, es zu genießen.

KEINE ZEIT ZUM MEDITIEREN ZU HABEN IST NIE DER GRUND, WARUM WIR NICHT MEDITIEREN

Meditieren kann jedoch auch schwierig sein. Es erfordert Übung. Doch wenn ihr euch erst einmal daran gewöhnt habt, könnt ihr fast überall meditieren: in überfüllten U-Bahnen, auf der Autobahn, auf dem Nachhauseweg oder in der Warteschlange im Supermarkt. Und wenn ihr neu dabei seid – oder es euch einfach so leicht wie möglich machen wollt – ist ein guter Tipp, euch eine App für euer Handy zu besorgen. Meine Favoriten sind Headspace, Buddhify, Calm und Insight Timer. (Oh, und nur um das klarzustellen: Sie bezahlen mich nicht dafür, dass ich sie erwähne; ich benutze die Apps einfach gern, und ich denke, ihr werdet das auch. Das Gleiche gilt auch für all die anderen Dinge, die ich später im Buch erwähne!)

ABSCHALTEN BEWIRKT ERNEUERUNG

Ähnlich wie abends den Computer auszuschalten, ist es auch wichtig, unser Gehirn abzuschalten und Stille, Raum und Ruhe zuzulassen, nicht nur für unsere geistige Gesundheit, sondern auch für unsere Fähigkeit, proaktive Aufmerksamkeit zu erzeugen und in Topform zu bleiben. Gesteht es euch zu, nachts und am Wochenende abzuschalten – und gebt nicht dem Druck nach, ständig bis spät in die Nacht zu arbeiten und dabei auszubrennen. Denkt daran, dass ihr abschaltet, um eure Produktivität zu *steigern*.

HANDYS SIND ZU CLEVER, UM IGNORIERT ZU WERDEN

Die Hersteller von Mobiltelefonen wissen genau, wie man sie „fesselnd" macht, leicht zu bedienen und süchtig machend. Wir alle kennen die Versuchung, abends noch einmal zum Handy zu greifen, obwohl wir wissen, dass wir eigentlich abschalten oder ins Bett gehen sollten. Um wirklich abzuschalten, solltet ihr eine Zeit am Abend festlegen, zu der ihr euer Handy in ein anderes Zimmer legt, oder Apps verwenden, die den Zugriff auf euer Handy zu verschiedenen Zeiten einschränken. Die Beziehung zu eurem Handy ist so wichtig, dass wir diesem Thema ein ganzes Kapitel gewidmet haben (Kapitel 11).

ATMET TIEF DURCH

Atmet regelmäßig tief durch. Denkt dabei daran, dass das, was ihr gerade tut, genug ist. Nehmt euch einen Moment Zeit, um dankbar für alles um euch herum zu sein. Solche Momentaufnahmen sind wichtig und helfen einem Ninja, sich auf die Schlachten von morgen vorzubereiten.

4. DIE MAGIE, ZUSÄTZLICHE AUFMERKSAMKEITSINSELN ZU SCHAFFEN

Und schließlich: Was wäre, wenn ihr zusätzliche Aufmerksamkeitsinseln finden könntet, wo vorher keine waren? Ich spreche hier nicht davon, eure Arbeitszeit zu verlängern, sondern davon, dass ihr vielleicht einige Momente eures Tages nutzen könntet, die ihr bisher nicht in Betracht gezogen habt. Gelegenheiten gibt es überall – wenn wir nur darauf vorbereitet sind.

ANRUFE & SPAZIERGÄNGE

Jeden Tag nehme ich mir mindestens zwei Zeitfenster, in denen ich fünf oder zehn Minuten lang irgendwo spazieren gehe. In dieser Zeit tätige ich die meisten meiner Telefonate. Warum sollte ich telefonieren, wenn ich an meinem Schreibtisch sitze und so viele andere Dinge tun könnte, wenn ich das auch tun kann, wenn ich sonst, nun ja, nur spazieren gehe? Ich kann diese Anrufe aber nur machen, wenn ich vorbereitet bin. Ich brauche dazu eine regelmäßige Routine, in der ich Telefonnummern zu meinen Kontakten hinzuzufüge, und eine regelmäßig aktualisierte Liste der Anrufe, die ich unterwegs tätigen kann.

LESEN & WARTEN

Ebenso führe ich sowohl eine gedruckte als auch eine digitale Ablage mit Lektüre. Meine gedruckte „Lese"-Ablage ist einfach nur ein A4-Hefter. Er befindet sich in meiner Tasche und wird ständig ergänzt und geleert. Für die digitale Lektüre verwende ich in der Regel Evernote, doch auch Pocket und Instapaper sind großartig. Die Web-Clipper-Funktion von Evernote ermöglicht es mir, Artikel von Webseiten zu speichern und später wieder aufzurufen (ohne dass ich eine Internetverbindung benötige). Züge und Wartezimmer von Zahnärzten sind viel bessere Orte, wenn das, was man dort zu lesen hat, tatsächlich nützlich ist. Manchmal ist es auch schön, eine Stunde lang zu Hause bei einer Tasse Tee die Lektüre nachzuholen, anstatt das am Schreibtisch zu tun.

DENKEN & REISEN

Einer meiner Kollegen bei Think Productive lebt in der Nähe von London und fährt mit dem Motorrad in die Stadt. Er führt eine Liste mit allen wichtigen Entscheidungen und Überlegungen, die anstehen, und kann darauf zurückgreifen, bevor er den Schlüssel umdreht und den Motor startet; so kann er seine Zeit wirklich produktiv nutzen. Ich habe mehrere Jahre in London gelebt und bin Motorrad gefahren (bei weitem die beste Art, sich in der Stadt fortzubewegen), doch alles, woran ich denken konnte, wenn ich auf dem Motorrad saß, war: „Nicht sterben, nicht sterben, nicht sterben". Ich bewundere also das Selbstvertrauen, das man braucht, um diese Zeit auch für sinnvolle Denkarbeit zu nutzen! Es gibt noch viele andere Beispiele für Situationen, in denen eine „Denkliste" nützlich ist: auf Flughäfen, in Warteschlangen, beim Autofahren, bei Veranstaltungen, die euch eigentlich egal sind, oder wenn ihr einen Film anschaut, den euer Partner sehen wollte, ihr aber hasst (macht das aber subtil!), und vieles mehr. Ein guter Tipp ist, diese Liste mit eurem Mobiltelefon zu synchronisieren. Da ihr euer Handy immer bei euch habt, ist diese Liste immer verfügbar, wenn sich eine Gelegenheit ergibt. Auch hier gilt: Ihr müsst vorbereitet sein, damit das funktioniert!

KAFFEE & KONVERSATIONEN

Wir kommen nun zum gefürchteten Medium E-Mail. Denkt an all die internen E-Mails, die im Büro von Leuten verschickt werden, die nur ein paar Schreibtische weiter sitzen. Nutzt die Zeit, während der Wasserkocher aufheizt oder der Kaffee durchläuft, um kurze Gespräche zu führen und einige dieser E-Mails zu beantworten. Bevor ihr aufsteht, um euch etwas zu trinken zu holen, überprüft kurz euren Posteingang und sucht euch zwei oder drei potenzielle Kandidaten aus. Euer Ziel ist es dann, diese bis zu dem Zeitpunkt, an dem ihr euch wieder mit eurem Heißgetränk hinsetzt, ausfindig zu machen. Macht ein Spiel daraus! Konzentriert euch dabei vor allem auf die Gespräche, die sich von Angesicht zu Angesicht viel leichter führen lassen als per E-Mail, was euch später eine Menge Zeit ersparen wird. Manchmal ist es hilfreich, darüber nachzudenken, welche E-Mails zu einer Reihe von Fragen führen könnten – in einem persönlichen Gespräch verringert sich die Zahl der Fragen, die ihr beantworten müsst, erheblich.

ÜBUNG: ERSTELLT EINEN PLAN FÜR EUER AUFMERKSAMKEITS- UND FOKUSMANAGEMENT

Was ihr benötigt:	Stift und Papier, proaktive Aufmerksamkeit im Chefmodus
Wie lange es dauert:	15 Minuten
Ninja-Mentalität:	Achtsamkeit, Agilität, Einsatzbereitschaft, Skrupellosigkeit

Lasst uns einen Aktionsplan für Aufmerksamkeits- und Fokusmanagement speziell für euch erstellen! Wir werden das klassische Denkwerkzeug „Aufhören, Anfangen, Weitermachen" verwenden: Geht die Methoden und Ideen zum Aufmerksamkeitsmanagement in diesem Kapitel durch und bewertet sie. Notiert euch dabei ...

drei Dinge, mit denen ich AUFHÖREN werde:

....

....

....

drei Dinge, die ich ANFANGEN werde:

....

....

....

drei Dinge, die ich WEITERMACHEN werde:

....

....

....

Seid ihr ein Ninja?

- Ein Ninja wählt skrupellos aus, worauf er seine Aufmerksamkeit richtet.
- Ein Ninja ist vorbereitet und in der Lage, das richtige Level an Aufmerksamkeit auf die richtigen Aufgaben zu verwenden.
- Ein Ninja ist agil und bewegt sich geschmeidig durch seinen Tag, indem er sein Aufmerksamkeitslevel maximiert, um etwas Magisches geschehen zu lassen.

4. NINJA E-MAIL

Im letzten Kapitel haben wir uns angesehen, wie der Umgang mit unserer Aufmerksamkeit der neue Schlüssel zur Produktivität auf Ninja-Niveau ist. Der Grund, warum dies heutzutage so wichtig ist, ist einfach: Informationsüberflutung.

Informationsüberflutung – nicht nur durch E-Mails, sondern auch durch das Internet, soziale Medien und die schiere Geschwindigkeit und Fülle moderner Wissensarbeit – ist eine viel größere Herausforderung als noch vor zwei Jahren, geschweige denn vor zehn Jahren, und dies stellt eine große Gefahr für unsere Produktivität dar. Je mehr Informationen wir uns aussetzen, desto wahrscheinlicher ist es, dass unsere Aufmerksamkeit von den Dingen abschweift, auf die wir uns eigentlich konzentrieren sollten.

„Eine der wichtigsten Soft Skills, die wir haben können, ist unsere Fähigkeit, mit einer großen Menge an E-Mails fertig zu werden. Und die einzige Möglichkeit, dies zu tun, besteht darin, ein einfaches und reproduzierbares System einzuführen, das es uns ermöglicht, ein Leben abseits von E-Mails zu führen.
– Merlin Mann, 43folders.com und Erfinder von Inbox Zero

Vor allem E-Mails sind hier die Hauptursache. Untersuchungen der Universitäten Glasgow und Paisley haben ergeben, dass ein Drittel der E-Mail-Nutzer durch die große Menge an E-Mails, die sie erhalten, gestresst ist.

Als ich noch ein vielbeschäftigter Geschäftsführer war, war mein E-Mail-Management vollkommen außer Kontrolle, und das stresste mich. In meinem Posteingang befanden sich 3.000 unbearbeitete E-Mails – Tendenz steigend! – und ich brauchte viel zu oft eine Erinnerung, um wichtige Verpflichtungen und Fristen einzuhalten. Dadurch verpasste ich häufig die Gelegenheit, proaktiv zu handeln, und verpasste natürlich auch Deadlines, die irgendwo in den Tiefen meines Posteingangs versteckt waren.

Noch stressiger als zu wissen, dass man etwas Wichtiges verpasst hat, ist es natürlich, *nicht* zu wissen, dass man etwas Wichtiges verpasst, auf das man hätte reagieren müssen! Die Tatsache, dass man nicht einmal weiß, welche anderen Gelegenheiten oder Bedrohungen sich in diesem Stapel von E-Mails verbergen und wie wichtig diese Informationen und Gelegenheiten möglicherweise sein könnten, ist die Grundursache für den Stress, den die meisten Menschen in Bezug auf ihre E-Mails empfinden, und für das zwanghafte Bedürfnis, ständig Zugriff auf sie haben zu müssen.

Menschen werden zu Sklaven ihrer E-Mail-Konten, während der Berg immer weiterwächst und schnell zu einer ständigen Bedrohung für unsere Aufmerksamkeit wird. Ich kann mich erinnern, dass ich keine Sekunde ohne E-Mails verbrachte. Ich wurde permanent von den Benachrichtigungen abgelenkt und verbrachte die Hälfte meiner Zeit damit, nach oben zu scrollen, nach unten, nach oben, nach unten – und zwar ohne dieses gewaltige Problem, das vor mir lag, jemals zu lösen, sondern mich lediglich in regelmäßigen Abständen daran zu erinnern, dass der Berg immer noch da war und bestiegen werden musste. Kommt euch das bekannt vor?

DER PARADIGMENWECHSEL: ERREICHBARKEIT VERSUS PRODUKTIVITÄT

Heute ist mein Umgang mit E-Mails ein ganz anderer. Ich habe ein System etabliert, mit dem mein Posteingang mehrmals täglich geleert wird, sodass ich weiß, welche Chancen oder Gefahren lauern, und auf wundersame Weise bin ich auch in der Lage, E-Mails nachzuverfolgen und zum richtigen Zeitpunkt zu beantworten, sodass nichts durchs Raster fällt und im Hin und Her des E-Mailverkehrs verloren geht. In diesem Kapitel zeige ich euch, wie das funktioniert, und wenn ihr die Übungen in diesem Buch mitmacht, wird euer Posteingang innerhalb der nächsten Stunden komplett leer sein, wenn ihr denn dazu bereit seid.

„ERREICHBAR" ZU SEIN ERFORDERT SEHR WENIG DENKARBEIT. DIE BEDEUTUNG VON INPUTS ZU DEFINIEREN, ERFORDERT EINE MENGE DENKARBEIT.

Es ist an der Zeit, neu über E-Mails nachzudenken. Beginnen wir mit der unbequemen Wahrheit über die Art und Weise, wie wir arbeiten. Sobald unsere Aufmerksamkeit auf mehr als eine Sache gerichtet ist und wir eine Informationsüberflutung empfinden, ist unsere instinktive Reaktion, dass wir uns beschäftigt fühlen wollen, um das Gefühl zu haben, Fortschritte zu machen. Da wir als Spezies von Natur aus faul sind, suchen wir nach dem einfachsten Weg, diese Illusion von Fortschritt zu erreichen.

Wir schauen nach, was es Neues gibt, wir scrollen nach oben und nach unten, wir legen Archivordner an, wir suchen nach anderen neuen Informationen (zum Beispiel auf unseren Social-Media-Profilen, in den Nachrichten oder auf unserem Handy) und entwickeln ganz generell eine Sucht danach, vernetzt zu sein.

Wonach wir hier süchtig sind, ist die Illusion von Produktivität mit minimalem Denkaufwand. Neu ist gleichbedeutend mit wichtig, richtig?

Indem ihr euren Posteingang leert, brecht ihr aus dieser schlechten Angewohnheit aus und verändert eure Sichtweise auf E-Mail. Stattdessen werdet ihr süchtig nach der Gewissheit, dass die gesamte Entscheidungs- und Denkarbeit bereits erledigt ist. Das System selbst zwingt euch zu der ninjaartigen Entschlossenheit und Disziplin, die ihr braucht, um schwierige Entscheidungen in Bezug auf eure E-Mails zu treffen, sobald ihr sie gelesen habt. Dies reduziert Prokrastination, steigert die Klarheit über eure Arbeit und verringert den Stress, den die E-Mail-Flut verursacht, erheblich.

„Was gemessen wird, wird auch gemanagt."
– Peter Drucker

Das Erstaunliche daran – und was die meisten Menschen nie herausfinden – ist, dass es ziemlich einfach ist, permanent einen leeren Posteingang zu haben, wenn der Anfang erst einmal gemacht ist. Schließlich habt ihr keinen Berg mehr zu erklimmen, sondern lediglich den Maulwurfshügel von heute. Das Schönste an einem solchen System ist, dass man sich einfach ein paar Tage frei nehmen kann, weil man weiß, dass man bei seiner Rückkehr nur so und so viele Tage zu bearbeiten hat, weil man vor seiner Abreise ja bei Null gewesen war. Außerdem wird eure Fähigkeit, Entscheidungen über jede einzelne E-Mail zu treffen, dermaßen besser, dass ihr eine ganze Woche Urlaub machen und nach eurer Rückkehr alle E-Mails innerhalb von etwa einer Stunde abarbeiten könnt. Und wenn ihr ein paar Tage lang ein höheres E-Mail-Aufkommen haben solltet und feststellt, dass euer Posteingang wieder anwächst, könnt ihr dies leicht messen und abschätzen, wie lange es dauern wird, bis ihr wieder bei Null angelangt seid. E-Mails verwandeln sich von einer amorphen Masse an Arbeit, die nie erledigt werden wird, in ein quantitativ bestimmbares Fließband, bei dem für jede einzelne E-Mail eine mögliche Entscheidung getroffen werden kann, und zwar auf der Stelle. Klingt einfach, nicht wahr? Nun, die gute Nachricht ist, das ist es auch!

DIE DENKWEISE, DIE IHR BRAUCHT, UM EUREN POSTEINGANG AUF NULL ZU HALTEN

Um solch ein System zu etablieren, müsst ihr drei Denkweisen ändern, die euch von eurer Sucht befreien, ständig mit euren E-Mails beschäftigt zu sein, und euch stattdessen dazu ermutigen, eine Sucht nach Entschlossenheit und Produktivität zu entwickeln.

1. EUER POSTEINGANG IST LEDIGLICH EIN ORT, AN DEM E-MAILS LANDEN

Euer Posteingang ist nicht eure To-do-Liste. Ich kann das nicht genug betonen. Euer Posteingang ist nicht eure To-do-Liste. Er ist lediglich ein Auffangbecken für neuen Input. Oft versuchen wir, E-Mails in unserem Posteingang zu behalten, weil wir sie nicht verlieren wollen oder weil wir später auf sie zurückkommen wollen. Doch die wirklich bedeutsame Arbeit findet außerhalb des Posteingangs statt, und wenn ihr ihn als eure primäre To-do-Liste verwendet, bedeutet das entweder, dass ihr Dinge aus anderen Bereichen verpasst oder dass ihr euch selbst E-Mails schicken müsst. Und zwar sehr viele. Wenn ihr euren Posteingang als To-do-Liste verwendet, vermischen sich außerdem die Hinweise auf eure Aufgaben mit all dem anderen Lärm, den euer Posteingang verursacht, sodass es schwierig sein kann, zu unterscheiden, was „zu tun" ist, was „gerade passiert" und was ignoriert werden kann.

Wir müssen neue Aufbewahrungsorte für diese sehr unterschiedlich kategorisierten Elemente schaffen, sonst müssen wir immer wieder von Neuem entscheiden, was zu tun ist und was nicht. Euer Posteingang ist für eure Arbeit das, was die Landebahn eines Flughafens für euren Urlaub ist. Die Auswirkungen einer E-Mail zeigen sich nicht in dem Posteingang, in dem sie landet; sie endet mit einer Aktion, einer Antwort, etwas, das ihr gelesen, abgelegt oder gelöscht habt.

2. LASST EUCH NICHT DEN GANZEN TAG VON EUREM POSTEINGANG QUÄLEN

Euer Posteingang ist voll von potenziell spannenden Informationen, die euch ablenken könnten, und diese Informationen werden ständig mehr! „Was, wenn da etwas Wichtiges dabei ist? Am besten mal schnell nachsehen, was es ist!" Zu häufiges Nachsehen kann zu einer tödlichen Krankheit werden. Schaltet jeden Ton und Hinweis aus. Auf diese Weise könnt ihr euren Posteingang dann öffnen, wenn ihr dazu bereit seid, und nicht, wenn euer Posteingang euch dazu auffordert.

3. „CHECKT" NICHT EURE E-MAILS, „BEARBEITET" EURE E-MAILS

Das hört sich vielleicht ganz einfach an, doch es ist eine dieser subtilen Veränderungen, die tatsächlich von grundlegender Bedeutung sind. Jedes Mal, wenn ihr euren Posteingang öffnet, solltet ihr euch nicht darauf konzentrieren, was es Neues gibt, sondern die Entscheidungen treffen und das Momentum erzeugen, die nötig sind, um diese E-Mails dorthin zu verschieben, wo sie hingehören. Ihr könnt sie jedoch nur dann aus eurem Posteingang entfernen, wenn mit jeder Option ein offensichtlicher nächster Schritt verbunden ist – andernfalls wird euer Verstand das tun, was er wahrscheinlich gerade eben tut, und sagen: „Äh, ich bin nicht sicher, wohin die gehört. Die schaue ich mir später noch mal an." Mit dem System, das ich euch gleich zeigen werde, wird es zukünftig nicht mehr einfacher sein zu prokrastinieren statt zu handeln – nie wieder.

4. REGELMÄSSIGER REVIEW

Nehmt euch die Zeit, euer E-Mail-System regelmäßig zu überprüfen, Mails nachzuverfolgen, auszudrucken, auszumisten und ganz allgemein Ordnung zu schaffen. Dies gibt euch die Gelegenheit für routinemäßige Wartungsarbeiten und einen ersten Überblick auf strategischer Ebene. Schließlich ist es wichtig, die Effektivität eines jeden Systems zu messen. Eines der Hauptprobleme bei der Nutzung von Outlook oder Google Mail besteht darin, dass die meisten Menschen das Gefühl haben, sowieso keine Kontrolle über sie bekommen zu können, und daher gar nicht erst nicht glauben, dass es hier etwas zu messen gibt.

ENTSCHEIDUNGEN

Hier ist ein befreiender Gedanke für euch: Bei jeder einzelnen E-Mail, die ihr erhaltet, gibt es nur sieben Dinge, die ihr tun könnt:

- **Löschen** oder archivieren
- **Sofort erledigen** (wenn es weniger als zwei Minuten dauert, erledigt es automatisch an Ort und Stelle)
- **Später erledigen**
- **Entscheiden**, dass keine Handlung erforderlich ist, aber als Referenz oder zur späteren Verwendung aufheben

- **Delegieren** an eine andere Person
- **Die Entscheidung**, ob die Aufgabe erledigt werden muss, auf einen späteren Zeitpunkt **vertagen** (in der Regel durch Hinzufügen zu eurem Kalender)
- **Entscheiden**, dass ihr nichts unternehmen, aber nachverfolgen wollt, ob jemand anderes die Aufgabe erledigt

Dies sind die *einzigen* Entscheidungen, die wir bei jeder einzelnen E-Mail treffen können. Der Punkt ist, dass die meisten Menschen diese Entscheidungen so lange hinauszögern, dass wertvolle Informationen in dem Wust von Dingen verloren gehen, die schon längst hätten gelöscht werden müssen.

DIE 800-20-REGEL!

Viele Menschen, denen ich dabei helfe, ihren Posteingang auf Null zu bringen, stellen häufig die Frage nach dem Verhältnis zwischen handlungsrelevanten und nicht handlungsrelevanten E-Mails. Dies wird euch wahrscheinlich schockieren: Nicht mehr als 20 % sind handlungsrelevant. Ich betrachte dies als eine Version der 80-20-Regel von Pareto: Etwa 20 % eurer E-Mails werden 80 % der möglichen Wirkung erzielen. Damit fallen mindestens 80 % der E-Mails, die ihr erhaltet, in die Kategorie „niedrige Priorität“, „Lärm“, „gut zu wissen“ oder schlichtweg „nutzlos“. Ich würde jedoch noch weiter gehen und behaupten, dass die Zahlen oft sogar noch extremer ausfallen. E-Mails haben unseren Arbeitsalltag übernommen, übermäßige Kommunikation wird höher bewertet als Ruhe und Nachdenken, und das Versenden einer E-Mail wird oft als Ersatz dafür verwendet, die Verantwortung für klares Nachdenken zu übernehmen. Infolgedessen sind so viele Unternehmen durch die Verwendung von „Cc“ und „Allen antworten“ und aufgrund einiger wirklich schlechter Gewohnheiten praktisch lahmgelegt.

Ich habe immer wieder jemanden in meinen Coaching-Sessions, der zu Beginn 800 ungelesene oder nicht bearbeitete E-Mails in seinem Posteingang hatte, und ein paar Stunden später sind nur noch etwa 20 E-Mails übrig, die eine relevante Handlung erfordern. Denkt also nicht 80-20, denkt 800-20. Von 800 E-Mails, die ihr habt, sind etwa 20 wichtig und

780 können entweder gelöscht, archiviert oder schlimmstenfalls in wenigen Sekunden beantwortet werden. Anstatt das Gefühl zu haben, von tausend E-Mails erdrückt zu werden, betrachtet das Ganze stattdessen als zwei Dutzend Unterhaltungen. Die Dinge, die wirklich wichtig sind, sind grundsätzlich überschaubar, doch man muss schon *sehr* fokussiert sein, um sie in der Flut an E-Mails mit „Kuchen in der Küche", Software-Benachrichtigungen, „Antwort an alle" und FYI zu finden.

WAS IST DAS **SCHLIMMSTE**, WAS PASSIEREN KANN?

Stellt es euch einmal so vor: Wenn morgen euer gesamter E-Mail-Posteingang abstürzen würde, was würdet ihr dann verlieren? Ich frage nicht, wie viele E-Mails ihr verlieren würdet, sondern wie viele Gelegenheiten, euch einen Vorteil zu verschaffen oder einen Fehler zu verhindern, würdet ihr verpassen? Wie würde sich die Welt verändern? Wir messen jeder einzelnen E-Mail eine so große Bedeutung bei, doch es sind die Handlungen und Informationen außerhalb unseres Posteingangs, die wirklich von Bedeutung sind.

Es herrscht eine gewisse Nervosität, wenn wir über E-Mails nachdenken. Wenn ich Menschen coache, lautet das Wort tatsächlich oft Angst. Es ist die Angst, es zu vermasseln, die Angst, ohne Erlaubnis zu handeln, und die Angst, unbedacht E-Mails zu löschen, die später vielleicht noch gebraucht werden. All diese Ängste sind verständlich, behindern jedoch unsere Fähigkeit, produktiv, konzentriert, besonnen und entspannt zu arbeiten.

Erstens sind E-Mails fast immer wieder herstellbar. Es mag eure IT-Abteilung ein paar Euro kosten, alte Sicherungskopien zu durchforsten, doch wenn eine E-Mail erst einmal geschrieben ist, gibt es immer einen Weg, sie irgendwie zurückzubekommen. Es kommt nur auf den relativen Wert des Inhalts der E-Mail im Vergleich zu den tatsächlichen Kosten für ihre Wiederherstellung an. Und genau das ist mein Punkt. Es ist nicht die *E-Mail*, die einen Wert schafft, sondern die Informationen, Verpflichtungen oder Handlungen, die in der E-Mail enthalten sind. Könnte der Absender die E-Mail erneut senden? Hat jemand anderes eine Kopie? Könntet ihr dieselben Informationen oder Verpflichtungen auch auf andere Weise bekommen? Für gewöhnlich ja.

Ich möchte euer Selbstverständnis von Status und Wichtigkeit nicht untergraben, doch diese E-Mails werden wahrscheinlich weder euer Unternehmen zu Fall bringen noch den Weltfrieden herbeiführen. Es sind nur kleine Bündel elektronischer Informationen, von denen wir so gerne besessen und abhängig sind. Sie sind keine Haustiere. Ihr gewinnt nicht, wenn ihr den größten und höchsten Berg an unerledigten Dingen habt. Es ist an der Zeit, skrupellos zu werden.

Wenn ihr wirklich Angst davor habt, etwas zu löschen, könnt ihr zwei einfache Dinge tun. Ändert zunächst die Einstellungen eures Ordners für gelöschte Objekte, sodass er nicht jedes Mal geleert wird, wenn ihr euer Postfach schließt, sondern vielleicht nur einmal alle zwei Wochen oder einmal im Monat. Auf diese Weise habt ihr ein automatisches Sicherheitsnetz. Wenn euch etwas nicht wichtig erschien, als ihr die E-Mail gelöscht habt, und eure Chefin euch nun darauf hinweist, dass es doch wichtig ist, dann sind zwei Wochen ein angemessenes Zeitfenster, um das zu erkennen und die Mail wieder herzustellen. Zweitens: Legt Mails in Referenzordnern ab, anstatt sie zu löschen. Macht euch keine Sorgen, eure Referenzordner zu überladen: Die meisten Menschen nutzen ihre Ordner ohnehin viel weniger als sie denken, doch mit Programmen wie Outlook könnt ihr so einfach nach Datum, Betreff und Absender sortieren oder natürlich eine Suchfunktion durchführen, dass die Wahrscheinlichkeit, dass ihr tatsächlich etwas verliert – selbst wenn diese Ordner viel mehr Elemente enthielten – gering bis nicht existent ist.

E-MAIL-POSTEINGANG NEU GEDACHT

Auf den nächsten Seiten werde ich euch einige Möglichkeiten aufzeigen, wie ihr euren Posteingang von einer potenziellen Ursache für Stress und Ablenkung zu einem leistungsstarken Zentrum machen könnt, um den Überblick über alle Informationen zu behalten, die ihr erhaltet. Diese Denkanstöße variieren leicht, je nachdem, welchen E-Mail-Server ihr verwendet, doch die grundlegende Theorie ist immer dieselbe.

DIE DREI BEREICHE IN EUREM E-MAIL POSTEINGANG

Einer der Hauptgründe, warum ein Posteingang stressig werden kann, ist, dass euer Gehirn versucht, den Posteingang selbst für zu viele unterschiedlich Funktionen zu nutzen. Normalerweise ist euer Posteingang der Ort,

- wo neue E-Mails landen
- wo sich der Rückstau an alten, ungelesenen oder unbearbeiteten E-Mails auftürmt
- wo ihr E-Mails aufbewahrt, die ihr noch nicht bearbeitet habt, aber wisst, dass ihr das noch tun müsst
- wo ihr E-Mails aufbewahrt, die ihr bereits bearbeitet *habt*, als Erinnerung daran, dass jemand anderer etwas tun muss
- wo ihr alte E-Mails aufbewahrt, die nützliche Informationen enthalten, auf die ihr vielleicht später zurückgreifen wollt
- wo ihr E-Mails aufbewahrt, die ihr als zu bearbeiten „markiert" habt, sobald sich die Arbeit „wieder beruhigt hat" (was übrigens nie der Fall ist) oder bis ihr herausgefunden habt, was genau zu tun ist

Wenn ihr also auf der Suche nach etwas Klarheit in eurem Posteingang rauf- und runterscrollt, ist es dann verwunderlich, dass dies nur schwer zu erreichen ist? Hinter jeder dieser E-Mails könnte sich eine wichtige Information verbergen, und allein der Anblick dieser E-Mails lässt euch rätseln, worum es sich handeln könnte. Wenn ihr so arbeitet, ist es nur natürlich, dass euer Posteingang eher als Auslöser für die Dinge dient, von denen ihr wisst, dass ihr im Moment keine Zeit für sie habt (was Stress verursacht), als ein produktives Werkzeug zu sein, das euren Entscheidungsfindungsprozess und einen positiven Workflow unterstützt.

Es ist also an der Zeit, zu klären, wofür wir den E-Mail-Posteingang verwenden. Wir werden den Posteingang in drei Hauptbereiche unterteilen:

- **Die Arbeitsordner** – hier wird die „aktuelle" Arbeit aufbewahrt
- **Die Referenzablage** – hier werden alte E-Mails, die wir bearbeitet haben, aufbewahrt, falls wir sie in Zukunft noch brauchen
- **Der Hauptbereich des Posteingangs** – hier landen neue E-Mails

Lasst uns diese drei Bereiche genauer unter die Lupe nehmen, beginnend mit den Arbeitsordnern.

POSTEINGANGSBEREICH 1: DIE ARBEITSORDNER

Wir müssen den unnötigen Lärm, der in unserem E-Mail-Posteingang landet, von der kleinen Anzahl an Mails trennen, die tatsächlich Wert haben. Zu diesem Zweck werden die nützlichen Elemente in drei Arbeitsordnern aufbewahrt: „@ Action“, „@Lesen“ und „@Warten auf“. Diese werden dann zu unseren Hauptschwerpunkten. (Das „@“-Zeichen verwende ich, weil mein E-Mail-Anbieter Ordner alphabetisch sortiert. So stehen sie immer ganz oben). In diesen Arbeitsordnern bewahrt ihr alles auf, woran ihr gerade arbeitet, und dort verbringt ihr auch die meiste Zeit und den Großteil eurer Aufmerksamkeit. Und da sie nichts anderes enthalten als das, woran ihr gerade arbeitet, dienen diese Arbeitsordner zur Bestandsaufnahme und werden zum Maßstab für eure aktuellen Aktivitäten. Wolltet ihr schon immer einmal wissen, wie viele E-Mails ihr noch zu beantworten habt, wie viel ihr in einer Woche lesen müsst oder auf wie viele Dinge ihr wartet, bis eure Kollegen sich darum gekümmert haben? Jetzt könnt ihr das!

„@ACTION“

Ihr seid es vielleicht gewohnt, dass euer Hauptbereich des Posteingangs der Ort ist, an dem ihr euch am meisten aufhaltet und auf eure Arbeit konzentriert, die nächsten Aufgaben auswählt und so weiter. Mit diesem System werdet ihr eure Aufmerksamkeit sehr schnell auf den „@Action“-Ordner verlagern und ihn zu eurem zentralen Anlaufpunkt machen. In diesem kleinen, übersichtlichen Ordner befindet sich alles, woran ihr gerade arbeitet – nicht mehr und nicht weniger.

Was gehört in den „@Action“-Ordner?

- Jede E-Mail, von der ihr wisst, dass ihr sie beantworten oder etwas anderes damit machen müsst, was länger als zwei Minuten dauert.

Was gehört nicht in den „@Action“-Ordner?

- Alle E-Mails, bei denen eine Handlung notwendig ist, *die nichts mit E-Mails zu tun hat* (zum Beispiel wenn die E-Mail, die ihr erhalten habt, euch dazu veranlasst, jemanden anzurufen, etwas nachzuschlagen, etwas in einer Besprechung aufs Tablett zu bringen oder so zu arbeiten, dass die Erinnerung besser in einer To-do-Liste als in eurem Posteingang abgespeichert wird). Wir werden in den nächsten Kapiteln über die Idee sprechen, solche Dinge in einer Hauptaufgabenliste zu speichern, Teil eures neuen „zweiten Gehirns“!

- Alle E-Mails, die in weniger als zwei Minuten beantwortet oder bearbeitet werden können – erledigt diese sofort, anstatt euren „@Action-Ordner“ damit zu verstopfen!

- Alle E-Mails, bei denen ihr glaubt, „dass es wahrscheinlich etwas zu tun gibt“, euch aber noch nicht entschieden habt, was genau zu tun ist – seid nicht faul im Kopf. Legt sie zurück in den Posteingang und überlegt euch den nächsten Schritt, bevor ihr weitermacht!

„@LESEN“

Eines der Probleme, mit dem wir bei einer großen Menge an E-Mails konfrontiert sind, besteht darin, dass viele der E-Mails, die wir vermeiden sollten, als nützliche, spannende und wichtige Lektüre getarnt sind! Wenn ihr in einem Unternehmen mit mehr als zwanzig Personen arbeitet, dann wisst ihr, dass mindestens eine Person in eurer Organisation dafür verantwortlich ist, „alle auf dem Laufenden zu halten“. Neben all den internen Memos, die ihr erhaltet, werdet ihr auch viele E-Mails von Menschen bekommen, die lediglich ein paar Sekunden eurer Aufmerksamkeit wollen, um euch über eine neue Initiative zu informieren oder euch ganz allgemein ein Update zu geben. Während vieles davon zwar notwendig ist, so sind es dennoch Unterbrechungen. Außerdem gehören sie zu den schlimmsten aller aufmerksamkeitsraubenden Unterbrechungen, weil sie sich einfach so nützlich *anfühlen*!

Der „@Lesen“-Ordner erfüllt eine wichtige Funktion. Er zwingt uns bei der Bearbeitung unserer E-Mails, die Frage zu stellen, ob wir uns wirklich damit beschäftigen und Zeit dafür aufwenden sollten. Klar, es wäre zweifelsohne nützlich, jede einzelne dieser Mails zu lesen. Doch wie nützlich auf einer Skala von eins bis hundert? Nützlich im Sinne von „die Welt verändern, Heureka-Moment“? Oder nützlich im Sinne von „Ich fühle mich jetzt auf dem Laufenden über Unternehmensangelegenheiten, gut gemacht“?

Was gehört in den „@Lesen“-Ordner?

- Alles, was ihr später überfliegen wollt, *anstatt es sofort zu lesen, wenn es in eurem Posteingang landet.*

Was gehört nicht in den „@Lesen"-Ordner?

- Alles, von dem ihr wisst, dass es eine Handlung erfordert. Denkt daran: In eurem „@Action"-Ordner bewahrt ihr alles auf, was eine Handlung erfordert, egal wie lang diese E-Mails sind!

- Alles, was in weniger als zwei Minuten gelesen und dann entweder gelöscht oder archiviert werden kann (macht das einfach gleich während der Bearbeitung!).

- Alle E-Mails, von denen ihr nicht wisst, ob ihr sie lesen müsst oder nicht – verschiebt sie nicht hierher, bis ihr eine endgültige Entscheidung getroffen habt. Und seid skrupellos. Zeit, die ihr damit verbringt, den Bericht eines anderen zu lesen, ist Zeit, die ihr nicht damit verbringt, Nutzen und Wert zu schaffen. Seid also vorsichtig, worauf ihr eure Aufmerksamkeit richten wollt.

Der „@Lesen"-Ordner bietet euch die Gelegenheit, einen Haufen Lesestoff für ruhigere Zeiten und Phasen inaktiver Aufmerksamkeit aufzusparen. Wenn ihr einmal in der Woche in euren „@Lesen"-Ordner schaut, könnt ihr Dinge, die euch in der Zeit, in der ihr euch auf andere Dinge konzentrieren musstet, leicht hätten ablenken können, im Schnelldurchgang abfertigen. Den „@Lesen"-Ordner als Erinnerung zu verwenden, um skrupellos und fokussiert zu bleiben, ist also ein großer Ninja-Vorteil.

„@WARTEN AUF"

Habt ihr schon einmal an einer Sache gearbeitet, euren Teil erledigt, Dinge pünktlich abgeliefert und wurdet dann von der Unfähigkeit anderer Leute im Stich gelassen? Genau, ich auch. Der letzte unserer Arbeitsordner soll dafür sorgen, dass genau das nicht passiert. Im „@Warten auf"-Ordner bewahrt ihr E-Mails auf, die euch daran erinnern sollen, dass ihr auf eine andere Person wartet, die etwas erledigen muss. Er ist sozusagen euer Portfolio an Personen, die ihr nerven, anstupsen und drangsalieren müsst. Ich erfasse regelmäßig alle „wartenden" Dinge und verbringe etwa einmal pro Woche ein paar Minuten damit, systematisch alle diese Dinge im „@Warten auf"-Ordner durchzugehen, diejenigen zu löschen, von denen ich weiß, dass sie in den letzten Tagen erledigt worden sind, und eventuell sanfte Erinnerungen an die Leute zu schicken, auf die ich noch warte. Auf diese Weise kann ich sicherstellen, dass nichts durchs Raster fällt.

Was gehört in den „@Warten auf"-Ordner?

- Alle E-Mails, bei denen ihr darauf wartet, dass jemand anderes etwas tut, *und* bei denen ihr an einem erfolgreichen Abschluss interessiert seid (wenn es euch egal ist, warum behaltet ihr es dann überhaupt im Auge?).

- E-Mails, die ihr verschickt habt, und die ihr auf die gleiche Weise nachverfolgen möchtet.

Was gehört nicht in den „@Warten auf"-Ordner?

- Alles, bei dem ihr euch nicht sicher seid, auf wen oder was ihr wartet (diese Dinge müssen gut durchdacht sein, bevor ihr sie hierher verschiebt – „@ Warten auf" ist *kein* Sammelbecken für Dinge, über die ihr gerade nicht nachdenken wollt!)

POSTEINGANGSBEREICH 2: DIE REFERENZORDNER

Unter den Arbeitsordnern, in denen sich die Magie in einem rasanten Tempo entfaltet, befindet sich eine wesentlich beschaulichere Welt. Eure Referenzordner sind wie eine große öffentliche Bibliothek – ruhig, friedlich und voller nützlicher Informationen, die ihr brauchen könntet. Es ist hier wichtig, zu unterscheiden, dass nichts, was sich in den Ordnern eurer Referenzablage befindet, tatsächlich handlungsrelevant ist. Es handelt sich dabei lediglich um Ordner, in denen ihr Referenzmaterial oder nützliche Informationen speichert, die ihr irgendwann in der Zukunft benötigen könntet.

Im Gegensatz zu dem, wie die meisten Menschen für gewöhnlich und ganz selbstverständlich ihre Ordner verwalten, ist die wichtigste Überlegung bei der Organisation eurer Referenzordner nicht die, dass ihr die Dinge in Zukunft leichter wiederfinden könnt. Diese Denkweise führt zu einer sehr schlechten Angewohnheit, die eure Produktivität ruinieren wird.

DER FLUCH VON UNTERORDNERN UND UNTER-UNTERORDNERN

Werft einmal einen kurzen Blick auf die Referenzordner, die ihr bereits habt. Mindestens die Hälfte der Menschen, die ich coache, haben viel zu viele davon. Zu viele Ordner sind schlecht für eure Produktivität, da dies unnötige Denkarbeit verursacht, gerade dann, wenn ihr im Begriff seid, euren Posteingang wieder leerzuräumen. Es ist wichtig, alle Reibungsverluste beim Entfernen von nicht handlungsrelevanten Elementen aus dem Posteingang zu beseitigen, daher liegt der Schlüssel zum Erfolg darin, sie so schnell und mühelos wie möglich in vertrauenswürdige Ordner zu verschieben. Beachtet, dass ich hier „vertrauenswürdig" und nicht „kompliziert" geschrieben habe.

Die meisten Menschen vertrauen nicht darauf, dass Outlook oder ein anderes Programm ihnen dabei hilft, Dinge wiederzufinden, und erstellen daher Unmengen von Ordnern mit jeweils sehr spezifischen Themen, um sicherzustellen, dass sie ihren Ordnern vertrauen können. In jedem Outlook-Ordner könnt ihr jedoch E-Mails nach Namen, Betreff, Datum und einer Vielzahl anderer Möglichkeiten sortieren. Daneben gibt es natürlich auch noch die Möglichkeit, eine Suche durchzuführen. Diese Suche kann euren gesamten Posteingang umfassen. Viele Menschen haben die Erfahrung gemacht, dass die Suchfunktion nicht besonders gut war. Es stimmt, dass die älteren Versionen von Outlook nicht die leistungsfähigste Suchfunktion hatten, doch in den neueren Versionen scheint diese Funktion viel effektiver geworden zu sein. Und wenn ihr Google Mail verwendet, könnt ihr natürlich auch die Google-Suche nutzen!

EIN GROSSER EIMER ODER EIN DUTZEND WINZIGE BECHER?

Noch nicht überzeugt? Stellt euch vor, ihr haltet ein zerknülltes Blatt Papier in der Hand und wollt es in den Papierkorb werfen, und zwar so, dass es auch im Papierkorb bleibt und nicht wieder auf den Boden herausspringt. Ich stelle euch nun zwei verschiedene Ziele zur Auswahl. Wollt ihr auf einen riesigen Eimer mit einer großen Öffnung zielen oder auf ein Dutzend kleiner Becher? Und wenn ich schon dabei bin: Ich kann euch nicht mit Sicherheit sagen, welches dieser Gefäße das richtige Ziel ist. Wenn ihr an dem Bedürfnis festhaltet, Hunderte von Ordnern und Unterordnern zu haben, denkt darüber nach, wie sich dies auf eure E-Mail-Nutzung auswirkt. Eine geringere Anzahl größerer und robuster Eimer beseitigt Reibungsverluste und hilft euch, schnellere und bessere Entscheidungen zu treffen. Und jetzt kommt der wirklich kontraintuitive Teil: Da es weniger Orte gibt, an denen ihr nach einer E-Mail suchen müsst, sind E-Mails tatsächlich *leichter* zu finden, nicht schwerer, wenn ihr weniger Ordner habt!

EINIGE NÜTZLICHE ORDNER, DIE IHR HABEN SOLLTET

Welche Ordner ihr genau benötigt, hängt von eurer Rolle und eurem Verantwortungsbereich ab und insbesondere davon, wie wichtig eine Speicherung von E-Mails nach Thema oder Kategorie für eure Rolle ist. Es gibt jedoch eine Reihe von Ordnern, die ich im Laufe der Jahre als sehr nützlich empfunden habe. Da ich viel Zeit damit verbringe, mit Menschen über ihre E-Mail-Ordner und deren Kategorisierung zu sprechen (und ich kann ehrlich sagen, dass mir dieses Thema nie langweilig wird, auch wenn sich dieser Satz vielleicht seltsam anhören mag), habe ich im Laufe der Zeit ein paar gute Tipps aufgeschnappt und dabei beobachtet, was gut funktioniert – oder eben nicht.

Bestätigungen/„Der Safe"

In diesem Ordner bewahre ich alle Arten von E-Mail-Bestätigungen auf: Online gekaufte Theaterkarten, Bordkarten für Flüge, Lizenzschlüssel für Software, E-Mails mit der Bestätigung von Passwörtern oder Dingen, die ich vergessen könnte, …

Finanzen

Ich speichere alle finanziellen Informationen separat ab. Ich habe mich dazu entschlossen, nachdem ich einen Tag damit verbracht hatte, ein Jahr nach Abschluss des Geschäftsjahres alle meine Transaktionen für meine Buchhalterin zusammenzusuchen, doch das ist genauso nützlich, wenn ihr in einem Unternehmen arbeitet, in dem ihr mit Bestellungen, Rechnungen und Ähnlichem zu tun habt.

F&F/Persönlich

Freunde und Familie. Viele nennen diesen Ordner auch „Persönlich" oder „Zuhause". Ehrlich gesagt ist es nicht besonders logisch, diesen Bereich getrennt zu führen – für viele Menschen ergibt dies jedoch einfach Sinn. Könnte ich die Rundmail mit den Reisevorschlägen für das Treffen im nächsten Monat noch finden, wenn sie sich in einem großen Ordner mit der Bezeichnung „Archiv" befände, der auch viele Arbeitsmails enthält? Ja, natürlich, doch es scheint psychologisch sinnvoll zu sein, Arbeit und Privatleben zu trennen.

Rundmails und der „Speck"

Outlook und Google Mail haben ihre eigenen Methoden, um E-Mails zu filtern. Bei Google Mail gibt es die Registerkarten „Allgemein", „Soziale Netzwerke" und „Werbung“, bei Outlook „Relevant“ und „Sonstige“. Was diese Programme aus dem Weg zu räumen versuchen, ist der „Speck“: nicht wirklich Spam, doch schlecht für uns, wenn wir ständig damit konfrontiert sind. Es lohnt sich, darüber nachzudenken, was nach wie vor im Posteingang „Allgemein“ oder „Relevant“ landet und ebenfalls in die Kategorie „Speck“ fällt: diese lästigen E-Mails an alle Mitarbeiter oder von Leuten, deren Updates ihr gelegentlich nützlich findet, die aber nie dringend sind. Richtet einen Ordner „Rundmails“ oder auch „Speck“ ein, und dann ist es an der Zeit, skrupellos zu werden. Erstellt Regeln in Outlook, damit solche E-Mails direkt in diesem Ordner abgelegt werden und nicht erst in eurem Posteingang landen. Das Ziel ist es, den Lärm zu reduzieren und die Anzahl kleiner Entscheidungen zu verringern („Muss ich das behalten? Muss ich das lesen?“) – jede für sich genommen nur eine Kleinigkeit, doch ihr werdet erstaunt sein, wie sehr sie sich zu einer großen Bürde auftürmen, wenn ihr nicht skrupellos dagegen vorgeht.

„Think Productive“ (Meiner) / „Job“ oder „Organisation“ (Eurer)

Ja, ich habe einen Ordner, in dem ich *alles* aufbewahre, was Think Productive betrifft. Einen. Keine Unterordner. Kein kompliziertes Archiv für jeden einzelnen Kunden, kein nach Datum sortiertes Workshop-Archiv. Einen Ordner. Verliere ich Sachen? Selten. Verliere ich jetzt mit diesem System seltener Sachen als früher, als ich noch Hunderte von Unterordnern hatte? Ja, natürlich! Ich hoffe, ihr seid inzwischen von den Gründen dafür überzeugt. Und ich fordere euch auf, mit euren eigenen Ordnern zu experimentieren und das Gleiche zu tun.

Z_Allgemeine Referenz/Sonstiges/Alles Andere

Alles, was nicht in eine der oben genannten Kategorien passt, kommt in einen großen Sammelordner namens „Allgemeine Referenz“. Ich verwende „Z_“, um sicherzustellen, dass dieser Ordner am Ende meiner Liste erscheint und somit nicht im Weg ist. Normalerweise ist es wichtig, klare Definitionen für eure Ordner zu haben, doch dies könnte die einzige Ausnahme sein. Dieser Ordner spielt jedoch eine wichtige Rolle: Er hält euch davon ab, für jede neue Situation einen neuen Ordner anzulegen. Ihr habt das Bedürfnis, für eine E-Mail einen neuen Ordner anzulegen? Verschiebt sie stattdessen in „Allgemeine Referenz“!

GROSSE EIMER STATT KLEINER BECHER – DIE VEREINZELTE AUSNAHME

Gelegentlich stoße ich in einem Workshop auf ernsthaften Widerstand gegen die Idee, Ordner als große Eimer zu organisieren. Solche Bedenken sind es natürlich wert, gehört zu werden, und ich bin zu dem Schluss gekommen, dass es eine kleine Anzahl von Ausnahmen von der Regel der „großen Eimer“ gibt. Eine Gruppe von Personen, die ihre E-Mails lieber in kleinen Bechern als in größeren Eimern aufbewahrt, sind Personalverantwortliche, die mit bestimmten Fällen von Leistungsbeurteilungen oder Beschwerden zu tun haben. Es ist durchaus üblich, dass Personalverantwortliche für jeden laufenden Fall einen eigenen Ordner anlegen. Dieser Fall kann E-Mails von der Person, die beurteilt wird, enthalten sowie von deren Vorgesetzten, Zeuginnen, Anwälten, ... Die Betreffzeilen könnten bewusst vertraulich gehalten sein, und es könnte in der Zukunft notwendig sein, der Person, die die endgültige Entscheidung trifft, alle E-Mails zu diesem einen Fall vorzulegen. Doch bevor ihr euch zu dem Gedanken hinreißen lasst, dass ihr Hunderte solcher Beispiele habt, die auch als Ausnahmen gelten könnten, solltet ihr euch fragen, ob ihr den Ordner in Zukunft wirklich irgendjemandem vorlegen oder ihn für irgendeinen offiziellen Zweck in einem speziellen Archiv speichern müsst. Wenn die Antwort nein lautet, sind große Eimer wahrscheinlich immer noch der richtige Weg, auch wenn ihr euch anfangs gegen diese Idee sträuben mögt. Keine Sorge, ihr werdet euch in den nächsten Tagen an diese neue Struktur gewöhnen!

POSTEINGANGSBEREICH 3: DER HAUPTBEREICH DES POSTEINGANGS

Erinnert ihr euch an euren Posteingang? Das ist der Bereich, in dem ihr früher eure ganze Zeit verbracht habt! Nun, jetzt hat er nur noch eine Funktion: Er ist nur noch der Ort, an dem neue E-Mails landen und darauf warten, organisiert zu werden.

Mit diesen Arbeitsordnern und einer guten Referenzablage gibt es jetzt immer etwas, was ihr mit jeder einzelnen eingehenden E-Mail tun könnt. Nun gibt es keine Ausrede mehr, etwas in eurem Posteingang liegen zu lassen, denn ihr könnt die „*One-Touch*“-Regel anwenden, die vorgibt, dass eine einmal geöffnete E-Mail nie wieder geschlossen und in den Posteingang zurückgelegt wird, um eine Entscheidung darüber weiter auf die lange Bank zu schieben. Nie wieder.

In den ersten Tagen, in denen ihr diesen neuen Ninja-Ansatz im Umgang mit E-Mails verfolgt, könntet ihr wieder in Versuchung geraten, zu viel Zeit im Posteingang selbst zu verbringen. Und vielleicht befürchtet ihr auch, dass ihr E-Mails komplett aus dem Auge verliert, wenn ihr sie in diese drei Ordner verschiebt. Alte Gewohnheiten lassen sich nur schwer ablegen.

Die Wahrheit ist, dass wir uns gegen Veränderungen sträuben und wir uns unserer Gewohnheiten bewusst sein müssen, um sie zum Besseren zu verändern. Wenn ihr euch also diese neuen Prozesse zu eigen macht, solltet ihr euch darüber im Klaren sein, warum ihr Zeit mit euren E-Mails verbringt, und eure E-Mail-Zeit in zwei sehr unterschiedliche Modi einteilen:

1. Organisieren: Zeit, die ihr in eurem Posteingang verbringt und skrupellos löscht, archiviert und entscheidet

2. Erledigen: Zeit, die ihr in euren Arbeitsordnern verbringt und Dinge erledigt, E-Mails beantwortet, eure Lektüre durchgeht und nachverfolgt, worauf ihr von anderen wartet.

Konzentrieren wir uns hier auf die Zeit, die ihr in eurem Posteingang selbst verbringt – im Modus „Organisieren" –, in der ihr euren Posteingang mit erstaunlicher Geschwindigkeit von seinem aktuellen Zustand auf Null bringt!

WIE IHR EUREN POSTEINGANG WIEDER AUF NULL BRINGT

Nachdem ihr euren Posteingang eine gewisse Zeit lang nicht geöffnet habt, könnt ihr davon ausgehen, dass sich ungelesene und unkategorisierte E-Mails angesammelt haben. Um diese wieder auf Null zu bringen, müsst ihr:

- Die meisten davon aussortieren

- Den Rest nach und nach abarbeiten

Aussortieren: Archivieren und Löschen im großen Stil

Um euren Posteingang permanent leer zu halten, müsst ihr euch daran gewöhnen, häufiger die Löschtaste zu benutzen, wo immer möglich zu schummeln und skrupellos zu sein. Denkt daran, dass mindestens 80 % eurer E-Mails keinen nennenswerten Handlungsbedarf haben, sodass ihr es euch leisten könnt, ziemlich skrupellos zu sein, doch gleichzeitig könnt ihr es euch definitiv nicht leisten, leichtsinnig zu sein. Wonach wir hier streben, ist Klarheit und die zenartige Ruhe, die sich einstellt, wenn wir vorbereitet sind, auf dem aktuellen Stand sind und alles unter Kontrolle haben.

Beim „Ausmisten“ geht es darum, nach Gelegenheiten zu suchen, zu denen man „Nein“ sagen und auf „Löschen“ drücken kann, um all den unnötigen Lärm auszusortieren und schnell die relativ wenigen Dinge zu erkennen, die tatsächlich weitere Aufmerksamkeit erfordern. „Ausmisten“ bedeutet, die Tricks, Abkürzungen und Ninja-Moves zu finden, die zu schnellen Erfolgen, Tempo und Momentum führen. Beim „Ausmisten“ sollte man skrupellos sein und sich auf das große Ganze konzentrieren (widersteht der Versuchung, während dieses Prozesses eine E-Mail *ganz* durchzulesen!) Verwendet die Posteingangsübersicht, um nach den größten, schnellsten und wirksamsten Hacks zu suchen. In Outlook sind die drei naheliegendsten Ansichten die Sortierung von E-Mails nach:

VON wem sie sind

Dem **BETREFF** der E-Mails

Dem **DATUM** der E-Mails

Wenn ihr feststellt, dass euer Schwung nachlässt, ändert die Ansicht. Irgendwo in diesem Stapel von E-Mails *gibt* es noch andere Chancen, und wenn ihr die Ansicht wechselt, werdet ihr diese leichter entdecken.

Eine andere Ansicht, die ihr eventuell nützlich findet, ist „Zur Nachverfolgung“ (Fähnchen). Nicht jeder verwendet diese Fähnchen, und ich persönlich muss sagen, dass ich kein Fan davon bin (mit diesem System könnt ihr Fähnchen entweder verwenden, um euren Arbeitsordnern ein zusätzliches (rotes) Level der Dringlichkeit hinzuzufügen, oder ihr begnügt euch damit, dass euch eure Arbeitsordner bereits alle Differenzierungen und Abgrenzungen bieten, die ihr braucht). Wenn ihr ein Fan solcher Fähnchen seid, sollte euch diese Ansicht zwar schnell einen Überblick darüber verschaffen, was ihr und andere als dringend oder wichtig eingestuft haben, jedoch nicht unbedingt, was handlungsrelevant ist.

Was ihr **aussortieren solltet**

Hier sind ein paar Dinge in jeder Ansicht, auf die ihr beim Aussortieren achten solltet.

ANSICHT „DATUM“

Der offensichtlich schnellste Weg zum Erfolg. Beginnt ganz unten und scrollt nach oben. In der Regel findet ihr eine oder zwei E-Mails, die schon *sehr* alt sind und die ihr vielleicht noch für wichtig haltet, doch wahrscheinlich sind sie eher Referenz als handlungsrelevant. Archiviert sie.

- E-Mail-Todeskandidaten. Legt ein Datum fest – sagen wir alles älter als sechs Monate. Verschiebt alle E-Mails, die älter als dieses Datum sind, in einen Ordner mit der Bezeichnung „E-Mail-Todeskandidaten“. Diese E-Mails warten darauf, zu sterben. Sie lenken euch ab, beanspruchen eure kostbare Aufmerksamkeit und bringen keinen Mehrwert. Tragt euch einen Termin im Kalender ein, so in etwa sechs Wochen, und wenn ihr bis zu diesem Datum nichts in diesem Ordner gebraucht habt, löscht es.

ANSICHT „BETREFF“

- E-Mail-Kettenbriefe. Bei einer fieberhaften Konversation aus zwanzig E-Mails könnt ihr in der Regel die ersten neunzehn löschen, da die letzte E-Mail eine Aneinanderreihung aller anderen enthalten sollte.
- Betreffzeilen, die sich auf Ereignisse beziehen, die bereits vergangen sind oder abgeschlossen wurden.
- Rundmails – tägliche, wöchentliche oder monatliche Rundmails. Wenn ihr solche E-Mails seht, solltet ihr eventuell Regeln erstellen, damit sie in Zukunft direkt in einen Referenzordner wie dem bereits erwähnten Ordner „Rundmails“ verschoben werden.

ANSICHT „VON“

- E-Mails von Personen, die das Unternehmen verlassen haben.
- E-Mails vom Empfang, die verkünden: „Kuchen in der Küche“ oder „Taxi für jemanden, von dem ihr noch nie gehört habt“.
- E-Mails von Kolleginnen und Freunden, die euch „lustige“ Anhänge schicken. Löscht sie einfach alle, sie sind nicht wirklich so lustig. Oh, OK, hebt die nette E-Mail mit den Kätzchen auf, die ihr neulich von einem Freund bekommen habt. Aber der Rest muss weg.

- E-Mails von Menschen, mit denen ihr hauptsächlich im Rahmen von Projekten zu tun hattet, die bereits abgeschlossen sind.

Beim Aussortieren stoßt ihr eventuell auf ein paar E-Mails, die ihr in euren Arbeitsordner aufnehmen wollt, oder auf solche, die ihr in weniger als zwei Minuten erledigen könnt. Das ist in Ordnung, aber versucht nicht, zu sehr ins Detail zu gehen. Beim Aussortieren solltet ihr euch immer nur auf schnelle Erfolge, einfache Ziele, Tricks und generell alles konzentrieren, was euer Momentum aufrechterhält.

Wann immer möglich: Archiviert und löscht eure E-Mails stapelweise. Es könnte hilfreich sein, alle Personen, deren E-Mails komplexere Entscheidungen erfordern, skrupellos zu ignorieren und bewusst *nicht* zu versuchen, die E-Mails eurer Chefin, eures größten Kunden oder eines anderen wichtigen Stakeholders zu analysieren. Während des Aussortierens sind euer Schwung und eure Skrupellosigkeit der Schlüssel zum Erfolg, wohingegen ihr in ein paar Minuten die Gelegenheit haben werdet, zu einem achtsameren und langsameren Tempo überzugehen, wenn wir die verbleibenden E-Mails nacheinander abarbeiten. Es ist auch kein Mogeln, wenn ihr einige dieser Personen so lange ruhen lasst, bis ihr mit dem Aussortieren fertig seid und in die Phase der Bearbeitung übergeht.

Sobald ihr damit fertig seid, seid ihr auf dem besten Weg zu einem Posteingang ohne E-Mails. Es ist zwar bei jedem anders, doch ihr solltet rasch feststellen, dass ihr eine deutlich geringere Anzahl von E-Mails übrighabt, die noch zu bearbeiten sind. Als grober Richtwert gilt: Wenn ihr mit 1.000 oder mehr E-Mails in eurem Posteingang begonnen habt, solltet ihr nach dem Aussortieren auf etwa 100 oder weniger kommen. Wenn ihr mit etwa 200 E-Mails begonnen habt, sollten nur noch 50 zum Bearbeiten übrig sein. Das sind natürlich nur grobe Zahlen, doch sie repräsentieren einige der häufigsten Muster, die ich bei meinen Coachings sehe.

Wenn ihr vom Sortieren etwas müde seid und eure aktive Aufmerksamkeit langsam nachlässt (keine Sorge, schnelle Entscheidungen über einen längeren Zeitraum zu treffen, ist so ziemlich das Ermüdendste, was man in einem Job im Bereich der Wissensarbeit tun kann!), macht eine kurze Pause, damit ihr mit der Bearbeitung beginnen könnt, wenn ihr ein gutes Level an Aufmerksamkeit habt.

E-MAILS ABARBEITEN, EINE NACH DER ANDEREN

Nun bleiben noch die E-Mails im Posteingang übrig, die etwas mehr Nachdenken und Organisation erfordern. Hier ist eine überlegte und sorgfältige Herangehensweise erforderlich – und hier erweisen sich eure Arbeitsordner als sehr nützlich.

Auch hier streben wir nach Momentum, nur dass ihr euch dieses Mal auf jede einzelne E-Mail konzentriert. Widersteht der Versuchung, euch die Rosinen herauszupicken. Es *ist* verlockend, sich die E-Mails herauszusuchen, bei denen ihr genau wisst, was zu tun ist, die ihr unbedingt erledigen wollt oder die von den Menschen kommen, mit denen ihr am liebsten Kontakt habt.

Ebenso verlockend ist es, E-Mails liegen zu lassen, bei denen ihr intensiver nachdenken müsst, bevor ihr entscheiden könnt, was mit ihnen passieren soll, oder bei denen eure Antwort euch zum Buhmann machen könnte („Wir haben beschlossen, das Projekt nicht fortzusetzen", „Ich fürchte, ich hatte noch keine Zeit, mich um Ihr Anliegen zu kümmern", „Ich bin im Verzug und es tut mir leid, dass ich Sie nicht besser auf dem Laufenden gehalten habe").

Wenn ihr euch die besten herauspickt und die schlechtesten auf die lange Bank schiebt, wird garantiert folgendes Szenario eintreten: Ihr werdet eure gesamte proaktive Aufmerksamkeit auf das Aussortieren und den ersten Teil der Bearbeitung verwenden, und gerade dann, wenn eure Aufmerksamkeit nachlässt, werdet ihr auf die dreißig oder vierzig der schwierigsten E-Mails starren: diejenigen, die ihr vermieden habt. Und ihr werdet euch deswegen noch schlechter fühlen. Natürlich ist es möglich, von hier aus euer Postfach komplett leer zu bekommen, doch dafür müsst ihr zunächst durch einen Sumpf waten.

Eine nach der anderen abzuarbeiten, bedeutet genau das. Wenn ihr das tut, haltet euch dabei an die Zwei-Minuten-Regel: Alles, was in weniger als zwei Minuten erledigt werden kann, solltet ihr sofort angehen, anstatt es in euren „@Action"-Ordner zu verschieben. Im Laufe der Bearbeitung werdet ihr immer noch einen Teil von dem, was ihr lest, als Referenz ablegen oder löschen wollen, doch ihr werdet feststellen, dass ihr euch auf der Zielgeraden mehr mit euren drei Arbeitsordnern beschäftigt und weniger auf die Löschtaste fixiert seid, als ihr es noch vor ein paar Minuten beim Aussortieren wart.

Der 30-Sekunden-Blick

Da es bei der Bearbeitung darum geht, die Spreu vom Weizen zu trennen, ist die erste Frage, die ihr euch bei jeder E-Mail stellen solltet: „Ist diese Information überhaupt wichtig für mich?". Normalerweise lässt sich diese Frage sehr schnell mit „Ja" oder „Nein" beantworten (Denkt daran, dass ihr in diesem Stadium lediglich die Wichtigkeit, nicht aber den Handlungsbedarf feststellt!). Bei allen anderen E-Mails lautet die Antwort „Vielleicht". Wenn ihr mit „Vielleicht" antwortet, müsst ihr den „30-Sekunden-Blick" anwenden.

Ihr habt 30 Sekunden Zeit, um festzustellen, ob die E-Mail überhaupt wichtig für euch ist. Ihr müsst die E-Mail in diesen 30 Sekunden nicht zu Ende lesen oder beantworten, doch in diesen 30 Sekunden müsst ihr euer „Vielleicht" in ein „Ja" oder „Nein" umwandeln. Am Ende der 30 Sekunden habt ihr dann die Nachricht entweder überflogen und gelöscht, sie zum weiteren Lesen an einen anderen Ort verschoben oder entschieden, dass eine Handlung erforderlich ist.

DIE 4 STUFEN, WIE IHR EUREN POSTEINGANG AUF NULL BRINGT:

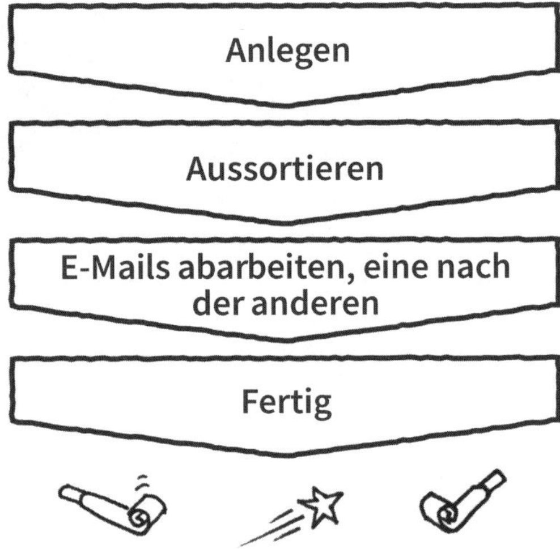

ÜBUNG: WIE IHR EUREN POSTEINGANG AUF NULL BRINGT

Was ihr benötigt:	Euren E-Mail-Posteingang, dieses Buch, proaktive Aufmerksamkeit – keine Unterbrechungen!
Wie lange es dauert:	2 Stunden
Ninja-Mentalität:	Skrupellosigkeit

STUFE EINS: ***ANLEGEN***

Legt eure drei Arbeitsordner in eurem Posteingang an:

„@Action“

„@Lesen“

„@Warten auf“

(Optional) Je nachdem, was ihr bereits als eure Referenzordner-Struktur definiert habt, möchtet ihr vielleicht einige Änderungen vornehmen:

- Löscht *alle* Unterordner.
- Reduziert die Anzahl eurer Referenzordner so, dass sie auf einen Bildschirm passen. So müsst ihr nicht mehr am Rand des Posteingangs nach oben oder unten scrollen, wenn ihr versucht, E-Mails schnell in diese Referenzordner zu verschieben.
- Wenn ihr von der Vielzahl eurer kleinteiligen Referenzordner überwältigt seid und noch einmal darüber nachdenken möchtet, bevor ihr dauerhafte Änderungen vornehmt, dann legt vielleicht eine kleine Anzahl neuer, übergreifender Ordner an, die mit einer Nummer beginnen (zum Beispiel

„1. Rundmails“, „2. Bestätigungen“, „3. Freunde & Familie“, „4. Arbeit“ und was immer sonst ihr noch braucht). Die nummerierten Ordner befinden sich oberhalb eurer übrigen Referenzordner, aber unterhalb der „@“-Ordner, die ihr gerade als Arbeitsordner angelegt habt. Das ist praktisch, denn so könnt ihr euch ausschließlich auf diese neuen Ordner konzentrieren, alle an einem Ort, und ihr könnt dies als vorübergehende Lösung verwenden, während ihr euch weitere Gedanken über die beste Struktur für eure künftigen Referenzordner macht. Wenn ihr hier eine jahrelang gepflegte Komplexität entwirren müsst, ist es einfacher, in der nun anstehenden Sortierungsphase gute Entscheidungen über eure Ordnerstruktur zu treffen, weil ihr beim Aussortieren seht, welche Ordner häufiger verwendet werden und welche in Zukunft wahrscheinlich weniger relevant sein werden.

STUFE ZWEI: ***AUSSORTIEREN***

Denkt daran, beim Aussortieren geht es darum, schnelle Erfolge zu erzielen, und die meisten schnellen Erfolge haben mit der Ablage als Referenz oder mit der Löschtaste zu tun. Meist müsst ihr nicht einmal die E-Mail selbst lesen: Die Betreffzeilen allein sollten euch in den meisten Fällen alles mitteilen, was ihr wissen müsst (d. h., dass eine E-Mail nicht handlungsrelevant ist). Andernfalls empfehle ich, den Lesebereich zu öffnen, damit ihr auf einen Blick sehen könnt, wie eure Entscheidung ausfallen wird, und nicht erst die E-Mail öffnen und wieder schließen müsst.

WO IHR BEGINNEN SOLLTET

Wenn ihr viele alte E-Mails habt, solltet ihr mit den „E-Mail-Todeskandidaten“ beginnen, einem einzigen Ordner, in dem ihr alle E-Mails ablegen könnt, die so alt sind, dass keine Handlung mehr erforderlich ist. Das wird euch unkonventionell und vielleicht etwas zu skrupellos vorkommen, doch keine Sorge. Sie sind immer noch alle da, in eurem „Todeskandidaten“-Ordner, und ihr könnt jederzeit auf sie zugreifen, doch mit der Zeit werdet ihr euch mit dem Gedanken anfreunden, dass ihr eure Aufmerksamkeit für bessere Dinge aufwenden könnt als für alte E-Mails, die schon vor sechs Monaten die Welt nicht aus den Angeln gehoben haben.

Als Nächstes werden wir die Schaltfläche „Anordnen nach“ oben in eurem Posteingang verwenden. Klickt und wählt: „Anordnen nach ‚Von,“. Auf diese Weise werden alle eure E-Mails nach Absender sortiert. Sucht dann nach Gelegenheiten, um Leute „auszusortieren“!

- Sortiert auf Grundlage des Absenders aus
- Geht von A bis Z vor und konzentriert euch auf „schnelle Erfolge“
- Sortiert dann nach „Betreff“ und tut dasselbe
- Geht dann zurück zu „Datum“, zurück zu „Betreff“, zurück zu „Von“.

Haltet es spannend. Bleibt in Bewegung. Seid skrupellos.

Wenn ihr feststellt, dass ihr *keine* Gelegenheiten mehr findet, Gruppen von zwei oder mehr E-Mails in einem Rutsch zu bearbeiten, ist dieser Job erledigt. Es ist an der Zeit, eure E-Mails abzuarbeiten, eine nach der anderen.

*STUFE DREI: **E-MAILS ABARBEITEN, EINE NACH DER ANDEREN***

Das Bearbeiten von E-Mails verlangt mehr Aufmerksamkeit und Nachdenken als das Aussortieren. Achtet darauf, den Fragen zu folgen und sie als Gelegenheit zu nutzen, im Hinblick auf die potenzielle Auswirkung jeder einzelnen E-Mail skrupellos, entschlossen und fokussiert zu sein.

Während ihr also an euren E-Mails arbeitet, werdet ihr feststellen, dass ihr Folgendes habt:

- Einen Ordner mit ein paar E-Mails, von denen ihr wisst, dass ihr handeln müsst.
- Einen Ordner mit einigen Berichten, die ihr ausdrucken und lesen müsst.
- Einen Ordner mit E-Mails, bei denen ihr die Aktivitäten anderer Personen nachverfolgt und später nachhaken könnt.

VERWISCHT NICHT DIE GRENZEN

Die Fragen im Diagramm zur E-Mail-Bearbeitung sollen verhindern, dass ihr die Grenzen verwischt. Es ist wichtig, dass insbesondere der „@Action“-Ordner als heiliger Ort betrachtet und nicht mit Dingen vollgestopft wird, die dort nicht hingehören. Was ihr unbedingt vermeiden solltet:

- E-Mails in den „@Lesen“-Ordner verschieben, weil ihr noch keine Entscheidung getroffen habt – entscheidet zuerst, ob sie handlungsrelevant sind.

Verschiebt sie nur dann in den „@Lesen“-Ordner, wenn es definitiv keinen Handlungsbedarf gibt.

- Dinge, die in weniger als zwei Minuten erledigt werden können, in den „@ Action“-Ordner verschieben. Das ist der einfachste Weg, euren „@Action“-Ordner zu verstopfen und diese lästigen, kleinen Aufgaben aufzuschieben. Erledigt die schnellen Dinge sofort!

- Euren „@Warten auf“-Ordner mit Dingen befüllen, deren Entscheidung ihr aufschieben wollt. In diesen Ordner gehören nur Dinge, die ihr bereits erledigt habt und auf eine Rückmeldung von jemand anderem warten.

STUFE VIER: FERTIG

Das war alles! Ihr starrt auf einen leeren Bildschirm, auf dem sich zuvor ein Stapel von Dingen befand, der offensichtlich außer Kontrolle gewesen war.

Es gibt zwei Arten von fertig: Posteingang auf Null und E-Mail auf *absolut* Null. Jedes Mal, wenn ich Outlook schließe, versuche ich, den Posteingang auf Null zu bringen. Das ist bei mir mindestens einmal am Tag der Fall, kann aber auch mehrmals am Tag sein, je nachdem, was ich gerade mache. Wenn ich Outlook schließe, befinde ich mich in einem Zustand der Klarheit: Ich kenne die Entscheidungen, die ich über die Bedeutung und die möglichen Auswirkungen jeder einzelnen E-Mail getroffen habe. Das bedeutet nicht, dass damit alles erledigt ist, doch ich bin mir vollkommen sicher, dass mir keine Landminen um die Ohren geflogen und keine Goldminen entgangen sind. Es ist alles unter Kontrolle.

In der Mitte eines Arbeitstags oder einer anstrengenden Woche verschafft euch das Abarbeiten eures Posteingangs auf Null einen befriedigenden Moment des geistigen Abschlusses und verhindert auch, dass eure Aufmerksamkeit auf Sorgen oder Stress darüber verschwendet wird, dass ihr die Kontrolle verloren habt. Ich versuche, einmal pro Woche vollkommen auf Null zu kommen, wo sowohl euer Posteingang als auch euer „@Action“-Ordner komplett leer sind und ihr auch eurem „@Lesen“- und „@Warten auf“-Ordnern etwas Aufmerksamkeit habt schenken können. Das gelingt nicht immer, und es lohnt sich auch nicht, besessen davon zu sein, doch selbst wenn es nicht ganz klappt, könnt ihr eurem Ziel doch näherkommen. Dadurch wird das Gefühl, etwas vollendet und abgeschlossen zu haben, noch größer und tiefer.

E-Mails abarbeiten wie ein Ninja …

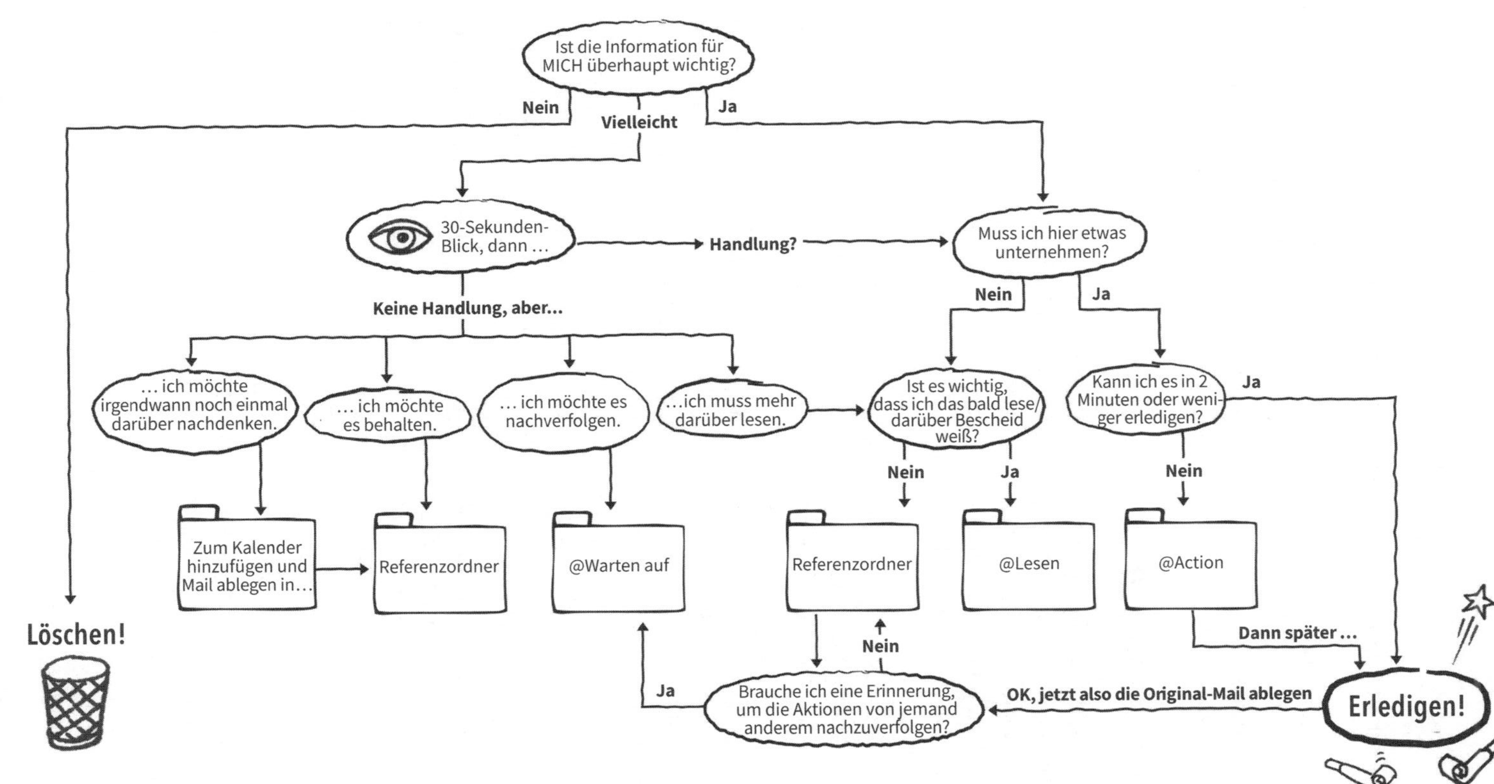

Stellt euch vor: Es gibt nichts mehr zu tun. **Nichts.**

Und noch besser: Es kostet *weniger* Energie und Aufmerksamkeit, über eure E-Mails nachzudenken, wenn ihr bei komplett Null seid, als wenn ihr einen Stapel von 2.000 potenziellen Überraschungen vor euch habt. Glaubt mir, auch ich habe das erlebt. Und ich habe nicht vor, in nächster Zeit dorthin zurückzukehren.

E-MAILS **AUSSCHALTEN**

Jetzt, da euer Posteingang leer ist, steht euch ein weiteres, umstrittenes Produktivitätswerkzeug zur Verfügung. Es ist die eine Folie aus unserem „*Inbox Zero*"-Workshop, die die Meinungen spaltet wie keine andere. Sie besagt, dass ihr ab und zu an eurem Schreibtisch sitzt und euch mit kreativer Arbeit, Denken, Entscheidungen, Verwaltungskram, Unterhaltungen und anderen wichtigen Aufgaben beschäftigt, während eure E-Mails komplett ausgeschaltet sind. Für einige ist dies nur logisch – obwohl selbst diejenigen, die den Wert des „Abtauchens" und der Produktivitätssteigerung durch die Reduzierung ständiger Erreichbarkeit erkennen, oft sagen, dass sie dies nicht so oft tun, wie sie es gerne würden.

Bei den anderen Anwesenden führt dies zu betretenem Schweigen. Das soll natürlich provokativ rüberkommen, aber denkt einmal kurz darüber nach. Ihr lasst eure E-Mails doch schon regelmäßig aus oder ungeöffnet, wenn ihr in einer Besprechung oder im Urlaub seid. Doch der Gedanke, dies auch am Schreibtisch zu tun, ist dennoch erschreckend. Dies ist eher eine Frage der Gewohnheit und der Einstellung als eine Frage der tatsächlichen Notwendigkeit. Versteht mich nicht falsch: Wenn ich einen Tag habe, an dem meine Aufgabe darin besteht, auf die E-Mail zu warten, die uns mitteilt, dass wir mit einem wirklich wichtigen Projekt starten können, dann habe auch ich ein Auge auf meinem E-Mail-Posteingang. Doch an den meisten Tagen nutze ich die Vormittage, um abzutauchen und meine E-Mails bewusst ansammeln zu lassen, während ich mir selbst etwas mehr konzentrierte, proaktive Aufmerksamkeit gönne, die nicht von Unterbrechungen gestört wird.

Wenn mein Team mich braucht, bin ich telefonisch zu erreichen, doch ich bin auch erwachsen genug, um zu wissen, dass ich weitaus weniger unentbehrlich bin, als ich denke. Ihr übrigens auch. Euer Team kommt auch ohne euch zurecht, solange es die Regeln kennt.

Wenn es euch also wie den meisten Menschen heutzutage geht und ihr das seid, was ich als „süchtig nach Erreichbarkeit" bezeichnen würde, dann ist es wichtig, euch selbst zu hinterfragen und einige Zeit abzutauchen. Es ist Zeit für euren „kalten Entzug" von E-Mails.

Hier sind vier mögliche Strategien, um aus E-Mails auszusteigen. Welche könnt ihr am einfachsten umsetzen? Mit welcher würdet ihr gerne nur mal einen Tag oder vielleicht eine Woche lang experimentieren?

- **50-50**: Das ist mein üblicher Ansatz. Kurz vor 9 Uhr führe ich einen „Notfallscan" durch, nur um sicherzustellen, dass nichts Dringendes vorliegt, und schließe dann meine E-Mails bis 13 Uhr. Ab 14 Uhr beginne ich mit dem Aussortieren, Bearbeiten und Beantworten von E-Mails und lasse Outlook den ganzen Nachmittag über eingeschaltet.

- **3 regelmäßige Zeiten**: Dreimal täglich aussortieren und abarbeiten, bis nichts mehr vorliegt. Der frühe Morgen, gegen Mittag und am Ende des Arbeitstags sind gute Zeiten dafür. Plant für jede Session etwa 45 Minuten ein und versucht dann, diese Zeitspanne allmählich zu reduzieren. So verfahre ich, wenn ich nicht im Büro, sondern in Meetings oder Workshops bin.

- **Der stündliche Sprint**: Für diejenigen unter euch in besonders reaktionskritischen Positionen oder in einer dynamischen Arbeitskultur ist es schwer vorstellbar, die Frage eines Kunden von 9 Uhr morgens bis 14 Uhr nachmittags unbeantwortet zu lassen. Das heißt jedoch nicht, dass ihr nicht wie alle anderen auch E-Mails stapelweise abarbeiten und eure Effizienz steigern könnt. Plant jede Stunde zu einem bestimmten Zeitpunkt zehn Minuten ein, um E-Mails auszusortieren und zu bearbeiten.

- **Extrem**: Tim Ferriss schlägt in *The 4-Hour Work Week* einmal pro Woche vor, eine Stunde lang. Den Rest der Woche schaut er seinen Posteingang nicht einmal an. Er nutzt eine Reihe interessanter Outsourcing- und Automatisierungstechniken, um dies möglich zu machen, doch das ist sicherlich nicht etwas, was jedem möglich ist. Es ist jedoch eine faszinierende Idee, und selbst wenn ihr nicht glaubt, dass ihr sie umsetzen könnt, lohnt es sich doch, ein paar Minuten darüber nachzudenken, warum das für euch nicht möglich ist. Während ihr eure Reaktion auf diese Idee unter die Lupe nehmt: Was sagt euch das über eure eigenen E-Mail-Gewohnheiten oder eure Sucht, ständig erreichbar zu sein? Und ich frage mich, ob ihr anders darüber denken werdet, wenn euer Posteingang einmal leer ist ...

Seid ihr ein Ninja?

- Ein Ninja pflegt einen skrupellosen Umgang mit E-Mails.
- Ein Ninja tritt unkonventionell an E-Mails heran, trennt das Denken vom Tun und die Spreu vom Weizen.
- Ein Ninja weiß, wie man Werkzeuge gezielt einsetzt, um die Arbeit zu erledigen, damit er es nicht selbst tun muss.

5. NINJA-PRODUKTIVITÄT: DAS CORD-PRODUKTIVITÄTS-MODELL

WIE STARK IST EUER *CORD*?

Wie wir zu Beginn dieses Buches bereits erörtert haben, reichen die alten Zeitmanagement-Methoden nicht mehr aus, um sicherzustellen, dass wir all die verschiedenen Aufgaben und Projekte, für die wir verantwortlich sind, im Griff haben, geschweige denn, dass sie uns helfen, schnell und verantwortungsbewusst auf die Vielzahl von Informationen zu reagieren, mit denen wir ständig bombardiert werden.

In den nächsten vier Kapiteln werde ich euch vier konkrete Gewohnheiten vorstellen – „Erfassen und Sammeln“, „Organisieren“, „Review“ und „Erledigen“ (auf Englisch: ***C****apture und Collect*, ***O****rganize*, ***R****eview* und ***D****o*) –, die den Grundstein bilden, um zu einer entspannten Kontrolle zu gelangen: das CORD-Produktivitätsmodell. Dieses Modell wurde von Teilnehmern der Think Productive-Workshops in großen und kleinen Unternehmen auf der ganzen Welt erprobt und getestet. Es besteht aus vier Schlüsselgewohnheiten, die ineinander übergehen: Wenn ihr jeden Schritt beherrscht, wird euer Arbeitspensum wie ein starker, durchgängiger Strang (Englisch: *Cord*) sein (daher auch der Name!).

Jede dieser Gewohnheiten liefert einen Mehrwert, sodass die Kombination als Ganzes stärker ist als die Summe ihrer Teile. Wenn ihr also gut erfasst und sammelt, fällt es euch leichter, zu organisieren. Wenn ihr gut organisiert, ist es einfacher für euch, den Review anzugehen. Und wenn ihr all diese Dinge gut macht, dann wird das Erledigen mühelos – und macht es wiederum einfacher, zu erfassen und zu sammeln, zu organisieren und zu überprüfen!

In diesem Kapitel werden wir uns auf die vier Schlüsselgewohnheiten konzentrieren, die das CORD-Modell ausmachen, und darüber nachdenken, wie diese mit euren Gewohnheiten zusammenhängen, damit ihr euren CORD stärker machen und eine Kette müheloser und brillanter Produktivität in Gang setzen könnt!

ERFASSEN ***UND SAMMELN***

Hier macht ihr euch alle eure verschiedenen Informationsquellen zugänglich. Das können eure eigenen Ideen sein, Maßnahmen, die ihr in Gesprächen mit Kolleginnen festgelegt habt, Papierkram, Sprachnachrichten, Benachrichtigungen über soziale Medien und natürlich euer E-Mail-Posteingang. Wenn ihr all diese Informationen auf Null bringt, so wie wir es gerade mit eurem E-Mail-Posteingang getan haben, führt dies zu der zenartigen Ruhe und Einsatzbereitschaft, die jeder Ninja braucht.

ORGANISIEREN

Sobald wir all diese Informationen erfasst und gesammelt haben, beginnen wir in der Phase Organisieren, die entscheidenden Fragen zu stellen, um skrupellosen Fokus und Seelenfrieden zu gewährleisten. Es geht darum, konsequentes Denken anzuwenden und Gewohnheiten zu entwickeln, die euch so schnell und mühelos wie möglich zum Kern von Handlungsentscheidungen führen.

REVIEW

Die Review-Phase umfasst tägliche und wöchentliche Checklisten, die euch helfen sollen, eure Aufmerksamkeit und euren Fokus auf optimale Effizienz, Achtsamkeit und Agilität auszurichten. Erinnert ihr euch noch, wie wir darüber gesprochen haben, dass man in der Wissensarbeit gleichzeitig Chef und Arbeiter ist? Nun, die Review-Phase gibt unserem inneren Chef die Chance zu glänzen und uns die Möglichkeit, dem Chaos zu entkommen und Klarheit zu finden.

ERLEDIGEN

Natürlich sind all die oben genannten Gewohnheiten von geringem Nutzen oder Wert, wenn wir uns nicht auch angewöhnen, Dinge zu erledigen! Die Gewohnheit Erledigen konzentriert sich darauf, mit eurer Aufmerksamkeit und euren Energiereserven, mit Entscheidungen, Taktiken und eurem Momentum zu arbeiten, um optimale Effizienz zu erzielen. Es geht auch darum, die Achtsamkeit und Unkonventionalität zu entwickeln, die notwendig sind, um Prokrastination zu vermeiden, die Dinge voranzutreiben und ein positives Gefühl für die eigene Arbeit zu entwickeln.

VON UNBEWUSSTER **INKOMPETENZ** ZU UNBEWUSSTER **KOMPETENZ**

Wenn ihr über die Frage „Wie stark ist euer CORD?“ nachdenkt, werdet ihr im Prinzip aufgefordert, über eure Gewohnheiten nachzudenken. Das Modell der „Vier Stufen der Kompetenz“ wird in Managementschulen und in der Lern- und Entwicklungsforschung häufig verwendet, um zu untersuchen, wie Menschen Fähigkeiten entwickeln und die Theorie in die Praxis umsetzen. Betrachten wir hier also kurz, wie ihr lernt und was ihr tun müsst, um eure Gewohnheiten zu ändern.

Ich möchte euch ermutigen, in den nächsten vier Kapiteln ständig über diese vier Phasen nachzudenken. Seid selbstkritisch genug, um zu diagnostizieren, wo eure größten Produktivitätsgewinne liegen könnten.

Die Reise von unbewusster Inkompetenz zu unbewusster Kompetenz ist die Reise vom völligen Neuling zum erfahrenen – und gewohnheitsmäßigen – „Profi". Wenn ihr darüber nachdenkt, wie ihr generell etwas lernt, folgt dies demselben Weg. Ich werde hier das Beispiel des Autofahrens verwenden, doch auch wenn ihr nicht Auto fahrt, so könnt ihr euch die Phasen und Beispiele, die ich hier beschreibe, sicher vorstellen.

UNBEWUSSTE INKOMPETENZ

Wie sah Autofahren für euch aus, bevor ihr das selbst konntet? Nahezu magisch! All diese Knöpfe und Hebel und Schalter und das Drehen des Schlüssels und der Blick in den Spiegel. So kompliziert. Wenn ich euch gebeten hätte, das Auto zu starten und zum Einkaufen zu fahren, hättet ihr nicht gewusst, wie das geht, und ihr hättet auch nicht gewusst, was ihr lernen müsstet, um das zu ändern.

BEWUSSTE INKOMPETENZ

Spult ein paar Jahre vor zu einer eurer ersten Fahrstunden. Ihr sitzt auf dem Fahrersitz und euer Lehrer bittet euch, auf die Straße hinauszufahren. Zu eurem Entsetzen würgt ihr das Auto ab. Oh weh. Aufgeregt und panisch bemüht ihr euch, das Auto wieder in Gang zu bringen, und innerhalb weniger Augenblick denkt ihr in aller Ruhe darüber nach, was gerade passiert ist. Vielleicht war es die Kupplung, vielleicht hattet ihr nicht den richtigen Gang eingelegt, oder ihr habt nicht genug Gas gegeben. Was auch immer passiert ist, ihr könnt euch das Problem bewusst machen und dafür sorgen, dass ihr beim nächsten Mal vorsichtiger sein werdet. Denn beim nächsten Mal werdet ihr euch bewusst sein, was ihr tut, und dafür sorgen, dass so etwas nicht mehr passiert.

BEWUSSTE KOMPETENZ

Erinnert ihr euch an den Tag eurer Fahrprüfung? Wahrscheinlich pumpte Adrenalin durch euren Körper und ihr habt alles getan, um euch auf jede einzelne eurer Bewegungen zu konzentrieren. Ihr habt ganz bewusst das „Spiegel-Blinker-Manöver" praktiziert, ihr habt das Lenkrad betätigt, ohne dabei eure Hände zu überkreuzen, so wie man es sonst *nur vor* dem Erwerb des Führerscheins macht, und während der Prüfung hattet ihr nur die Fahrprüfung im Kopf. Mach es richtig. Mach es richtig. Bleib fokussiert.

Und es hat funktioniert – ihr habt bestanden! Doch das erforderte höchste Konzentration und starke, proaktive Aufmerksamkeit.

UNBEWUSSTE KOMPETENZ

Aber denkt doch mal darüber nach, wie ihr jetzt fahrt! Ihr denkt nicht mehr über das „Spiegel-Blinker-Manöver" nach, sondern unterhaltet euch mit eurem Sitznachbarn darüber, was ihr zu Abend essen wollt. Oder vielleicht esst ihr sogar gerade, während ihr fahrt! Ihr denkt an andere Dinge, hört Podcasts, Radio oder ein Hörbuch, und ganz generell ist das Fahren ziemlich mühelos. Es ist eine Gewohnheit. Ihr müsst nicht mehr über das Fahren nachdenken, ihr fahrt einfach.

MÜHELOSE PRODUKTIVITÄT

Willkommen, meine Freunde, zur unbewussten Kompetenz. Was immer ihr auch tut, es ist einfach nur eine Gewohnheit. Ihr müsst überhaupt nicht mehr darüber nachdenken, ihr tut es einfach. In den nächsten Kapiteln werden wir an euren Produktivitätsgewohnheiten arbeiten. Man könnte sogar sagen, dass das gesamte Ziel dieses Buches darin besteht, euch zu ermutigen, mehr über euer eigenes Produktivitätsverhalten in Bezug auf eure derzeitigen Gewohnheiten nachzudenken (bewusste Kompetenz), doch nur in dem Ausmaß, dass ihr diese Gewohnheiten soweit verbessern könnt, dass ihr nur noch selten über eure Produktivität nachdenken müsst (unbewusste Kompetenz) – denn wenn ihr erst einmal starke, produktive Gewohnheiten etabliert habt, dann passiert die Magie einfach so. Keine Anstrengungen, keinerlei Bewusstsein für eure Kompetenz, nur gewohnheitsmäßige Genialität.

DOCH WIE KÖNNEN WIR MÜHELOSE GENIALITÄT VERBESSERN?

Denkt einen Moment an bewusste Kompetenz und eure Fahrkünste zurück. Könnt ihr ehrlich, Hand aufs Herz, behaupten, dass ihr die sicherste und beste Fahrerin seid, die ihr kennt? Oder der beste Fahrer, der ihr sein könnt? Wenn ihr morgen die Prüfung wiederholen würdet, würdet ihr bestehen? Denn das ist die

Kehrseite unserer Gewohnheiten – wir entwickeln unbewusste Kompetenzen, die unsere Produktivität mühelos machen, doch gleichzeitig können wir auch schlechte Gewohnheiten entwickeln. Mit der Zeit können wir auch faul werden und machen Fehler, die wir nicht gemacht hätten, wenn wir etwas konzentrierter oder bewusster an die Sache herangegangen wären. Kurz gesagt, es gibt immer Raum für Verbesserungen. Es wird nie einen Endpunkt geben, an dem es nicht mehr besser wird, und leider gibt es auch kein Geheimrezept für Perfektion.

Eure Gewohnheiten zu ändern, ist eines der schwierigsten Dinge, die ihr jemals tun werdet. Um eine Änderung der Gewohnheiten zu erreichen, die zu einer höheren Produktivität führen, muss man sich seiner bestehenden Gewohnheiten bewusst sein. Das hört sich zwar nach der einfachsten Sache der Welt an, doch ich bin mir sicher, wir alle wissen, dass es alles andere als das sein kann.

Hier wird es dann wirklich heikel. Zu lernen, wie man seine guten Gewohnheiten noch weiter verbessern kann, ist in der Tat schwieriger, wenn man sich mit dem zufrieden gibt, was man als den Gipfel unbewusster Kompetenz *empfindet*. Ein Ninja braucht die Achtsamkeit, regelmäßig zu hinterfragen, was gut und was schlecht läuft. Es geht stets darum, uns regelmäßig auf unsere bewusste Kompetenz zu besinnen, die uns wiederum die Erkenntnisse liefert, die wir für eine regelmäßige Selbstverbesserung brauchen. Es ist schwierig, sowohl über die Prozesse unserer Arbeit als auch die Arbeit selbst nachzudenken – und somit zu erkennen, wie diese Prozesse möglicherweise noch verbessert werden können –, wenn wir nicht einige Mechanismen in unsere Arbeit einbauen, die uns dazu bringen, ständig zu hinterfragen und zu lernen.

Hier kommt das CORD-Produktivitätsmodell ins Spiel. Es hilft uns dabei, über unseren Arbeitsprozess nachzudenken: Sammelt und erfasst ihr alles effektiv? Organisiert ihr die Daten und Erinnerungen? Überprüft ihr, was auf eurer Liste steht, und habt ihr einen guten Überblick darüber? Habt ihr genug Schwung, wenn es Zeit zum „Erledigen“ ist? Diese vier Gewohnheiten, die im Mittelpunkt der nächsten vier Kapitel stehen werden, sind die zentralen Denkprozesse eines jeden modernen Wissensarbeiters.

WIE IHR DAS CORD-PRODUKTIVITÄTSMODELL ANWENDET

Es gibt zwei konkrete Möglichkeiten, das CORD-Modell zu verwenden. Ihr könnt es verwenden, um euren persönlichen Workflow zu managen und auch, um eure

Tage und Wochen zu strukturieren, damit ihr so agil und anpassungsfähig wie möglich bleibt, egal was auf euch zukommt. Es gibt euch auch die Gewissheit, dass das, woran ihr gerade arbeitet, das Beste ist, was ihr zu einem bestimmten Zeitpunkt tun könnt.

WORKFLOW

Wir alle müssen über unseren persönlichen Workflow nachdenken, insbesondere über den Ablauf vom Eintreffen der Information bis zur Erledigung von Aufgaben. Mit Hilfe des CORD-Modells wird jede Information erfasst und gesammelt. Anschließend ordnet ihr die Informationen und entscheidet, ob eine Handlung erforderlich ist. Wenn eine Handlung erforderlich ist, müsst ihr diese im Kontext all der anderen Dingen, die ihr zu diesem Zeitpunkt tun *könntet*, überprüfen, und irgendwann müsst ihr diese Aufgabe dann auch abschließen. Auch wenn es vielleicht logisch erscheinen mag, diese erste Sache auf der Stelle zu erledigen, ist dies vielleicht nicht die beste Wahl, wenn ihr zu diesem Zeitpunkt noch viele andere Dinge auf dem Schreibtisch habt, die ihr erledigen könntet. Nichtsdestotrotz wird euch die Anwendung des CORD-Modells auf euren Workflow dabei helfen, selbst die schwierigsten Aufgaben in Richtung Abschluss, Produktivität und Ergebnis voranzutreiben.

DIE RÄDER AM LAUFEN HALTEN

Ihr könnt CORD auch als Diagnoseinstrument betrachten und als ständige Erinnerung daran, dass es bei unserer Arbeit nicht mehr nur um das Tun, sondern auch um das Denken geht. Während ich zum Beispiel diesen Satz hier schreibe, weiß ich, dass ich eine Deadline von meinem Verleger einhalten muss. Ich weiß, dass ich deswegen mein Erfassen und Sammeln, Organisieren und meinen Review vernachlässigt habe. Doch weil ich das *weiß*, weiß ich auch genau, wie ich alles wieder unter Kontrolle bekomme, wenn morgen die Deadline des Verlegers abgelaufen ist, und ich lasse mich nicht stressen, diese Dinge in der Zwischenzeit liegen zu lassen. Unsere Arbeit ist wie das Jonglieren mit vier verschiedenen Tellern, jeden Tag und jede Woche – wenn wir einem der vier Elemente von CORD nicht genug Aufmerksamkeit schenken, fühlen wir uns schnell gestresst. Im Folgenden erfahrt ihr, warum es so wichtig ist, jeden dieser vier Teller in der Luft zu halten, und was mit unserem Stresslevel passiert, wenn wir einen oder gleich mehrere von ihnen vernachlässigen:

Nicht genug ...	Führt zu ...
Erfassen und Sammeln	... einem Gefühl der Überforderung, wenn neue Informationen eintreffen und nicht verarbeitet werden, einem Gefühl der Unsicherheit, was wir tun sollen, und Stress, weil wir etwas übersehen könnten.
Organisieren	... einem Mangel an Klarheit darüber, wie lange etwas dauern könnte, welche Aufgaben die höchste Priorität haben und einer unrealistischen Vorstellung davon, was wir wirklich auf dem Tisch liegen haben.
Review	... dem Gefühl, dass wir unsere Arbeit nicht im Griff haben, der Unfähigkeit, die Dinge in der richtigen Perspektive betrachten zu können, ständigem Stress, der zu Ineffizienz führt, einem permanenten Gefühl der Panik und einem reaktiven statt proaktiven Arbeitsstil.
Erledigen	... unerledigter Arbeit, die sich immer weiter stapelt! Es gibt Zeiten, in denen wir uns gegen das eigentliche Erledigen sträuben und stattdessen lieber mehr organisieren oder herumwursteln. Das könnte unter anderen Umständen als „Prokrastination" bezeichnet werden, und wenn sie einsetzt, ist sie verheerend – wie wir alle wissen!

WIE STARK IST EUER CORD?

Ihr könnt eure Gesamtproduktivität auch in der Hinsicht betrachten, dass sie so stark ist wie das schwächste Glied in eurem CORD. Stellt euch CORD als ein Stück Band vor – wie weit könnt ihr es dehnen? Wo würde es reißen? Die konsequente Vernachlässigung einer der vier Gewohnheiten wird die anderen drei schwächen. Eure Gesamtleistung hängt also davon ab, dass ihr alle vier hinbekommt.

DIE GEWISSHEIT, DIE WICHTIGSTE FRAGE IN DER WISSENSARBEIT BEANTWORTEN ZU KÖNNEN

Hier kommt die Frage, die ihr mit Hilfe des CORD-Produktivitätsmodells beantworten könnt:

> *„Habe ich die Gewissheit, dass das, was ich in diesem Moment tue, das Sinnvollste ist, was ich gerade tun kann?"*

Diese Frage mag zwar einfach klingen, doch wie oft wisst ihr die Antwort wirklich? Die Antwort auf diese Frage nicht zu kennen, ist einer der schnellsten Wege, um in Stress zu geraten, da sich das Gefühl einschleicht, ihr könntet jederzeit etwas Wichtiges übersehen. Und selbst wenn in eurer Welt gerade nichts schiefläuft, führt die Unkenntnis der Antwort auf diese Frage zu Ineffizienzen und dem nagenden Zweifel, dass hinter der nächsten Ecke eine böse Überraschung lauern könnte.

Wenn ihr euer eigenes Produktivitätssystem entwickelt und die Grundsätze des CORD-Modells anwendet, werdet ihr diese Frage definitiv beantworten können – nicht nur einmal am Tag oder einmal in der Woche, sondern immer. Der Grund, warum diese Frage so schwierig zu beantworten ist, liegt darin begründet, dass ihr viel nachdenken müsst, um zu einem Ergebnis zu kommen. Tatsächlich erfordert sie ein detaillierteres und methodischeres Denken, als unser träges, vergessliches Gehirn zu leisten mag. Aber das ist in Ordnung. Unsere Ninja-Unkonventionalität bringt uns auf das alte Sprichwort zurück: „Im Zweifelsfall einfach schummeln." Wenn euer Gehirn nicht in der Lage ist, Informationen zu behalten, sich zu konzentrieren und eine Vielzahl von Projekten und Aufgaben zu strukturieren und zu analysieren (und vergesst nicht, dass wir schließlich alle Menschen sind!), ist die Antwort ziemlich einfach: Besorgt euch ein zweites Gehirn!

ZWEITES GEHIRN

EUER ZWEITES GEHIRN

„Wir werden eine grundlegend neue Art des Denkens brauchen, wenn die Menschheit überleben soll."
– Albert Einstein

Ein Produktivitäts-Ninja ist kein Superheld. Niemand von uns hat ein Superheldengehirn. Wir wissen auch – meist aus eigener leidvoller Erfahrung –, dass wir nur allzu gerne wichtige Dinge vergessen und schlechte Entscheidungen treffen, weil wir zu sehr mit anderen Dingen beschäftigt sind oder einfach nicht die Zeit finden, uns auf die wichtigen Dinge zu konzentrieren. Es ist an der Zeit, das alles zu ändern.

Wir werden das CORD-Modell und dabei insbesondere die Gewohnheiten „Organisieren und Review" anwenden, um ein „zweites Gehirn" zu etablieren. Euer zweites Gehirn soll euer richtiges Gehirn ersetzen, wenn es darum geht, sich an Dinge zu erinnern. Unser zweites Gehirn soll uns auch bei guten Entscheidungsprozessen – durch Intelligenz und Intuition – unterstützen, was unser eigentliches Gehirn zwar bereits sehr gut kann, wir aber vielleicht derzeit nicht in vollem Umfang nutzen oder nicht so gut hinbekommen, wenn wir uns nicht gerade in Phasen proaktiver Aufmerksamkeit befinden.

Wie sieht ein zweites Gehirn aus?

Das zweite Gehirn besteht aus den folgenden Grundelementen, auf die wir in den späteren Kapiteln noch zurückkommen werden:

Gedächtnis

- Eine Liste der Aufgaben, an denen ihr gerade arbeitet
- Eine übergeordnete Liste mit dem „größeren Zusammenhang" der Projekte, auf die sich diese Aufgaben beziehen
- Andere Listen und Referenzinformationen – im Grunde Dinge, die in Zukunft nützlich sein könnten

Intelligenz

- Eine Reihe von Fragen, die eine gute Entscheidungsfindung unterstützen und die Klarheit erzwingen, die euren Stress reduziert

- Checklisten und eine Routine zum regelmäßigen Review – täglich und wöchentlich – von allem, was im zweiten Gehirn gespeichert ist

Intuition

- Checklistenfragen zur Förderung von Achtsamkeit, Selbstreflexion und der regelmäßigen Disziplin, sich seiner Kompetenz – oder Inkompetenz – bewusst zu werden

- „Denkwerkzeuge" zur Förderung von Skrupellosigkeit, indem sie euren Fokus auf die potenziellen Auswirkungen eures Handelns richten, anstatt nur das Bedürfnis zu befriedigen, „beschäftigt" zu sein

EUER CHEF-ICH UND EUER ARBEITER-ICH MITHILFE VON CORD

Die vier Phasen des CORD-Modells (*__C__apture und __C__ollect („Erfassen und Sammeln"), __O__rganize („Organisieren"), __R__eview („Review") und __D__o („Erledigen"))* liefern auch die Struktur, um das Denken vom Tun in unserer Arbeit zu trennen – die Trennung zwischen Chef und Arbeiter. Auch hier geht es um die Förderung des Kompetenzbewusstseins, sodass ihr in Zukunft unbewusste Gewohnheiten entwickelt, die wirkungsvoller sind. Vereinfacht dargestellt sind die „C"- und „D"-Teile von CORD für euer Arbeiter-Ich und die „O"- und „R"-Gewohnheiten für euer Chef-Ich. Organisieren und Review sind die Bereiche, in denen das Denken stattfindet, wo psychologische Schwerstarbeit geleistet wird. Ihr seid schließlich Wissensarbeiter, also betrachtet das „O" und „R" als den schwierigsten Teil eurer Arbeit. Das CORD-Modell soll eure Entscheidungsfindung stärken, euer Bewusstsein schärfen und euch das Gefühl geben, mehr Kontrolle zu haben.

Der Arbeiter in euch möchte einfach nur mit der Arbeit loslegen. Ihr wollt einfach nur die Kirschen auf der Torte platzieren! Das Letzte, was ihr wollt, ist, dass ihr mit einer Menge schwieriger Denkarbeit konfrontiert werdet, die euch gerade dann verwirrt oder ablenkt, wenn ihr wirklich etwas wegschaffen müsst. Die Gewohnheiten „C" und „D" sollen euch also helfen, darauf zu vertrauen, dass euer zweites Gehirn alles unter Kontrolle hat und zu gegebener Zeit das Denken übernehmen wird, sodass ihr euch nicht jetzt darum sorgen müsst.

VERTRAUEN UND EUER ZWEITES GEHIRN

Euer Ziel in den nächsten Kapiteln, in denen wir das CORD-Modell und die verschiedenen Gewohnheiten und Praktiken näher betrachten, ist es, ein zweites Gehirn zu entwickeln, dem ihr vertrauen könnt. Wenn ihr ihm vertraut, werdet ihr es auch nutzen. Wenn ihr es nutzt, werdet ihr ihm auch vertrauen. Ohne dieses Vertrauen investiert ihr Zeit und Aufmerksamkeit in die Entwicklung von etwas, was euch nur ablenkt. Damit sich euer echtes Gehirn entspannen kann, muss es wissen, dass das zweite Gehirn sich um all die stressigen Entscheidungen und Dinge kümmert, an die wir uns erinnern müssen.

Sobald ihr eurem zweiten Gehirn vertraut, stellt sich ein tiefes Gefühl zenartiger Ruhe ein. Ihr seid in der Lage, präsent und im Hier und Jetzt zu sein: auf das konzentriert, was ihr gerade tun müsst, ohne Gedanken an all die anderen Dinge, von denen ihr wisst, dass ihr an ihnen arbeiten müsstet. Ein solches Maß an Einsatzbereitschaft und Kontrolle ist schwer vorstellbar, wenn man so etwas noch nicht erlebt hat; so wie es schwer zu glauben ist, dass man seinen Posteingang auf Null bringen kann! Und genau wie beim Leeren eures Posteingangs ist der schwierigste Teil, Vertrauen zu gewinnen, wohingegen dieses Vertrauen aufrecht zu erhalten, wenn man es erst einmal aufgebaut hat, zu einer leicht zu pflegenden Gewohnheit wird.

Damit sich euer Gehirn wirklich entspannen und das System des zweiten Gehirns die Kontrolle übernehmen kann, müsst ihr sicherstellen, dass jeder Phase des CORD-Prozesses so viel Aufmerksamkeit geschenkt wird wie nötig. Dies ist von Person zu Person und von Rolle zu Rolle unterschiedlich: Wenn ihr zum Beispiel am Empfang arbeitet, habt ihr wahrscheinlich mehr mit Inputs als mit Projekten zu tun – bei eurer Arbeit geht es darum, euch mit dem Unmittelbaren zu befassen, eure Aktivitäten zu organisieren und Entscheidungen an Ort und Stelle zu treffen. Als Firmenchefin habt ihr natürlich immer noch mit E-Mails und Anrufen zu tun, doch ein großer Teil eurer Arbeit dreht sich um

Führung und Management – ihr habt ein Auge auf die Dinge, die durch das Netzwerk von Menschen, die die tatsächliche Arbeit erledigen, vorangetrieben werden sollen. Es ist klar, dass unterschiedliche Menschen mehr Zeit oder Aufmerksamkeit auf unterschiedliche Teile des CORD-Modells verwenden. Es ist jedoch entscheidend, dass, wer immer ihr auch seid, ihr diese vier konkreten Gewohnheiten entwickelt und beobachtet, wie sie sich zu einem kohärenten System zusammenfügen. Wenn wir hier also diese vier Phasen durchgehen, denkt niemals: „Oh, das betrifft mich nicht." Denn das tut es wohl. Die einzige Variable ist, in welchem Ausmaß.

Ich behaupte nicht, dass die Übungen in den nächsten Kapiteln leicht sind. Sie werden auch nicht immer Spaß machen (obwohl ich hoffe, dass ihr sie als befreiend empfinden werdet!). Doch ein voll funktionsfähiges zweites Gehirn zu entwickeln, dem ihr vertraut, *wird* euer Leben verändern. Alles, was wir in den nächsten Kapiteln tun, sind Dinge, die ich für mich selbst auf die harte Tour gelernt und anderen in unseren Workshops beigebracht habe. Ich weiß, was für einen Unterschied diese Dinge machen – und ich weiß auch, dass es sehr schwierig ist, sich über seine Kompetenzen bewusst zu werden und zu versuchen, alte Gewohnheiten zu ändern. Doch vertraut mir, das Endergebnis ist es wert.

Es ist an der Zeit, ein Gefühl von Einsatzbereitschaft und zenartiger Ruhe auf Ninja-Niveau zu erleben, während ihr die harte Arbeit eurem neuen, zweiten Gehirn überlasst.

Das CORD-Produktivitätsmodell

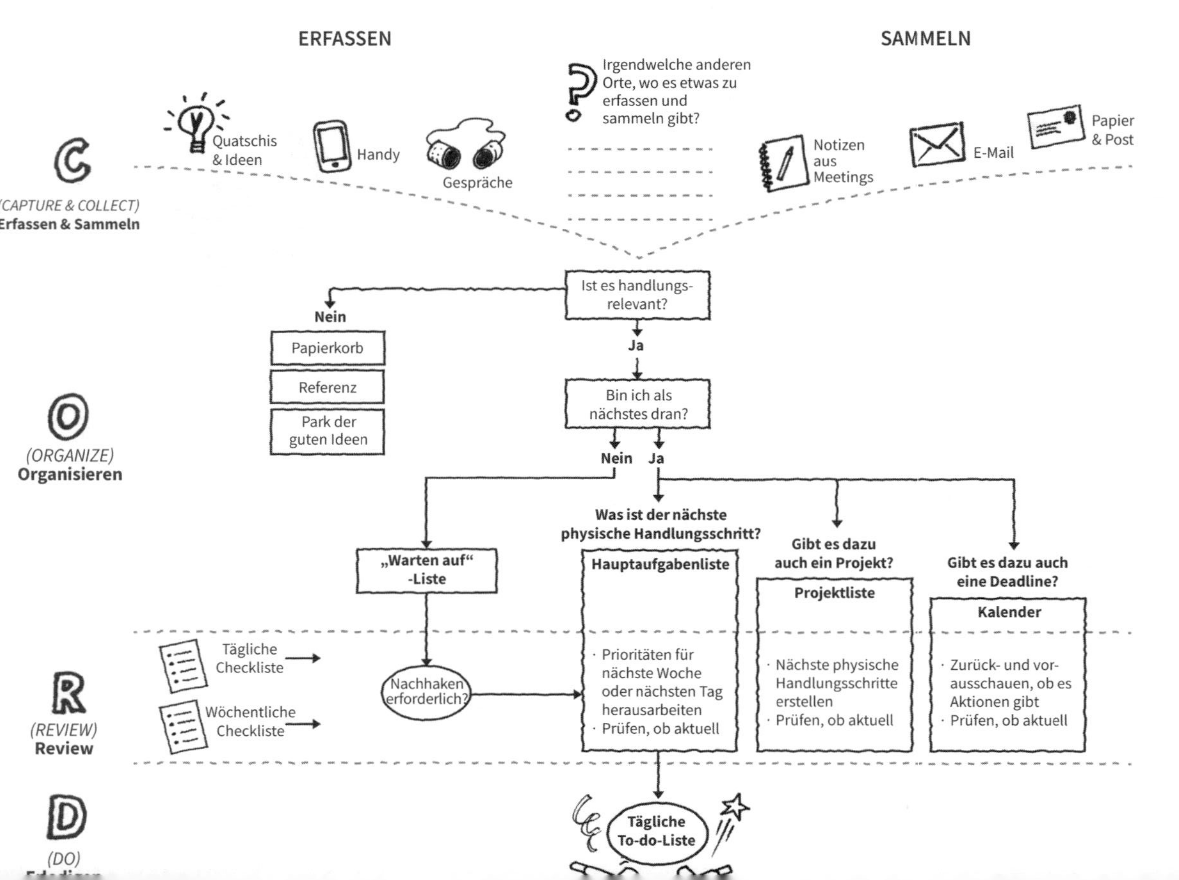

6. DIE GEWOHNHEIT „ERFASSEN UND SAMMELN"

„Ideen kommen von überall her.“
– Alfred Hitchcock

In diesem Kapitel zeige ich euch die erste Stufe des CORD-Modells: die Kunst des Erfassens und Sammelns. Das bedeutet, jeden Stress, jede Sorge oder jede kreative Idee zusammenzubringen, die euch mitteilt, dass etwas erledigt werden muss. Es bedeutet auch, jedes Stückchen Papier einzusammeln, das auf eurem Schreibtisch landet, in eurer Brieftasche steckt, sich auf eurem Küchentisch ansammelt und so weiter. Wir befassen uns auch mit jedem digitalen Input – von E-Mails über Benachrichtigungen bis hin zu Websites und so weiter.

Jedes dieser Elemente wird erfasst und gesammelt, damit wir scharf und konzentriert über sie nachdenken und unser zweites Gehirn als „Gedächtnis“ nutzen können, das all diese Dinge aufbewahrt und uns zum richtigen Zeitpunkt wieder an sie erinnert.

Auf dem Diagramm des CORD-Produktivitätsmodells im vorigen Kapitel seht ihr oben die verschiedenen Elemente des Erfassens und Sammelns. In diesem Kapitel werden wir jedes dieser Elemente der Reihe nach durchgehen und euch am Ende des Kapitels die Gelegenheit geben, über eure eigenen Gewohnheiten in Bezug auf das Erfassen und Sammeln nachzudenken. Unsere erste Aufgabe in unserem Bestreben, alles unter Kontrolle zu bekommen, besteht natürlich darin, herauszufinden, was „alles“ bedeutet! Potenzielle Inputs und Verpflichtungen lauern in jedem Winkel und in jeder Ecke. Wir sehen uns an, was ihr bereits macht, legen fest, wo eure Erfassungs- und Sammelstellen liegen und konzentrieren uns darauf, was ihr verbessern müsst.

Viele Menschen verspüren einen natürlichen Widerstand gegen die Idee, Informationen zu erfassen. Das liegt daran, dass unser Gehirn „Erfassen“ mit „Organisieren“ verwechselt und wir das Gefühl bekommen, dass allein schon das Aufschreiben uns dazu verpflichtet, es auch tatsächlich zu tun. Bevor wir also beginnen, möchte ich betonen, dass es beim Erfassen nicht darum geht, sich zu verpflichten; es geht darum, Klarheit zu gewinnen. Wir müssen uns selbst die Erlaubnis geben, viel mehr Gedanken zu haben, als wir tatsächlich in konkrete Taten umsetzen, und das Festhalten selbst der verrücktesten oder unsinnigsten Ideen ist ein wichtiger Teil dieses Prozesses. Versucht also nicht, euch selbst zu zensieren, und lasst die Phase des Erfassens und Sammelns ohne jegliche Einmischung ihre Arbeit tun: Es steht euch frei, jede erfasste Idee in der Phase des Organisierens zu verwerfen, jedoch nicht vorher. Wenn euch etwas im Kopf herumschwirrt, haltet es fest!

IDEEN ERFASSEN

„Der Vorläufer jeder Handlung ist ein Gedanke."
– Ralph Waldo Emerson

Einer der wichtigsten Schlüssel zu einem guten Aufmerksamkeitsmanagement ist es, unserem Gehirn immer einen Schritt voraus zu sein. Unsere vagen Gedanken in solides Denken umzuwandeln, ist eine unschätzbare Fähigkeit für jeden Ninja-Wissensarbeiter. Man schätzt, dass unser Gehirn im Durchschnitt 65.000 Gedanken pro Tag hat, und während zwar viele davon primitive Dinge sind wie „Hungrig. Brauche Essen", so bewerten wir unsere Arbeit in unseren Köpfen ständig neu. Wenn wir also die Aktivitäten oder Themen, die uns durch den Kopf spuken, nicht festhalten, riskieren wir, dass eine Reihe von Dingen passiert:

- Wir können nicht sicher sein, dass wir die beste Entscheidung darüber treffen, worauf wir unsere Aufmerksamkeit richten sollen, da es potenzielle Vorteile und sogar potenzielle Verpflichtungen geben könnte, die wir noch nicht geklärt haben.
- Wir geraten in Stress.
- Wir haben immer wieder denselben Gedanken, anstatt einfach weiterzumachen und unsere kostbare proaktive Aufmerksamkeit auf konzentriertes Handeln zu lenken. Das hemmt unsere Kreativität und ist einfach nur ineffizient!

Wenn wir unsere Gedanken festhalten und dafür sorgen, dass sie in unserem bewährten zweiten Gehirn gespeichert sind, reicht das in der Regel aus, um das Denken zu beenden und uns wieder der konzentrierten Arbeit zuzuwenden. Der Satz „Ich sammle nur noch meine Gedanken" wird normalerweise mit Menschen in Verbindung gebracht, die nach einer Stressphase langsam wieder runterkommen. Ihr werdet eine zenartige Ruhe in dem Wissen finden, dass ihr alles, was euch durch den Kopf ging, erfasst und gesammelt habt: Vor allem deswegen, weil ihr nun euer schrecklich schlechtes Kurzzeitgedächtnis durch ein viel zuverlässigeres kompensiert habt und nun bereit seid, Entscheidungen über *alle* diese Dinge zu treffen und nicht nur über die, an die ihr euch gerade erinnern könnt.

„Der beste Weg, eine gute Idee zu haben, ist, viele Ideen zu haben."
– Linus Pauling

QUATSCHIS

QUATSCHIS

Ich bin sicher, ihr wisst, was ich meine, wenn ich den hochtechnischen Begriff „Quatschi" verwende. Ich spreche von all den stressigen, panischen, ängstlichen kleinen Gedanken. Ironischerweise sind Quatschis unglaublich geschickt darin, sich genau in dem Moment in den Vordergrund zu drängen, in dem man nichts gegen sie unternehmen kann.

> *„Ich mache mir Sorgen um das Budget!"*

Und, hey, ihr werdet es nicht glauben – wenn ihr im Supermarkt steht und euch Gedanken über das Budget macht, das ihr morgen im Büro fertigstellen müsst, hilft euch das nicht im Geringsten, das Budget auch tatsächlich fertigzustellen. Dem Quatschi ist das völlig egal.

> *„Oh, da fällt mir ein, dass die Party von Lucy und Rohan bald ansteht und ich noch nicht einmal über das Kostüm nachgedacht habe."*

Nun, ihr habt bislang jedenfalls nicht sinnvoll darüber nachgedacht. Ihr habt nicht geklärt, warum das ein Quatschi ist und was ihr tun könnt, um die Dinge voranzutreiben. Ihr wisst nur, dass es etwas zu tun gibt. Und weil ihr noch nicht darüber nachgedacht habt, ist es gut möglich, dass euch derselbe Quatschi schon mehrmals besucht hat. Je weniger ihr euch mit ihnen beschäftigt, desto mehr verfolgen sie euch!

Quatschis sind der Feind eines Ninja. Sie sind anstrengend, beunruhigend und nervig. Schlimmer noch, sie lenken euch von dem ab, was ihr gerade sinnvollerweise tun könntet, sei es, den Einkauf zu erledigen, an etwas zu arbeiten oder einen entspannten Abend mit eurer Familie oder euren Freunden zu genießen und ihnen eure volle Aufmerksamkeit zu schenken.

EURE QUATSCHIS MANAGEN

Jeder erhält Besuch von Quatschis. Ich glaube nicht, dass man sie völlig vermeiden kann. Wenn ihr jedoch ein umfassendes System erstellt, bei dem euer zweites Gehirn alles im Griff hat und bei dem ihr euch an gute Checklisten haltet, die dafür sorgen, dass ihr euch zur rechten Zeit auf die richtigen Dinge konzentriert, könnt ihr die Anzahl der Quatschis, die in eurem Gehirn auftauchen, beschränken. Quatschis sind in Wirklichkeit ein Produkt eures Unterbewusstseins und ein Anzeichen dafür, dass sich euer Überlebensinstinkt zu Wort meldet. Vielleicht versucht unser Reptilienhirn, uns etwas zu sagen: „Kümmere dich darum, sonst ...!"

Sonst was? Sonst stehen wir dumm da, verpassen eine Deadline, vergessen etwas, das wir tun wollten, verpassen eine wichtige Abmachung, verlieren Geld, verlieren Respekt, verlieren *alles*! (Nun, niemand hat behauptet, dass Quatschis rational oder maßvoll sind.)

Quatschis sind im Prinzip wir selbst, wie wir erkennen, dass wir Ängste haben, denen wir etwas Aufmerksamkeit schenken müssen. Wenn wir unbewusst das Gefühl haben, dass wir die potenzielle Gefahr beseitigt oder zumindest vorläufig unter Kontrolle gebracht haben, wird der Quatschi verschwinden. Es gibt zwei Möglichkeiten, unsere Quatschis loszuwerden. Wir können entweder Ninja-Entscheidungen treffen, um sie schnell in konkrete Aktionen umzuwandeln, die in unserem zweiten Gehirn gespeichert werden. Oder wir können den Quatschi einfach erfassen und festhalten, weil wir wissen, dass unser System dafür sorgen wird, dass wir später wieder auf ihn zurückkommen. Diese zweite Option ist nur möglich, wenn ihr darauf vertraut, dass ihr euch dem Quatschi rechtzeitig wieder widmen werdet. Versteht ihr jetzt, warum das Vertrauen in unser zweites Gehirn eine so wichtige Rolle spielt, wenn es darum geht, ruhig zu bleiben und die Kontrolle zu behalten?

WAS TUN, WENN IHR VON QUATSCHIS ÜBERWÄLTIGT WERDET?

Wie bereits erwähnt, ist Meditation eine fantastische Möglichkeit, um von unproduktiven Gedanken an die Zukunft zu einem konzentrierteren und präsenteren Denken zu gelangen. Achtsamkeit ist eine Kunst. Wenn ihr nicht sicher seid, ob Meditation etwas für euch ist, oder wenn ihr gerade im Büro und gestresst seid und einfach nur eine sofortige Erleichterung braucht, dann nehmt euch einen Stift und Papier und schreibt auf, was euch in den Sinn kommt. Ihr könnt schreiben, was ihr wollt – und vielleicht beschließt ihr in ein paar Minuten, das Blatt Papier zu schreddern. Allein die Tatsache, dass ihr eure Quatschis auslagert – sie aus eurem Kopf zu Papier bringt, wo sie objektiver gemanagt werden können –, kann äußerst meditativ wirken. Es ist eine einfache Me-

thode, die euch hilft, zu verstehen, was euch durch den Kopf geht, was eure Sorgen und Instinkte sind. Sie ist auch ein wichtiger erster Schritt.

IDEEN SIND ÜBERALL

„Wenn ich wüsste, woher die Inspiration kommt, würde ich öfter dorthin gehen."
– Leonard Cohen

Es ist ärgerlich, wenn uns unsere besten Ideen unter der Dusche kommen. Das ist wahrscheinlich der einzige Ort, an dem es weder sicher noch praktisch ist, wenn wir unser Handy oder einen Notizblock dabeihaben. Ich habe viele meiner besten Ideen während des Autofahrens, unter der Dusche, auf dem Laufband im Fitnessstudio und so weiter. Unser Gehirn setzt Kreativität und Ideen eher frei, wenn wir mit anderen (oftmals monotonen) Aufgaben beschäftigt sind. Euer zweites Gehirn ist nutzlos, wenn ihr es einfach im Büro lasst. Damit es wirklich ein Teil von euch wird, müsst ihr es überall mit dabeihaben, wo Ideen in der Nähe sind (was überall bedeutet). Das kann so einfach sein wie Dinge auf eurem Handy zu speichern oder auf Zetteln aufzuschreiben. Der Punkt ist, dass ihr auch darüber nachdenken müsst, wie ihr Dinge festhaltet, wenn ihr nicht an eurem Schreibtisch sitzt.

ORTE, AN DENEN IHR EURE IDEEN UND QUATSCHIS ERFASSEN KÖNNT

HANDY

- Die meisten von uns haben ihr Handy überall dabei – gelegentlich auch auf der Toilette, gebt es ruhig zu! Daher ist es naheliegend, das Handy zu nutzen, um etwas direkt festzuhalten.

TO-DO-APPS

- So gut wie jedes Handy, das heutzutage auf dem Markt ist, verfügt über eine integrierte Aufgabenmanagement- oder To-do-App. Wenn ihr nicht vorhabt, diese App auch für die CORD-Phasen Organisieren und Review zu verwenden, dann braucht ihr wahrscheinlich nur die integrierte To-do-App.

SPEZIELLE „ERFASSUNGS"-APPS

- Wenn ihr unterwegs seid oder euch mitten in einem Gespräch befindet, müsst ihr Ideen vielleicht so schnell wie möglich festhalten. Apps wie Captio und Braintoss bieten eine reibungslose Möglichkeit, eure Ideen per Text oder Sprache in die App einzugeben, die euch dann per E-Mail zugeschickt werden, wenn ihr sie später benötigt.

DIKTIER-APPS UND SPRACHERKENNUNG

▶ Es ist schon erstaunlich, dass wir heutzutage alle Freundinnen haben, die Alexa, Siri und Google heißen. Die Verwendung von Diktier- und Spracherkennungsprogrammen ist eine weitere gute Möglichkeit, Dinge schnell zu erfassen. Ihr könnt Siri (oder die „Freundin“ eurer Wahl) bitten, eine Aufgabe zu eurer To-do-Liste hinzuzufügen, und heutzutage haben die meisten Apps eine Sprachintegration. Eine weitere nützliche Möglichkeit, längere Ideen per Sprache zu speichern, ist eine App wie Dragon Dictation oder einen WhatsApp-Chat mit euch selbst zu beginnen, um Sprachnachrichten aufzunehmen und später abzuspielen.

STIFT UND PAPIER

▶ Man könnte meinen, dass bei all dem Gerede über Informationsproduktivität Stift und Papier der Vergangenheit angehören. Ich denke, manchmal gibt es eine gewisse Abneigung gegen die Verwendung von Stift und Papier als Werkzeug, weil es doch heutzutage viel ausgefeiltere Instrumente zu geben scheint. Ich denke, das ist der falsche Ansatz. Mein Fokus liegt stets darauf, was den Job erledigt, mit dem geringsten Aufwand an Vorbereitung, Widerstand und Verzögerung. In den meisten Fällen, vor allem beim Erfassen und Sammeln, haben Stift und Papier eindeutig die Nase vorn.

GESPRÄCHE FESTHALTEN

Viele der Ideen und Inputs, mit denen wir uns befassen müssen, kommen versteckt daher, und wir werden unsere verstohlenen Ninja-Fähigkeiten einsetzen müssen, um sicherzustellen, dass sie uns nicht entgehen. Es ist sehr leicht, Ideen, Quatschis oder Aufgaben zu verpassen oder zu vergessen, die während Gesprächen mit unseren Chefs, Kolleginnen oder Freunden aufkommen – weil wir das Gespräch nicht unterbrechen wollen, um etwas festzuhalten, sagen wir uns, dass wir das später machen werden, sobald das Gespräch beendet ist – und dann, da wir Menschen sind, vergessen wir es manchmal einfach.

Haltet also möglichst alles bereits während des Gesprächs fest. Wenn ihr eine Notiz auf eurem Handy aufnehmt, teilt das euren Kollegen mit, damit sie nicht denken, ihr würdet eine SMS an jemand anderen schicken! Hier folgen einige Situationen, auf die ihr achten solltet:

GESPRÄCHE IM BÜRO MIT EURER CHEFIN

- Wenn ihr euch mit eurer Chefin unterhaltet, erwartet sie wahrscheinlich, dass ihr in der Folge etwas erledigt. Vielleicht sprecht ihr über ganz konkrete Maßnahmen, oder es handelt sich um eher vage Diskussionen, bei denen ihr noch weiter nachdenken, recherchieren oder nachhaken müsst. Nehmt euch nach jedem Gespräch mit eurer Chefin einen Moment Zeit, um nachzudenken und buchstäblich eure Gedanken zu sammeln – legt diese dann in eurem zweiten Gehirn ab, um sie später zu ordnen!

MEETINGS

- Achtet darauf, dass alle euch betreffenden Aufgaben mit dem Sitzungsprotokoll übereinstimmen, um sicherzustellen, dass eure Version dessen, was vereinbart wurde, mit der aller anderen übereinstimmt. Wenn ihr eure eigenen Notizen zu einem Meeting verfasst und euch auf diese verlasst, solltet ihr über eine Art Code nachdenken, damit ihr schnell auf etwaige Aktionen oder Maßnahmen zugreifen könnt, ohne die kompletten Notizen lesen zu müssen. Ich verwende ein einfaches Sternchen, um meine Notizen von den Aufgaben, Ideen und Quatschis zu trennen, die in mein zweites Gehirn übertragen werden müssen.

SOZIALE MEDIEN

- So viele unserer Gespräche finden elektronisch statt. Während E-Mails leicht zu sammeln, organisieren, überprüfen und zu bearbeiten sind – und zwar direkt in Outlook oder dem von euch verwendeten Programm –, ist es bei sozialen Medien aufgrund der schieren Menge an Informationen schon schwieriger. Die Unterscheidung zwischen Arbeit und privat kann zum Beispiel bei Twitter viel unschärfer sein als bei E-Mails, sodass wir dort vielleicht nicht die Gewohnheit pflegen, alle Verpflichtungen, die wir gegenüber anderen eingehen, zu erfassen, und dann Gefahr laufen, Dinge zu übersehen.

SPRACHNACHRICHTEN

- Der Anrufbeantworter unseres Handys kann einer der Orte sein, an denen Dinge verloren gehen, vor allem, wenn es euch wie mir geht und ihr eure

Sprachnachrichten unterwegs abhört und nicht immer die Zeit habt, die daraus resultierenden Aufgaben zu erfassen. Das ist trotz all meiner Ninja-Fähigkeiten nach wie vor einer der Schwachpunkte in meinem eigenen System. In den letzten Jahren habe ich jedoch gelernt, dass diese Art von Schwachpunkt leicht zu beheben ist – mit Hilfe der Checklisten, die wir etwas später im Rahmen des Reviews behandeln werden.

SAMMELN

Neben dem proaktiven Erfassen von Ideen, Quatschis und potenziellen Aktionen müssen wir sicherstellen, alle Papierschnipsel oder digitalen Informationen zu sammeln, die wir organisieren müssen. Jeder von uns hat eine ziemlich konstante Anzahl von „Sammelstellen“, an denen Informationen regelmäßig und automatisch eintreffen. Die offensichtlichsten und am häufigsten genutzten Orte sind für Berufstätige der E-Mail-Posteingang und die eintreffenden Unterlagen und Briefe auf dem Schreibtisch. In Bezug auf euren E-Mail-Posteingang haben wir uns bereits angeschaut, wie ihr den Hauptbereich eures Posteingangs als Sammelstelle nutzen könnt: Die Anlaufstelle, in der neue Informationen darauf warten, dass über ihr Schicksal entschieden wird. Glücklicherweise verfügt fast jede E-Mail-Software über einen Posteingang und damit über eine eingebaute Sammelstelle, von der aus wir den CORD-Prozess beginnen können. Wenn ihr es bis hierher geschafft habt, habt ihr erfahren, wie wichtig es ist, euren E-Mail-Posteingang leer zu halten, und zwar aus einem ganz offensichtlichen Grund: Es gibt euch den Seelenfrieden, den Entscheidungsprozess, der im Zusammenhang mit diesen Informationen stattfinden muss, im Griff zu haben (dieser Entscheidungsprozess ist die eigentliche Grundlage für die Gewohnheit Organisieren).

SAMMELSTELLEN

Für Briefe oder Papierkram wie zum Beispiel Formulare, die im Büro herumschwirren, haben viele Menschen einen Stapel von Ablagen auf ihrem Schreibtisch („Eingang“ und „Ausgang“). Wenn eure Ablage derzeit lediglich als zusätzliches Regal für Akten dient, dann erfahrt ihr im Kapitel „Organisieren“, wie ihr sie euch wieder zunutze machen könnt. Wenn ihr kein eigenes Eingangsfach habt, nehmt euch einfach eine Minute Zeit, um darüber nachzudenken, wo ihr oder andere neue Briefe oder Unterlagen ablegen könnten, wenn ihr an euren Schreibtisch zurückkehrt – wahrscheinlich gibt es einen Bereich, den ihr bereits instinktiv als Sammelstelle nutzt, ohne ihn offiziell als solchen gekennzeichnet zu haben.

POSTEINGANGSFACH

- Posteingangsfächer eignen sich gut als Sammelstelle für Briefe, Formulare und andere Unterlagen sowie als „Organisationspunkt“ für all die Gedanken, die ihr auf Zetteln festgehalten habt.

- Auch für zuhause lohnt es sich, in eine Art Ablagefach zu investieren. Auch wenn es sich vielleicht übertrieben anfühlen mag, so werdet ihr doch feststellen, dass ein solches Fach die Anzahl der Stapel reduziert, die sich an jedem Ort im Haus mit einer sauberen und ebenen Oberfläche auftürmen! Es gibt Dinge, die ihr von der Arbeit mit nach Hause bringt, Quittungen und Notizen, die ihr mit ins Büro nehmen müsst, und natürlich auch Dinge in eurem Privatleben, die ihr nach denselben Prinzipien des Erfassens und Sammelns ablegen möchtet. Ein Fach pro Person ist doppelt empfehlenswert, und ich kann persönlich bezeugen, dass dies zu glücklicheren Beziehungen führt! Wenn ihr euer Fach schließlich in der Nähe der Eingangstür aufstellt, werdet ihr dazu ermutigt, es regelmäßig zu leeren: Werbepost und Altpapier kommen schneller an ihren Platz, und auch die Dinge, die im Büro gebraucht werden, kommen schneller dorthin zurück.

PORTEMONNAIE/GELDBÖRSE

- Wenn ihr wie ich einen Teil eurer Arbeit außerhalb des Büros verrichtet, habt ihr wahrscheinlich Reisetickets und Quittungen, die ihr als Ausgaben geltend machen könnt. Auch diese müsst ihr sammeln. Wie die meisten von uns auf die harte Tour gelernt haben, kann es leicht passieren, dass man Quittungen verliert oder nicht weiß, wofür sie eigentlich waren, vor allem, wenn man sie erst nach längerer Zeit einsammelt und ordnet.

A4-PLASTIKHEFTER

- Wenn ich unterwegs bin, habe ich zwei sehr wichtige A4-Plastikhefter in meiner Laptoptasche dabei. Einer ist mit „Fürs Büro“ und der andere mit „Für zuhause“ beschriftet. Wenn sich unterwegs Papierkram ansammelt, dienen diese Ordner als temporäre Posteingangsfächer – in meiner Tasche –, bis ich das auf der Vorderseite des Ordners angegebene Ziel erreiche. Im Laufe der Jahre habe ich festgestellt, dass diese Ordner von unschätzbarem Wert sind. Erstens vermeiden sie die Gefahr, dass ich lose Papiere in meine Tasche stecke und sie im besten Fall zerknittern oder im schlimmsten Fall verloren gehen. Zweitens kann ich so nach meiner Rückkehr zur Basis leicht darauf zugreifen und die richtigen Dinge in die richtigen Fächer legen, egal wo ich bin.

COMPUTER-DESKTOP

► Habt ihr eine Million kleiner Symbole alter Word-Dokumente auf eurem Desktop oder einfach nur ein schönes Bild eines friedlichen Sees oder einer Bergkette? Der Desktop eures Computers ist eine wahre Fundgrube für zwei Arten von Dateien oder Ordnern: die äußerst nützlichen und die äußerst unnützen. Unsere Faulheit führt dazu, dass wir wichtige Dokumente hier speichern, anstatt zu riskieren – Achtung! –, sie an einem vernünftigen Ort zu speichern! Und der Himmel bewahre uns davor, die Suchfunktion benutzen zu müssen, um die Datei wiederzufinden, wenn wir sie nicht sofort finden! Und so wird unser Computer-Desktop plötzlich zu einer weiteren Sammelstelle. Das erfordert allerdings ein wenig Organisation. Legt einen Ordner mit der Bezeichnung „Desktop Eingang“ an, in den ihr regelmäßig all diese wahllosen Dokumente einsortiert. Sobald sich dort einiges angesammelt hat, könnt ihr ein paar Minuten damit verbringen, sie alle an den richtigen Ort zu verschieben, oder natürlich alles löschen, was ihr nicht braucht!

EURE SAMMELSTELLEN **REDUZIEREN**

Wenn ihr darüber nachdenkt, wo eure Sammelstellen sind, solltet ihr auch bedenken, dass eure Aufgabe nicht nur das Sammeln, sondern auch das Leeren ist! Versucht, euer System so zu gestalten, dass es möglichst wenig Widerstand hervorruft: Wenn ihr zum Beispiel wisst, dass ihr noch drei weitere E-Mail-Postfächer überprüfen müsst, nur um zu sehen, dass sie leer sind, werdet ihr es wohl eher nicht tun. Vielleicht könntet ihr also alle eure E-Mail-Konten an einen einzigen Ort weiterleiten lassen, damit es einfacher wird und ihr euch die Einrichtungszeit und den psychologischen Stress erspart. Und wenn wir schon dabei sind, dann könnt ihr auch Nachrichten aus den sozialen Medien an eine E-Mail-Adresse weiterleiten lassen. Nehmt euch also auf jeder dieser Webseiten ein paar Minuten Zeit und geht die Einstellungen durch. Tut das aber nur, wenn euch das auch wirklich davon abhält, die sozialen Medien zu checken – ihr wollt ja nicht noch mehr Ablenkung in eurem Posteingang schaffen!

ÜBUNG: MEINE SAMMELSTELLEN REDUZIEREN

Was ihr benötigt:	Stift und Papier, aktive/proaktive Aufmerksamkeit
Wie lange es dauert:	10 Minuten
Ninja-Mentalität:	Waffenfertigkeit

Bevor wir mit der Implementierung eures eigenen CORD-Produktivitätssystems beginnen, müssen wir sicherstellen, dass wir uns über den richtigen Aufbau im Klaren sind. Schreibt für diese Übung eine Liste aller Sammelpunkte in eurem System auf. Dabei kann es sich um Werkzeuge handeln, die ihr bereits verwendet, um neue Dinge, die ihr einführen wollt, oder um neue Methoden, alte Werkzeuge zu nutzen. Wichtig ist, dass ihr diese Frage beantwortet habt:

> *„Woher weiß ich, dass ich alles erfasst und gesammelt habe, was für eine potenzielle Aktion in Frage kommt, die sich auch lohnt?“*

In dem Diagramm des CORD-Produktivitätsmodells (S. 156) seht ihr, dass wir Papierkram, Post, E-Mails, Notizen aus Meetings und Gesprächen, Dinge auf eurem Handy oder wo auch immer ihr eure Ideen und Quatschis erfasst, haben.

Es ist ein großer Unterschied, ob man weiß, dass alles da ist, oder ob man glaubt, dass trotz aller Bemühungen noch etwas unter den Tisch fällt. Erstellt also eure Liste auf der nächsten Seite.

Meine Sammelstellen:

1. ....

2. ....

3. ....

4. ....

5. ....

6. ....

7. ....

8. ....

9. ....

10. ....

11. ....

12. ....

13. ....

14. ....

15. ....

Jetzt, wo ihr eure Liste aller Sammelstellen habt: Könnt ihr eure Gewohnheiten so ändern, dass ihr in Zukunft weniger Sammelstellen regelmäßig leeren müsst? Könnt ihr damit beginnen, ein neues Werkzeug zu nutzen? Oder könnt ihr einige Dinge zusammenführen? Denkt daran, dass ihr jede dieser Sammelstellen nicht nur überprüfen, sondern auch regelmäßig leeren müsst, sodass ihr letztendlich wahrscheinlich nicht mehr als zehn haben wollt. Schreibt hier eure finale Liste aller Sammelstellen auf, zusammen mit allen Änderungen, die ihr aufgrund dieser Frage gerade vorgenommen habt oder zukünftig vornehmen wollt.

Meine finale Liste aller Sammelstellen:

1. ....
2. ....
3. ....
4. ....
5. ....
6. ....
7. ....
8. ....
9. ....
10. ....

ÜBUNG: DAS GROSSE ERFASSEN UND SAMMELN!

Was ihr benötigt: Ein Ablagefach oder eine Kiste, die als solches fungieren kann, einen Stift, einen Stapel Schmierpapier, proaktive/aktive Aufmerksamkeit im Chefmodus. Zugang zu allen nicht abgehefteten Unterlagen, Quittungen, Belegen, Post-its, Ausdrucken, ...

Wie lange es dauert: 20-60 Minuten

Ninja-Mentalität: Skrupellosigkeit, Agilität, Einsatzbereitschaft

Wir wollen nun euer System zum Laufen bringen, also lasst uns mit einer Übung beginnen, um den ersten Teil dieser Aufgabe zu erfüllen. Diese Übung führen wir in einigen unserer Workshops durch, und wir haben sie mit wirklich allen durchgeführt, von leitenden Angestellten bis hin zu Sekretärinnen, von Vermieterinnen bis hin zu Jugendarbeitern, von Webdesignern bis hin zu Lehrerinnen. Es gibt zwei Reaktionen darauf: Die einen finden es befreiend und wundervoll, den Kopf freizubekommen, die anderen finden es stressig, weil es alle möglichen Widerstände hervorruft und sie das Gefühl haben, dass sie vorübergehend die Kontrolle verloren haben. Wenn ihr Letzteres empfindet, vertraut mir einfach. Ich weiß, was als Nächstes kommt, und ich weiß, dass ihr euch viel besser fühlen werdet, wenn ihr es geschafft habt! Diese Übung kann für manche Menschen mehr als eine Stunde dauern, sorgt also dafür, dass ihr die nötige Zeit dafür habt – am besten mit etwa fünf Minuten Erholungszeit am Ende, denn es kann ziemlich intensiv werden!

SCHRITT EINS

Nehmt euch ein Ablagefach, entweder zu Hause oder im Büro. Wenn ihr keines habt, sucht euch eine Kiste oder einen Karton, in den mindestens Dinge in der Größe eines DIN-A4-Blatts passen.

SCHRITT ZWEI

Schnappt euch einen Stift und einen Stapel Schmierpapier oder einen Schreibblock.

SCHRITT **DREI**

Reißt einen kleinen Streifen Papier ab und schreibt darauf etwas, was euch beschäftigt, weil es gerade nicht erledigt wird. Legt den Zettel in euer Ablagefach, sobald ihr ihn beschrieben habt. Dabei kann es sich um etwas handeln, was euch unter den Nägeln brennt, um eine Aufgabe, die ihr im Hinterkopf habt, oder auch nur um eine vage Idee, dass bei einem bestimmten Projekt oder Problem Handlungsbedarf besteht.

SCHRITT **VIER**

Wiederholt Schritt Drei – wieder und wieder und wieder ... und immer wieder.

ES GIBT DABEI NUR EIN PAAR REGELN:

- Schreibt nur einen Gedanken oder eine Idee pro Zettel auf.
- Wenn ihr bereits eine To-do-Liste habt (von der ihr hoffentlich gerade feststellt, dass sie völlig unvollständig ist!), könnt ihr diese einfach zu dem Stapel hinzufügen – ihr müsst nicht jeden Punkt darauf auf separate Zettel schreiben.
- Wenn sich in eurem „@Action"-Ordner E-Mails befinden, die euch an Dinge erinnern, die ihr *außerhalb* von E-Mail erledigen müsst, könnt ihr diese E-Mails löschen und stattdessen Zettel verwenden und diese in die Ablage legen.
- Nehmt diese Zettel nicht mehr in die Hand, sobald sie geschrieben und in die Ablage gelegt wurden.
- Hütet euch vor dem Widerstand dagegen, mehr zu schreiben.
- Schreibt mehr.
- Versucht *nicht*, Prioritäten zu setzen, zu organisieren oder anderweitig zu „managen", was ihr gerade erfasst habt. In diesem Stadium üben wir uns nur in der Kunst des Erfassens und Sammelns.
- Wenn es eine gute Idee zu sein scheint, schreibt sie auf.

- Wenn es eine schlechte Idee zu sein scheint, schreibt sie trotzdem auf.
- Wenn es sich eher wie eine Sorge oder ein Quatschi anfühlt als ein wirklich handlungsrelevanter Punkt, schreibt es dennoch auf.
- Die Gewinnerin ist diejenige, die die meisten Zettel in ihrem Fach hat, also fühlt euch nicht eingeschränkt, lasst euch nicht stressen und ... schreibt.

Irgendwann gehen euch wahrscheinlich die Ideen aus, was ihr aufschreiben könntet. Denkt an die verschiedenen Rollen, die ihr im Leben spielt (Elternteil, Partnerin, Kind, Angestellter, Managerin, Coach, Chefköchin und Buchhalterin eures Haushalts, Vermieter, ehrenamtlich Tätige, ...). Die meisten von uns spielen viele verschiedene Rollen im Leben, und vielleicht habt ihr eure Aufmerksamkeit mehr auf einige und weniger auf andere gerichtet.

WORAN ERKENNT IHR, DASS IHR FERTIG SEID?

Wenn ihr wirklich das Gefühl habt, dass ihr nichts mehr aufzuschreiben habt, seid ihr bereit, weiterzumachen. Wenn ihr ein paar Minuten gegrübelt habt und euch nichts eingefallen ist, könnt ihr diese Übung beenden und alles, was euch noch einfällt, später aufschreiben.

SCHRITT ***FÜNF***

Mittlerweile solltet ihr ein Ablagefach oder eine Schachtel mit vielen Zetteln haben, auf denen jeweils ein Gedanke oder ein Quatschi steht, der noch nicht erledigt ist. Im wirklichen Leben jedoch gibt es, sobald ihr dieses Buch weggelegt habt, viele weitere Dinge, die festgehalten und gesammelt werden müssen. Wenn ihr also gerade zu Hause seid, geht doch ein wenig durch eure Wohnung. Nehmt alles, was herumliegt, weil es darauf wartet, dass etwas damit gemacht wird, und fügt es eurer Ablage hinzu. Das können zum Beispiel die Gutscheine sein, die ihr im Supermarkt einlösen müsst, das Buch, das ihr zurück ins Büro bringen müsst, die Einverständniserklärung, die zurück zur Schule eures Kindes muss, ... Wenn ihr im Büro seid, sind da vielleicht eine ganze Reihe von Stapeln, verblasste Post-it-Zettel oder Ausgabenbelege, die sich in dunklen Schubladen verstecken. Auch hier gilt: Achtet nicht auf die Priorität der Aufgaben, die sich hinter diesen Zetteln oder Gegenständen verbergen könnten.

SCHRITT SECHS

Schließlich müsst ihr alle anderen Sammelstellen berücksichtigen, die möglicherweise wertvolle Informationen enthalten. Gibt es an diesen Orten noch etwas, was ihr zu eurer Ablage hinzufügen könnt? Ist jede dieser Sammelstellen so eingerichtet, dass sie sofort genutzt werden kann? Nehmt euch ein paar Minuten Zeit, um sicherzustellen, dass sie auch wirklich einsatzbereit sind. Wenn ihr Sammelstellen an einem anderen Ort einrichten müsst und euch das jetzt noch nicht möglich ist, notiert auf einem Blatt Papier, was zu tun ist, und legt es in eure Ablage!

Und schon seid ihr fertig! Jeder Gedanke, jeder Quatschi, jede vage Idee ist nun erfasst und gesammelt und bereit, bearbeitet zu werden. Ich möchte noch einmal betonen, dass es nicht ungewöhnlich ist, dass sich Menschen am Ende dieser Übung gestresst fühlen. Der Verstand hat einen mächtigen Einfluss auf unsere Fähigkeit, in Aktion zu treten. Wenn ihr euch nun also gestresst fühlt, geht schnell zum Abschnitt Organisieren, wo wir das beheben werden. Und wenn ihr begeistert von dem seid, was ihr gerade erreicht habt, ist auch das ganz natürlich – es ist nun an der Zeit, euch geschickt und skrupellos wie ein wahrer Ninja durch eure umfangreiche Ablage zu wühlen!

Seid ihr ein Ninja?

- Die Agilität eines Ninja beruht auf seiner Fähigkeit, eintreffende Ideen zu erfassen und zu sammeln, und sich dabei gleichzeitig auf die gegenwärtige Aufgabe zu konzentrieren.
- Ein Ninja ist vorbereitet: Indem er alles erfasst und sammelt, was ihm durch den Kopf geht, stellt er sicher, dass er bereit ist, in die Phase des Organisierens einzutreten. Ein Ninja weiß, wie er eine zenartige Ruhe erlangt: Er ist skrupellos, vorbereitet und achtsam.
- Ein Ninja erlangt zenartige Ruhe durch klares Denken. Alles ist aus dem Kopf und in einem zweiten Gehirn gespeichert, dem er vertrauen kann.

7. DIE GEWOHNHEIT „ORGANISIEREN“

„In meiner Jugend legte ich Wert auf Freiheit, und im Alter nun auf Ordnung. Ich habe die große Entdeckung gemacht, dass Freiheit ein Produkt von Ordnung ist.“
– Will Durant

Mittlerweile habt ihr alles erfasst und gesammelt. Jetzt ist es an der Zeit, die Kraft des zweiten Gehirns zu entfesseln, indem wir zur Gewohnheit Organisieren übergehen. Das Ziel ist hier ähnlich wie bei eurem E-Mail-Posteingang, nämlich eure Ablage leer zu bekommen. Natürlich ist der Inhalt eurer Ablage etwas vielfältiger als der eures Posteingangs, doch das Prinzip ist dasselbe.

DIE DREI EBENEN VON LISTEN

Die Gewohnheit Organisieren findet im Chefmodus statt, daher hat der Produktivitäts-Ninja natürlich ein Auge auf sein Arbeiter-Ich (im Erledigen-Modus) und wird daher alles so vorbereiten, dass es einem spielerischen, produktiven Momentum und größtmöglicher Kontrolle so zuträglich wie möglich ist. Das primäre Ziel der Organisieren-Phase ist es also, dafür zu sorgen, dass unser Arbeiter-Ich vorbereitet ist und dass wir klar und überzeugt sind, was wir zu tun haben. Hier werden wir zunächst über die erforderlichen Strukturen sprechen und dann die besten Werkzeuge (Papier, Apps, ...) diskutieren. Eine Standard-To-do-Liste reicht einfach nicht aus, um die verschiedenen Ebenen der Komplexität zu bewältigen, mit denen wir bei unserer Wissensarbeit konfrontiert sind – von unmittelbaren Aktivitäten über die Dinge, die wir tun *könnten*, bis hin zu umfassenderen Aufgaben auf Projektebene. Einer der Gründe, warum unsere Standard-To-do-Listen nicht funktionieren, ist der, dass sie oft versuchen, das zu erreichen, was wir hier in drei verschiedene Listen aufteilen werden – und dabei bei allen dreien scheitern. Wir werden daher drei verschiedene Ebenen von Listen erstellen, die die Eckpfeiler unseres zweiten Gehirns bilden:

- ***DIE PROJEKTLISTE***
- ***DIE HAUPTAUFGABENLISTE***
- ***DIE TÄGLICHE TO-DO-LISTE***

In diesem Kapitel werden wir uns auf diese drei Listen und andere Schlüsselkomponenten der Gewohnheit Organisieren konzentrieren. Als Nächstes werden wir uns ansehen, wie wir die richtigen Fragen in einer logischen Reihenfolge stellen können, um das Organisieren einfacher und intuitiver zu gestalten. Gegen Ende des Kapitels befassen wir uns dann mit einigen praktischen Aspekten, wie ihr euer zweites Gehirn am besten einrichtet. Und in der Übung am Ende des Kapitels seid natürlich ihr dran!

DIE PROJEKTLISTE

Schauen wir uns zunächst die höchste der drei Ebenen an. Wir werden eine einzige Projektliste verwenden, um den Überblick über alle Projekte zu behalten, an denen wir gerade arbeiten. Ich würde ein Projekt als eine Sammlung von Aktionen definieren, die ein bestimmtes Ziel erreichen sollen. Ein Projekt ist also jede Art von Aufgabe, die mehr als ein paar Handlungsschritte erfordert, unabhängig davon, wie groß oder klein sie sind.

So wird zum Beispiel der Kauf eines neuen Handys nach Ablauf des Vertrags oft als eine zu erledigende Aufgabe angesehen, obwohl das natürlich nicht der Fall ist. Das gewünschte Ergebnis ist ein neues, einsatzbereites Handy, eventuell auch bei einem neuen Anbieter. Doch um dieses Ziel zu erreichen, bedarf es einer Reihe von Handlungen, zum Beispiel nach Handys im Internet recherchieren, unseren derzeitigen Anbieter kontaktieren, Tarife vergleichen und über unsere derzeitige Nutzung nachdenken, mit Freunden über deren Erfahrungen sprechen, den örtlichen Telefonladen aufsuchen, das Handy kaufen, es aktivieren, Apps herunterladen, ... Das ist eine Sammlung von Handlungsschritten, die ein Projekt ausmachen.

Selbst wenn es nur ein paar Handlungsschritte sind, das gewünschte Endergebnis jedoch mehr als eine Woche Zeit in Anspruch nimmt, würde ich es als Projekt einstufen. Eines der Probleme mit einer Standard-To-do-Liste ist, dass es bei nur einer Liste keinen Gesamtzusammenhang gibt. Wir vermischen die kleinsten Aktionen mit den größten Projekten auf einer einzigen Liste und wundern uns dann, warum wir uns überfordert fühlen! Eure Projekte auf diese Weise zu trennen, ist der erste Schritt, um die Kontrolle wiederzuerlangen.

Eure Projektliste ist im Prinzip lediglich eine Checkliste aller aktuellen Projekte, an denen ihr arbeitet. Ihr braucht sie nicht täglich zu benutzen, wir werden jedoch auf sie zurückkommen, wenn wir im nächsten Kapitel über die Gewohnheit „Review“ sprechen. Eure Projektliste muss auch nicht sehr detailliert sein. Sie dient in erster Linie dazu, dass ihr euch mindestens einmal pro Woche auf einer etwas strategischeren Ebene mit ihr befasst.

Die Projektliste führt zu Handlungsschritten. Aus jedem Projekt ergeben sich Handlungsschritte, und natürlich entstehen mit dem Fortschreiten der Projekte wieder neue Aktionen und werden der Hauptaufgabenliste hinzugefügt, damit sie abgeschlossen werden können.

WIE MAN EIN PROJEKT BENENNT

Wenn ihr über die Definition und Benennung eurer Projekte nachdenkt, ist es wichtig, dass ihr euch ein erfolgreiches Endergebnis vorstellt. Denkt also über die folgenden Fragen nach:

- Was ist das angestrebte erfolgreiche Endresultat?
- Wie kann ich den Erfolg messen?

Diese beiden einfachen Fragen helfen uns nicht nur dabei, ein Projekt zu definieren, sondern auch, es zu benennen. Ein guter Tipp ist, den Namen des Projekts mit der Messbarkeit des Erfolgs zu verknüpfen. Sprecht zum Beispiel statt von „Konferenz“ von einer „Konferenz mit 100 Teilnehmern“ oder statt „TÜV“ von „TÜV bis 21. März bestanden“.

WIE IHR EURE PROJEKTLISTE ORGANISIERT

In eurer Projektliste könnt ihr die Projekte in Rubriken gruppieren oder organisieren, um die Liste übersichtlicher zu gestalten und die Navigation zu erleichtern. Ihr könnt die Projekte auf jede beliebige Art und Weise organisieren oder gruppieren.

Die naheliegendste Methode ist die Einteilung in einige einfache Kategorien. Zum Beispiel ...

Arbeitsprojekte:

....

....

Privatprojekte:

....

....

Wenn ihr etwas mehr Komplexität benötigt, könnt ihr eure Arbeitsprojekte in einige einfache Unterkategorien aufteilen. Hier sind ein paar Beispiele für Arbeitsprojekte:

Arbeit – Vertrieb:

....

....

Arbeit – Personal:

....

....

Arbeit – Finanzen/Budget:

....

....

Ich persönlich habe eine Reihe verschiedener Projektkategorien, die sich auf die verschiedenen „Abteilungen“ von Think Productive beziehen (Kunden, Intern, Workshops, ...), sowie Kategorien für persönliche Projekte, Wohltätigkeitsorganisationen, ... Es ist hilfreich, eine Projektliste mit solch systematischen Rubriken wie diesen zu führen, damit ihr beim Review alle Vertriebsprojekte an einem Ort seht, alle Personalprojekte, dann alle Finanzprojekte und so weiter.

Wenn ihr eine Managementsoftware oder eine To-do-App verwendet, seid ihr manchmal dadurch eingeschränkt, dass die Namen eurer Projekte in alphabetischer Reihenfolge erscheinen. Ich umgehe dies, indem ich Buchstaben und Zahlen verwende, um sicherzustellen, dass meine Projekte in der richtigen Reihenfolge erscheinen. So enthält zum Beispiel meine To-Do-App, die ich für das Schreiben dieses Buches verwende (Nozbe – dazu später mehr!), eine Reihe verschiedener Projekte, denen jeweils ein Buchstabe und eine Zahl vorangestellt sind, um sicherzustellen, dass sie in meiner Projektliste zusammenbleiben (das „B“ steht hier also einfach für „Buch“!) und auch in der logischsten Reihenfolge stehen:

B1 – Schreiben

B2 – Lektorat

B3 – Korrekturlesen

B4 – Grafikdesign

B5 – Website online

B6 – Marketing und PR

B7 – Veröffentlichung

Für meine privaten Projekte verwende ich den Buchstaben „P“:

P – Inspektion und TÜV bis zum 21. März

P – Familie im Juni in Brighton besuchen

P – Wohnungssuche (Entscheidung über das Viertel bis 1. Februar)

Es gibt noch viele weitere Möglichkeiten, Projektlisten zu kategorisieren. Matthew, einer unserer Produktivitäts-Ninja bei Think Productive, verwendet eine praktische ABCDE-Kategorisierung für seine Projektliste:

A = Akquise

B = Verhandlung

C = Vertrag

D = Lieferung

E = Zahlung

Die ABCDE-Methode spiegelt den Geschäftsprozess wider. Was auch immer ihr tut, ihr werdet sicherlich feststellen, dass eure Arbeit in eine oder mehrere dieser Kategorien passt. Ich persönlich habe eine gute Bandbreite an Projekten, die in diese Kategorien fallen. A steht für „Akquise“, also neue Kunden finden. Dazu gehören Dinge wie Marketingaktivitäten, Öffentlichkeitsarbeit, Networking, Werbeveranstaltungen, Konferenzen und so weiter. Danach folgt B, „Verhandlung“, also die Phase, in der ihr mit einer potenziellen Kundin ein Geschäft besprecht und darauf hinarbeitet, dass sie auf der gepunkteten Linie unterschreibt. Als nächstes kommt C, „Vertrag“, und deckt den Prozess ab, in dem das Geschäft tatsächlich abgeschlossen wird. D ist die tatsächliche Arbeit – die Erfüllung der vertraglichen Verpflichtungen. Und schließlich E, „Zahlung“, das heißt, dafür sorgen, dass die Rechnungen verschickt werden. Eine gute Art, Projekte zu gruppieren. Vielleicht findet ihr das nützlich, vielleicht habt ihr aber auch etwas Passenderes im Sinn. Ein guter Ausgangspunkt, um darüber nachzudenken, wie ihr eure Projekte am besten organisieren könntet, ist eure Stellenbeschreibung (falls ihr eine habt!). Vielleicht denkt ihr jetzt, dass eure Rolle mittlerweile viel umfassender ist als das, was in der ursprünglichen Stellenbeschreibung stand. Sie ist trotzdem kein schlechter Ausgangspunkt – ihr könnt beliebige Anpassungen, Bearbeitungen und Ergänzungen vornehmen.

Macht euch nicht zu viele Gedanken über die Details, was auf eurer Projektliste stehen sollte, oder darüber, wie die Reihenfolge oder die Nummerierung aussehen soll. Wir werden in der Übung am Ende dieses Kapitels darauf zurückkommen.

Der Sinn einer Projektliste besteht darin, euch jede Woche ein paar kurze Augenblicke Zeit zu nehmen und euch zu zwingen, die für extreme Klarheit notwendige Denkarbeit zu leisten, indem ihr herausarbeitet, wozu ihr euch tatsächlich verpflichtet habt. Die meisten Menschen, mit denen ich zusammenarbeite, haben vielleicht eine gemeinsame Projektliste für das gesamte Team, in der auch *einige* ihrer persönlichen Verantwortlichkeiten aufgeführt sind, doch die Wahrscheinlichkeit ist groß, dass sie den Rest ihrer Projekte in gar keinem strukturierten Format erfasst haben. Das hat zur Folge, dass diese Menschen ihre Projekte auf die gleiche Weise erfassen, wie ihre Aufgaben und beides in einer Standard-To-do-Liste vermischen, in der dann Fünf-Minuten-Aktionen neben fünf Monate dauernden Projekten stehen. Das erschwert den Überblick, vor allem dann, wenn so viele dieser Projekte mehr Zeit zum Nachdenken erfordern als tatsächlich konkrete Aufgaben zu sein, die man schnell *erledigen* könnte! Projekte können überhaupt nicht erledigt werden – nur Aufgaben können erledigt werden! Und genau dafür ist eure Hauptaufgabenliste da.

Es ist ein wenig gewöhnungsbedürftig, mit diesen schlechten Gewohnheiten zu brechen und Projekte von Aufgaben zu trennen, das Denken vom Tun zu trennen. Doch wenn man sich das erst einmal angewöhnt hat, ist so eine Liste leicht zu pflegen und äußerst nützlich. Eine vollständige Liste von Projekten im Stil einer Checkliste hilft beim Denken im Chefmodus und trägt entscheidend dazu bei, diese Denkarbeit von unserem Arbeiter-Ich im Erledigen-Modus zu trennen. Wir werden nicht länger vom Gesamtbild abgelenkt, wenn wir versuchen, voranzukommen.

DIE HAUPTAUFGABENLISTE

Die umfangreichste, wichtigste, sich am dynamischsten verändernde und am häufigsten genutzte Liste ist eure Hauptaufgabenliste. Sie ähnelt den To-do-Listen, die ihr eventuell bereits intuitiv erstellt oder über die ihr in alten Zeitmanagement-Büchern gelesen habt, doch es gibt auch einige grundlegende Unterschiede:

1. Es handelt sich um eine *Haupt*aufgabenliste. Als solche enthält sie jede einzelne Aufgabe, die ihr aktuell für jedes einzelne Projekt erledigen könnt. Sie reicht nicht Monate in die Zukunft, denn wisst ihr was? Dinge ändern sich.

2. Ihr könnt die Hauptaufgabenliste ganz einfach in viele verschiedene Kategorien herunterbrechen, sodass ihr sehr schnell auf die wichtigsten Informationen zugreifen könnt, die ihr für wirklich schnelle Entscheidungen benötigt.

3. Anhand der Hauptaufgabenliste könnt ihr auf einen Blick erkennen, was ihr in eurer aktuellen Phase proaktiver Aufmerksamkeit tun bzw. was ihr später tun solltet, wenn euer Gehirn völlig erschöpft und eure Aufmerksamkeit so gut wie gar nicht mehr vorhanden ist. Sie verwaltet auch Aufgaben abhängig davon, wo ihr euch gerade befindet: im Büro, im Homeoffice, unterwegs, … Und schließlich möchtet ihr vielleicht noch alle Aufgaben nachverfolgen, die ein Element der Zusammenarbeit beinhalten, so zum Beispiel Aufgaben, die Gespräche mit euren engsten Kollegen betreffen oder Tagesordnungspunkte für ein bevorstehendes Meeting.

4. Ihr könnt selbst entscheiden, wie diese Kategorien aussehen sollen, und das System letztendlich so anpassen, dass es für euch funktioniert.

   Eure Hauptaufgabenliste kann so komplex oder so einfach sein, wie ihr sie braucht. Sie kann eure berufliche Rolle widerspiegeln oder die Tatsache, dass ihr in verschiedenen Rollen arbeitet.

   In den 70er-, 80er- und 90er-Jahren gipfelten Zeitmanagementkurse in dem „Geschenk“ eines nobel aussehenden, oft in Leder gebundenen Planers oder Kalenders. Darin befand sich der perfekte Rahmen für euer Zeitmanagement. Eure Aufgabe war es, euren Arbeitsalltag in diesen perfekten Rahmen einzupassen. Nun, die meisten Menschen stellten jedoch fest, dass das System entweder zu kompliziert war oder nicht wirklich gut passte. Der

Punkt ist, dass euer System – und insbesondere eure Hauptaufgabenliste – die persönlichste aller Schnittstellen zwischen dem Gehirn eures Chef-Ichs und den Händen eures Arbeiter-Ichs ist. Genau die für euch passende Hauptaufgabenliste zu erstellen, macht den Unterschied, ob ihr euch durchkämpfen müsst und nur ein klein wenig vorankommt, oder ob ihr einen Zustand spielerischen, produktiven Schwungs und Kontrolle erreicht, so wie wir es anstreben.

5. Sie ist handlungsorientiert. Die Sprache der Hauptaufgabenliste ist bewusst so gestaltet, dass sie zum Handeln anregt und nicht zum weiteren Nachdenken.

   Jede Aktion sollte genau beschreiben, was ihr als Nächstes tun müsst. Das hört sich so einfach an, doch wir Menschen neigen dazu, uns auf eine vage Vorstellung von einem Ergebnis zu konzentrieren und nicht darauf, was tatsächlich als Nächstes geschehen muss. Ihr wollt an dieser Stelle jegliche Ungewissheit beseitigen, sodass sich euer Arbeiter-Ich so fühlt, als würde es Kirschen auf einer Torte platzieren: kein Nachdenken, keine Ungewissheit – nur eine zenartige Ruhe aus einer Position der Einsatzbereitschaft und des skrupellosen, tatsächlichen Handelns heraus.

DER NÄCHSTE PHYSISCHE HANDLUNGSSCHRITT

Es kommt auf die Worte an, wie wir unsere Listen schreiben. Es ist wichtig, dass ihr eine klare Vorstellung davon habt, was auf eurer Hauptaufgabenliste stehen soll – und noch wichtiger, was nicht –, und die Sprache, die wir dafür verwenden, ist hier entscheidend. Stellt euch jede einzelne Entscheidung, die ihr trefft, als ein Gespräch zwischen eurem Chef-Ich und eurem Arbeiter-Ich vor. Gönnt eurem Arbeiter-Ich den Luxus, euer Chef-Ich anzuschreien: „Sei präziser!" oder „Was *genau* erwartest du von mir?". Wenn ihr euch die Tätigkeit nicht genau vorstellen könnt, ist es nicht wirklich ein Handlungsschritt. Denkt über den nächsten physischen Handlungsschritt nach, den ihr angehen könntet. Vielleicht gibt es mehrere Aufgaben, die ihr gleichzeitig ausführen könnt, ohne dass die Reihenfolge wichtig wäre. Das sind dann die Dinge, die ihr in eure Hauptaufgabenliste aufnehmen solltet. Ihr braucht eine Hauptaufgabenliste mit den Dingen, die ihr tatsächlich erledigen könnt, wenn ihr das nächste Mal etwas Zeit habt, damit ihr eine möglichst fundierte Entscheidung treffen könnt, wenn diese Zeit dann gekommen ist.

SUBJEKT, VERB, OBJEKT

Wenn ihr unsicher seid, ob eure Aktion spezifisch genug ist, prüft, ob sie ein Verb, ein Objekt und ein Subjekt enthält. Wenn ihr alle drei Angaben habt, vermeidet ihr Unklarheiten und sorgt für mehr Schwung in eurem weiteren Vorgehen. Es lohnt sich also, sich nur ein paar Sekunden Zeit zu nehmen und sich zu zwingen, wirklich deutlich zu sein und eine klare Sprache zu verwenden.

Gute und schlechte Formulierungen für eure Handlungsschritte

Gute Formulierungen	Schlechte Formulierungen	Wirklich schlechte Formulierungen
Geoff wegen Ideen für Veranstaltungsort anrufen	Geoff kontaktieren	Geoff
Outlook-Besprechung mit Elena bezüglich Gehaltserhöhung anberaumen	Elenas Gehaltserhöhung klären	Gehaltserhöhung Elena?
Rob anschreiben und um Ratschläge für die nächsten Schritte zur Finanzierung von gemeinnützigen Projekten bitten	Finanzierung von gemeinnützigen Projekten recherchieren	Neue Idee für gemeinnütziges Projekt
Berichtsentwurf ausdrucken und letzte Änderungen machen	Bericht fertigstellen	Abgabetermin für den Bericht heute!!
Optionen für Mietung eines Containers googeln und Assistenten bitten, Angebote einzuholen	Containervermieter kontaktieren, um Garage auszuräumen	Garage

HALTET ZUKÜNFTIGE AKTIONEN, DIE IHR JETZT NICHT ERLEDIGEN KÖNNT, VON EURER HAUPTAUFGABENLISTE FERN

Was ihr nicht auf eurer Hauptaufgabenliste haben wollt, ist ein ganzer Haufen von Aktionen, die entweder überhaupt keine sind (weil ihr sie noch nicht richtig definiert habt!) oder die ihr nicht als Nächstes erledigen könnt, weil es Abhängigkeiten gibt. Wenn ich zum Beispiel eine Konferenz organisiere, könnte ich bei den sechs mir bekannten Veranstaltungsorten anrufen und fragen, ob sie für meine Konferenz zur Verfügung stehen. Gleichzeitig könnte ich Ideen für das Konferenzprogramm oder den Marketingplan entwerfen, doch solange der Veranstaltungsort nicht feststeht, kann ich keine Einladungen verschicken. Versucht also in diesem Fall, die Aktion des Versendens von Einladungen von eurer Hauptaufgabenliste fernzuhalten. Denkt daran, wir versuchen, zu viel Denkarbeit zu vermeiden, wenn wir einfach loslegen und die Dinge erledigen wollen, was schnell zu Unklarheit und Unsicherheit führen würde.

Der „physische" Teil der Aktion macht aus dem Substantiv ein Verb! „Virginia wegen des Programms kontaktieren" ist also im Prinzip ein Substantiv, eine Sache, die erledigt werden muss. „Virginia anrufen" ist eine vollkommen andere Geschichte. Das ist physisch! Ihr könnt euch vorstellen, wie ihr es tut. Sobald ihr die Wörter und das Bild im Kopf habt, das beschreibt, was ihr tun müsst, habt ihr wahrscheinlich die richtigen Wörter für eure Hauptaufgabenliste. Das mag vielleicht zu detailliert erscheinen – viele Menschen, die wir coachen, finden das lästig oder nervig –, doch die Stärke dieser Gewohnheit besteht darin, klareres Denken zu fördern, und während ihr diese Wörter auf eure Hauptaufgabenliste schreibt, fördert ihr dieses klarere Denken, was später zu einem überzeugenden Handeln beiträgt.

WIE IHR EURE HAUPTAUFGABENLISTE ORGANISIERT

Wenn ihr Dinge findet, die ihr zu eurer Hauptaufgabenliste hinzufügen wollt, ist es wichtig, dass ihr euch Gedanken über die Struktur dieser Liste macht und darüber, wie sie am besten für euch funktionieren könnte. Hier sind die drei Komponenten, in der Reihenfolge ihrer Wichtigkeit. Die wichtigste Komponente – Orte – steht an erster Stelle.

„Der Denker braucht Informationen – im richtigen Moment."
– Nancy Kline

Orte

Dies ist praktisch der Eckpfeiler der Hauptaufgabenliste. Wo müsst ihr sein, um jede einzelne Aktion erledigen zu können? Für viele Menschen ist die Antwort einfach: im Büro. Ihre Arbeit findet ziemlich regelmäßig im Büro statt. Der bei weitem größte Teil meiner Liste besteht aus der Kategorie „Büro", doch ich habe noch ein paar weitere Orte:

Zuhause

Das trifft zu, wenn ich entweder von zu Hause aus arbeite, oder wenn ich häusliche oder persönliche Aufgaben zu erledigen habe.

Unterwegs

Als Coach kommt es oft vor, dass ich irgendwo in einer Stadt bin und noch eine Stunde Zeit habe, bevor mein Zug nach Hause geht. Dann kommt mir diese Liste sehr gelegen, denn so finde ich immer eine Buchhandlung, ein Schreibwarengeschäft oder was immer ich sonst noch brauche.

Online-Banking

Richtig, das findet im Büro statt, doch die große Herausforderung besteht darin, die Fort Knox-ähnlichen Sicherheitssysteme zu überwinden. Wenn ich also erst einmal drin bin, ist es sinnvoll, eine Liste mit all meinen anderen Online-Banking-Aufgaben zu haben, auf die ich sofort zugreifen und dann von meiner Liste streichen kann.

Anrufe, Nachdenken/Entscheidungen

Das sind zwei Listen, die eigentlich keine Orte sind, doch sie weisen darauf hin, dass die Aufgaben überall erledigt werden können – ich kann auch außerhalb des Büros oder bei einem Spaziergang Entscheidungen treffen oder Telefonate führen.

Anderes Büro

Wenn ihr an mehreren Standorten arbeitet, könnt ihr euch für diese Art der Aufteilung entscheiden, insbesondere für Aufgaben, die eine bestimmte Software oder Unterlagen erfordern, die es nur an diesem Ort gibt.

Anderer Job

Heutzutage arbeiten so viele Menschen freiberuflich, haben zwei Teilzeitjobs, haben noch andere Verpflichtungen und so weiter. Ihr wisst nie, was wann eure Aufmerksamkeit erfordert, und gerade wenn ihr euch mit dem Bericht für Montag beschäftigt, kommen euch Ideen für die Besprechung am Donnerstag in dem anderen Job. Ihr müsst in der Lage sein, den Überblick über eure anderen Verantwortungsbereiche zu behalten, um diese Dinge für den Moment aus dem Kopf zu bekommen.

Auch wenn 95 % eurer Aufgaben auf einer einzigen „Büro“-Liste gespeichert werden könnten, werdet ihr die 5 %, die ihr auf den anderen Listen speichert, als sehr nützlich empfinden! Umfassende, standortbezogene Informationen zur Hand zu haben, wo immer ihr gerade seid, ist entscheidend, um in jedem Moment die besten Entscheidungen zu treffen.

Aufmerksamkeit

Hier wird es extrem ninjamäßig! Eine weitere Möglichkeit, eure Listen zu organisieren und aufzuteilen, ist durch ein Abschätzen des Aufmerksamkeitslevels, das die verschiedenen Aufgaben erfordern:

Büro – **Proaktive** Aufmerksamkeit

Büro – **Aktive** Aufmerksamkeit

Büro – **Inaktive** Aufmerksamkeit

Durch die Aufteilung in diese drei Unterlisten könnt ihr dann ganz einfach Zeiträume für eure Aufmerksamkeit einplanen und somit sicherstellen, dass ihr eure proaktive Aufmerksamkeit für die schwierigen Aufgaben aufwendet! Es mag euch wie harte Arbeit vorkommen, alles so detailliert aufzuschreiben, doch das muss es nicht sein. Meine Standard-Büroliste bedeutet „Büro – Aktive Aufmerksamkeit" und die anderen Aufgaben verschiebe ich dann nur in „Büro – Inaktiv" und „Büro – Proaktiv". Wenn ihr eine Aufgabenverwaltungssoftware verwendet, könnten das dann lediglich optionale Kategorien oder Tags sein (mehr dazu in Kürze).

Personen & Gespräche

Die letzte potenzielle Unterliste, die ihr verwenden könnt, ist eine Sortierung nach Personen. Diese ist dann besonders nützlich, wenn ihr eine Chefin oder einen Assistenten habt, der euch ständig Fragen zu allem Möglichen stellt, oder wenn ihr unvermeidliche Unterbrechungen wie Anrufe in unbezahlbare Momente der Produktivität verwandeln wollt (wenn euch jemand unterbricht und aus eurem Arbeitsfluss reißt, ist das euer Signal, die Chance zu ergreifen, eure entsprechende Unterliste aufzurufen und diese mit ihm durchzugehen!)

Es gibt verschiedene Methoden, wie ihr eure Aufgaben nach Personen organisieren könnt; vielleicht sind diese für euch relevant, vielleicht auch nicht:

„Lisa" und „Lisa Warten"

Ich führe zwei Unterlisten für meine Assistentin Lisa. Das Gleiche gilt für andere Personen, die direkt für mich arbeiten. Die erste heißt einfach nur „Lisa". Dies ist eine Liste mit allen Aufgaben, die ich für sie vorgesehen, aber noch nicht an sie delegiert habe. Wir gehen diese Liste durch, wann immer ich im Büro bin. Die zweite, „Lisa Warten“, könnt ihr mittlerweile wahrscheinlich erraten! Das ist die Liste aller an sie delegierten Aufgaben, auf deren Erledigung ich warte. Ich verschiebe Aufgaben auf diese Liste, sobald wir sie besprochen haben und sie sie übernommen hat. Manchmal wandern einzelne Aufgaben zwischen „Lisa“ und „Lisa Warten“ hin und her, manchmal auch auf meine eigene „Büro“-Liste, wenn die nächste Aktion dann wieder bei mir liegt.

„Lee Gespräche“

Lee ist einer unserer besten Produktivitäts-Ninja. Er führt eine „Graham Gespräche“-Liste und ich führe eine für ihn. Immer wenn wir telefonieren, gehen wir beide diese Liste durch. Die meisten Dinge auf dieser Liste sind nicht wirklich Aktionen, es ist jedoch eine Liste der Gespräche, die ich mit Lee führen muss – Dinge, die ich prüfen und zu denen ich ihn um Rat fragen muss, Ideen, die ich mit ihm austauschen möchte, ... Diese Dinge auf einer separaten Liste zu führen, ist fantastisch, denn das bedeutet, dass ein zehnminütiges Telefonat produktiver ist, als wenn wir uns beide Hunderte von E-Mails schicken würden. Nochmals: Dabei kann es sich um eigene Listen handeln oder einfach um Tags oder Kategorien, wenn ihr eure Listen elektronisch führt.

Wenn ihr keine Angestellten oder nur wenige Personen habt, mit denen ihr euch regelmäßig austauschen müsst, braucht ihr vielleicht gar keine Unterliste „Personen und Gespräche“, und das ist auch vollkommen in Ordnung. Nur zwei Kategorien zu haben – Orte und Aufmerksamkeit – ist ohnehin oft eine gute Grundlage, auf dem ihr euer System aufbauen könnt. Auch hier gilt: Verwendet diese Methode nur, wenn ihr das Gefühl habt, dass sie euch einen Mehrwert bringt. Möglicherweise braucht ihr sie nicht.

DIE ZWEI-MINUTEN-REGEL UND KURZE AKTIONEN

Einer der Hauptgrundsätze vieler Produktivitätssysteme und Zeitmanagementbücher ist die Zwei-Minuten-Regel. Sie wurde bekannt durch David Allen in *Getting Things Done*, wurde jedoch auch schon früher von Dean Acheson in seinem *Time/Design*-System verwendet. Die Regel ist einfach: *Alles*, was ihr für handlungsrelevant haltet und wahrscheinlich in weniger als zwei Minuten erledigen oder vorantreiben könnt, solltet ihr sofort erledigen, anstatt eine Erinnerung in eure Hauptaufgabenliste aufzunehmen.

Dies ist eine nützliche Methode, die ihr als Teil eurer allgemeinen Organisationsroutinen ausbauen solltet. Sie reduziert die Anzahl der Punkte, die ihr in eure

Hauptaufgabenliste übernehmen müsst, und ermöglicht eine kontinuierliche Entschlossenheit und Effizienz. Effizienz deshalb, denn wenn ihr diese Zwei-Minuten-Aktionen *nicht* sofort erledigt, müsst ihr wahrscheinlich zwei Minuten damit verbringen, sie aufzuschreiben, sie später noch einmal lesen, euch daran erinnern, was genau zu tun ist, anstatt es einfach zu erledigen!

DIE SICH VERÄNDERNDE NATUR DER HAUPTAUFGABENLISTE

Wenn ihr in Topform seid, wird eure Hauptaufgabenliste ständig wachsen und schrumpfen – schließlich handelt es sich um eine dynamische Liste all der Dinge, die ihr zu einem bestimmten Zeitpunkt tun könnt. Dasselbe gilt auch für die Hauptunterlisten. Wenn Dinge erledigt sind, werden sie von der Liste gestrichen. Wenn neue Informationen eintreffen, werden diese in neue Aufgaben umgewandelt und der Hauptaufgabenliste hinzugefügt. Habt ein Auge darauf, welche Teile des Systems gut und welche weniger gut funktionieren. Wenn ihr euch im Review-Modus befindet, solltet ihr bewusst darüber nachdenken. Vielleicht braucht ihr eine neue Unterliste oder Kategorie, oder ihr könnt eventuell zwei oder drei streichen, um alles zu vereinfachen. Es ist sowohl natürlich als auch nützlich, euer System immer wieder zu aktualisieren, damit es zu der sich ständig verändernden Welt eurer Prioritäten, Verpflichtungen und zu eurem Leben passt.

EINE BEISPIELHAFTE HAUPTAUFGABENLISTE – EINFACH

Zu einer einfachen Hauptaufgabenliste könnte das Büro, euer Zuhause und die Orte, die ihr dazwischen besucht, gehören! Die einzige Kategorie ist „Orte“. Das ist für viele Menschen, mit denen wir arbeiten, ausreichend. Solange sich keine dieser drei Unterlisten mit Dutzenden von Einträgen füllt, ist dies alles, was ihr braucht, um den Überblick zu behalten:

Büro	Zuhause	Unterwegs
Ideen für das Meeting am Donnerstag ausarbeiten	Recherche zu Umzugsunternehmen anstellen und drei lokale Telefonnummern heraussuchen	Rezept in der Apotheke abholen
Susan wegen Hotels in New York anrufen	Nachschauen, was im Kühlschrank/Schrank ist und Einkaufsliste schreiben	Laptoptaschen ansehen, um Ideen zu bekommen/Qualität prüfen
Monatlichen Finanzbericht fertig tippen und an Nick in der Finanzabteilung schicken		

Ich sollte erwähnen, dass ich hier versuche, euch die *Struktur* einer Hauptaufgabenliste zu zeigen. Ihr werdet wahrscheinlich feststellen, dass ihr unter jeder Kategorie eine ganze Reihe verschiedener Aktionen führt, anstatt der zwei oder drei Dinge, die ich in diesem Beispiel jeder Kategorie hinzugefügt habe. Was ihr aber hoffentlich interessanter findet, sind die Strukturen und Kategorien, die ich hier verwende. Wenn ihr euch diese anseht, bekommt ihr vielleicht einige Ideen, wie ihr eure eigene Hauptaufgabenliste strukturieren könnt. Wir werden darauf zurückkommen, um euch bei der Übung am Ende dieses Kapitels den Einstieg zu erleichtern.

EINE BEISPIELHAFTE HAUPTAUFGABENLISTE – MITTEL

Eine etwas komplexere Hauptaufgabenliste könnte in etwa so aussehen. Auch hier haben wir die Aufteilung nach „Orten“ (Büro, Zuhause, unterwegs). Wenn ihr jedoch mehr als ein Dutzend Büroaufgaben zu erledigen habt, ist es vielleicht hilfreich, diese nach dem Grad der Aufmerksamkeit zu gruppieren, den ihr benötigt (proaktive, aktive und inaktive Aufmerksamkeit). Wir haben auch zwei Unterlisten mit Aktivitäten hinzugefügt, die ihr von überall aus erledigen könnt: „Nachdenken/Entscheidungen“ und „Anrufe“ Dies bietet etwas mehr Flexibilität und ermöglicht es euch, genauer festzulegen, wie und wo die Dinge am besten erledigt werden sollten.

Büro – Proaktive Aufmerksamkeit	Zuhause	Unterwegs
Ideen für das Meeting am Donnerstag ausarbeiten	Recherche zu Umzugsunternehmen anstellen und drei lokale Telefonnummern heraussuchen	Rezept in der Apotheke abholen
Eine halbe Stunde lang das Angebot durchlesen und letzte Änderungen vor dem Versand vornehmen	Nachschauen, was im Kühlschrank/Schrank ist und Einkaufsliste schreiben	Laptoptaschen ansehen, um Ideen zu bekommen/Qualität prüfen
Büro – Aktive Aufmerksamkeit	**Anrufe**	**Nachdenken/Entscheidungen**
E-Mail an Chris zu den nächsten Schritten des Transkriptionsprojekts senden	Susan wegen Hotels in New York anrufen	Möchte ich im September mit meiner Schwester nach Peru reisen? (Entscheidung diese Woche)
Monatlichen Finanzbericht fertig tippen und an Nick in der Finanzabteilung schicken	Kundendienst wegen des neuen Telefons anrufen	Nach welcher Art von Person suchen wir, um die neue Stelle zu besetzen? (einige Gedanken festhalten)
	Lee anrufen bezüglich der Tagesordnung für den Schulungstag in Bristol	
Büro – Inaktive Aufmerksamkeit		
Kreditkartenabrechnungen scannen und per E-Mail an Hayley senden		

EINE BEISPIELHAFTE HAUPTAUFGABENLISTE – KOMPLEX

Nachstehend ein Beispiel einer komplexen Hauptaufgabenliste. Sie ist für eine Person, die an verschiedenen Standorten arbeitet, eng mit Mitarbeitern und Assistenten zusammenarbeitet und ein hohes Arbeitspensum bewältigt. Macht euch an dieser Stelle keine Gedanken darüber, ob ihr genau diese Kategorien verwenden könnt oder sollt. Ihr müsst euch auch keine Gedanken darüber machen, wo ihr eure Listen am besten aufbewahrt („Papier?! iPhone-App?! Ich bin verwirrt!“). Keine Panik, wir werden uns später mit der Umsetzung beschäftigen. Im Moment könnt ihr einfach nur das zweite Gehirn bei seiner Arbeit bewundern. Vergesst nicht, was wir hier suchen, ist Klarheit und zenartige Ruhe. Wenn ihr wisst, dass euer zweites Gehirn alles zuverlässig gespeichert hat, müsst ihr das schon nicht mehr erledigen!

Büro – Proaktiv	Büro – Aktiv	Büro – Inaktiv
Ideen für das Meeting am Donnerstag ausarbeiten	E-Mail an Chris zu den nächsten Schritten des Transkriptionsprojekts senden	Lastschriftverfahren für die Gemeindesteuer einrichten
Eine halbe Stunde lang das Angebot durchlesen und letzte Änderungen vor dem Versand vornehmen		Monatlichen Finanzbericht fertig tippen und an Nick in der Finanzabteilung schicken
Online-Banking	**Lee Gespräche**	**Anrufe**
40 € an Nathan für das Ticket von Ronnie Scott überweisen (Kontonummer 13356599)	Skype-Telefonat mit Lee, um die Tagesordnung für den bevorstehenden Schulungstag festzulegen	Susan wegen Hotels in New York anrufen
Prüfen, ob Joanna mein Darlehen zurückgezahlt hat		Kundendienst wegen des neuen Telefons anrufen
		Lee anrufen bezüglich der Tagesordnung für den Schulungstag in Bristol

Anderes Büro (freitags)	Unterwegs	Nachdenken/Entscheidungen
Mich dem neuen Mieter im Büro unten vorstellen	Rezept in der Apotheke abholen	Möchte ich im September mit meiner Schwester nach Peru reisen? (Entscheidung diese Woche)
Zugtickets für die Reise nach Bristol nächste Woche mitnehmen (auf meinem Schreibtisch)	Laptoptaschen ansehen, um Ideen zu bekommen/Qualität prüfen	Nach welcher Art von Person suchen wir, um die neue Stelle zu besetzen? (einige Gedanken festhalten)
Lisa Aufgaben	**Lisa Warten**	**Zuhause**
Lisa soll Kreditkartenabrechnungen scannen und per E-Mail an Hayley senden	Warten, dass Lisa Fahrkarten für die Reise nach Birmingham am nächsten Samstag bucht	Recherche zu Umzugsunternehmen anstellen und drei lokale Telefonnummern heraussuchen
		Nachschauen, was im Kühlschrank/Schrank ist und Einkaufsliste schreiben

DIE TÄGLICHE ***TO-DO-LISTE: DAS ZWEISCHNEIDIGE SCHWERT*** *EINES NINJA*

Sobald ihr alle eure Projekte und Aufgaben festgelegt habt, ist es nützlich, zu Beginn eines jeden Tages einen Plan zu haben. Die tägliche To-do-Liste ist ein wichtiger Teil dieses Plans. Sich mit einer Tasse Kaffee in der Hand hinzusetzen und die Liste der „heute zu erledigenden Dinge" aufzuschreiben, ist für viele Büroangestellte ein regelmäßiges Ritual. Doch obwohl viele Menschen dies bereits tun, so erstellen die meisten Listen, die nicht wirklich funktionieren: Sie versuchen, ihren Tag aus ihrem eigenen Gedächtnis heraus zu planen oder aus den Papierfetzen, die sie gestern Abend auf ihrem Schreibtisch haben liegen lassen, weil sie nicht über das zweite Gehirn einer vollständigen Hauptaufgabenliste verfügen. Sie versuchen also, sich an die zwei oder drei dringendsten Dinge zu erinnern, die sie erledigen müssen, und füllen dann den Rest ihrer täglichen To-do-Liste mit allem, was ihnen sonst noch einfällt. Das ist ein großer Fehler. Ohne die Unterstützung einer Hauptaufgabenliste konzentrieren wir uns eher auf das Dringendste und Lauteste als auf das Wichtige und Unauffällige.

Ein Produktivitäts-Ninja betrachtet die tägliche To-do-Liste ein wenig anders. Zu Beginn des Tages könnt ihr mit Hilfe eurer Hauptaufgabenliste viel klarere und klügere Entscheidungen darüber treffen, wofür ihr eure begrenzte Zeit und noch begrenztere Aufmerksamkeit einsetzt.

Die tägliche To-do-Liste bietet eine fokussierte Auswahl. Stellt euch die Hauptaufgabenliste wie einen Kleiderschrank vor, der all eure Kleidungsstücke enthält, und eure tägliche To-do-Liste wie die Dinge, die ihr heute anziehen wollt.

Meine tägliche To-do-Liste ist für gewöhnlich ein Post-it-Zettel. Und obwohl ich im Laufe des Tages zweifellos immer mal wieder einen Blick auf die größere Hauptaufgabenliste werfe, hilft mir die einfache Post-it-Notiz, mich auf eine sehr kleine Anzahl von Punkten zu konzentrieren und in der Spur zu bleiben. Wenn ihr keine Post-it-Zettel verwenden möchtet, könnt ihr bestimmte Punkte auf eurer Hauptaufgabenliste auch einfach mit einem Stift unterstreichen oder markieren. Wenn ihr eure Hauptaufgabenliste in digitaler Form führt (zum Beispiel in einer To-do-App oder in Outlook Aufgaben), könnt ihr eure tägliche To-do-Liste auch einfach dadurch erstellen, dass ihr bestimmte Punkte als „hohe Priorität“ oder „heute zu erledigen“ markiert und dann nur diese auf dem Bildschirm anzeigen lasst. Dieser kleine Schritt, den ihr zu Beginn eines jeden Tages ausführt, wird euch dabei helfen, fokussierter zu bleiben und „Nein“ zu sagen zu der Unzahl von Ablenkungen, die auf euch zukommen werden!

Tägliche To-do-Listen sind jedoch ein zweischneidiges Schwert. Sie fördern zwar tatsächlich die Konzentration, können jedoch auch schnell zum Opfer dessen werden, was Psychologen als „Planungsfehlschluss“ bezeichnen. Zu Beginn des Tages, wenn ihr euch noch frisch fühlt, ist es nur allzu leicht, zu ehrgeizig zu sein und eure To-do-Liste mit viel zu vielen Dingen zu füllen. Dabei unterschätzt ihr dann nicht nur, wie viel Zeit jeder einzelne Punkt in Anspruch nehmen wird, sondern auch die Schwankungen eurer Aufmerksamkeit und – ganz wichtig – die potenziellen neuen Aufgaben, die im Laufe des Tages auftauchen und erledigt werden müssen. Es ist sehr leicht, den Tag mit einem tollen Plan und großer Motivation zu beginnen, nur damit dieser dann um 11 Uhr durch eine dringende E-Mail von Josie aus der Buchhaltung zerstört wird, die dringend Zahlen in einem unbekannten oder lästigen Format benötigt inklusive der dreizeiligen Aufforderung der Geschäftsführerin (in CC), damit ihr auch wirklich alles stehen und liegen lasst. Was glaubt ihr, wie ihr euch unter solchen Umständen fühlen werdet, wenn ihr um 17 Uhr wieder auf eure tägliche To-do-Liste schaut und feststellt, dass rein gar nichts passiert ist?

EURE TÄGLICHE TO-DO-LISTE NEU VERHANDELN

Wenn ihr um 11 Uhr morgens überrascht werdet, macht ihr vielleicht einfach blind mit eurem Tag weiter. Gelegentlich werdet ihr einen Blick auf eure tägliche To-do-Liste werfen, doch anstatt Fokus zu bieten, wird sie euch nur an euer vermeintliches Versagen erinnern, da andere Dinge das verdrängen, wofür ihr eigentlich eure Aufmerksamkeit aufwenden wolltet. Vielleicht lohnt es sich also, in der Mittagspause oder zu bestimmten Zeiten während des Tages neu auszuhandeln, was möglich ist. Produktivität wird so sehr von Momentum bestimmt, dass ihr es euch gar nicht leisten könnt, dass eure eigenen Listen zum Stressfaktor werden! Ändert also die Regeln und gewinnt.

Versprecht mir dies feierlich. Vergesst niemals, dass ihr *keine* Superhelden seid. Ihr seid Ninja. Ihr seid Menschen. Ihr müsst euch über Folgendes im Klaren sein: Die Welt verändert sich, doch ihr seid so gut wie möglich vorbereitet, ihr trefft intelligente Entscheidungen, ihr seid stets im Bilde über neue Informationen und deren potenzielle Auswirkungen, ihr arbeitet an den passendsten Aufgaben und findet den Ninja-Groove, wann immer euch dies möglich ist … Und wisst ihr was? Das ist alles, was ihr je tun könnt.

DIE „WARTEN AUF"-LISTE: DIE GEHEIMWAFFE DER NINJA

OK, OK, ich weiß, ich habe gesagt, dass es drei Listen gibt. Eigentlich gibt es noch eine vierte – doch die ist schnell abgehakt. Inzwischen vertraut ihr blindlings darauf, dass euer zweites Gehirn eure Aufgaben managt. Das Problem ist, nun ja … alle anderen. Während ihr euch abrackert, um alles erledigt zu bekommen, könnt ihr davon ausgehen, dass die Hälfte eurer Kollegen auf Instagram herumhängt, in der Küche tratscht und sich generell nicht wie ein anständiger Produktivitäts-Ninja verhält.

Die „Warten auf“-Liste ist also ein raffiniertes, hinterlistiges kleines Werkzeug, das einem Ninja hilft, das Problem mit anderen Menschen und ihrem unproduktiven Chaos zu umgehen. Die Idee ist recht einfach: Führt einfach eine Liste mit allen Personen, die mit Dingen beschäftigt sind, von denen ihr sichergehen wollt, dass sie auch erledigt werden. Auf diese Weise könnt ihr diese Punkte während der Review-Phase verfolgen und bei Bedarf nachhaken. Der „@Warten auf“-Ordner in eurem E-Mail-Posteingang, den wir in unserem Kapitel über E-Mails vorgestellt haben, ist einfach das E-Mail-Äquivalent dazu. Ich verwende meine „Warten auf“-Liste, um eine ganze Reihe von Dingen nachzuverfolgen, wie zum Beispiel ...

- Vertriebsanfragen („John sagte, er würde sich in der zweiten Januarwoche bei mir melden.“)
- Ausstehende Zahlungen („Auf Spesenabrechnung von Kunde X warten.“)
- Persönliche Erinnerungen („Auf Eintrittskarten für Wimbledon warten – werden Anfang Mai verschickt.“)

Die „Warten auf“-Liste kann am gleichen Ort gespeichert werden wie eure Hauptaufgaben- und Projektliste. Ihr werdet euch nicht sehr oft mit dieser Liste befassen müssen, doch später werden wir uns einige Checklisten ansehen, die euch daran erinnern, eure „Warten auf“-Liste oft genug zu überprüfen.

DIE ANDEREN DINGE, DIE IHR FÜR EURE ORGANISATION BRAUCHT

Mit euren drei Ebenen von Listen, der Projektliste, der Hauptaufgabenliste und der täglichen To-do-Liste, seid ihr auf dem besten Weg, alles zu haben, was ihr braucht. Es gibt jedoch noch ein paar andere Komponenten, die wir berücksichtigen müssen, bevor wir uns an die Organisation aller Dinge in eurem Ablagefach machen. Diese sind:

- Die „Warten auf“-Ablage
- Referenzablagen, digital und auf Papier
- Der Park der guten Ideen

- Der Kalender
- Checklisten (wie man sie erstellt, zeige ich euch im nächsten Kapitel)
- Ein großer Papierkorb

Schauen wir uns jedes dieser Elemente der Reihe nach an.

DIE „WARTEN AUF"-ABLAGE

Eines der fehlenden Elemente in der persönlichen Organisation vieler Menschen ist der Ort, an dem all die physischen Dinge „geparkt" werden, mit denen ihr im Moment nichts anfangen könnt, wie zum Beispiel die Eintrittskarten für die Konferenz nächste Woche, der Ausdruck des Briefes, auf dessen Antwort ihr wartet, oder die Formulare, bei denen ihr darauf wartet, dass jemand anders sie abholen kommt. Eure physische „Warten auf"-Ablage kann im selben Stapel stehen wie euer Ablagefach, das wir in Kapitel 6 zum Thema „Erfassen und Sammeln" besprochen haben. Ich persönlich bevorzuge die folgende Anordnung:

- Eingang (oben)
- Warten auf (Mitte)
- Ausgang (unten) – Hier liegt all der Papierkram, den ihr bereits bearbeitet habt und den ihr später in eure Referenzordner ablegt.

REFERENZABLAGE: DIGITAL & PAPIER

Wie viele andere Menschen auch verwende ich heutzutage immer weniger Papierablagen und würde gerne einen Punkt erreichen, an dem ich wirklich papierlos bin, aber es gibt Zeiten, da geht es einfach nicht anders. Aus diesem Grund werde ich mich hier zunächst auf die digitale Ablage und ihre wachsende Bedeutung konzentrieren, bevor ich einige Tipps zur Papierablage gebe.

ES GIBT DREI KOMPONENTEN DER DIGITALEN REFERENZABLAGE:

1. Der Server mit Arbeitsdateien wie Word- und Excel-Dateien, die im Team oder in der Organisation gemeinsam genutzt werden. Heutzutage besteht in kleineren Organisationen weniger Bedarf an Servern, da Dienste wie Dropbox und Google Docs immer beliebter werden

2. Die persönliche digitale Ablage ist der Ort, an dem ihr Passwörter, Kundenreferenznummern, Textschnipsel, Rezepte und vielleicht Fotos von Mindmaps und anderen Dingen aufbewahrt, die euch bei bestimmten Projekten helfen. Im Laufe der Jahre habe ich hierfür die Notizfunktion von Outlook, One Note und mittlerweile Evernote verwendet. Das Tolle an Evernote ist, dass ich von überall darauf zugreifen kann – nicht nur über die Evernote-Website, sondern auch auf meinem Laptop, iPad und Handy. Eine fantastische Möglichkeit, viele nützliche Informationen jederzeit zur Hand zu haben.

3. Website-Lesezeichen: Viele Menschen nutzen Dienste wie Delicious, um Websites zu speichern, die sie besucht und zukünftig wieder aufrufen möchten. Wenn ihr nicht viele Lesezeichen speichern müsst, schlage ich vor, dies der Einfachheit halber direkt in Evernote oder in euren bevorzugten Webbrowser zu integrieren; es lohnt sich jedoch auf jeden Fall, ein separates Konto bei einem dieser Dienste einzurichten, wenn ihr das regelmäßig braucht.

DER SICH ABZEICHNENDE TOD DER PAPIERABLAGE

Eine einfache Papierablage ist heutzutage immer noch ein Muss, doch das wird sich sicher ändern. Einige Unterlagen jedoch (zum Beispiel Bescheinigungen der Behörden über eure Steuern) sind unersetzlich, und die Idee eines „papierlosen Büros" scheint mir das falsche Ziel zu sein. Anstatt „papierlos" anzustreben, solltet ihr einfach mit „viel weniger Papier" beginnen. Hier sind einige Möglichkeiten, wie ihr das auch dann erreichen könnt, wenn ihr bereits ein paar Schubladen oder Regale voll mit altem Papierkram habt:

- Werft jedes Blatt Papier weg oder recycelt Referenzmaterial, das auch im Internet verfügbar ist. Heutzutage sind so viele Formulare, Berichte, Zeitungen und Zeitschriften archiviert und können entweder online gelesen oder heruntergeladen werden.

- Legt euren Schwerpunkt auf die Dokumente, bei denen es wichtig ist, das Original in den Händen zu halten anstatt einer gescannten Kopie.

- Durchforstet bestehende Dokumente auf die allernötigsten (es empfiehlt sich ohnehin, dies einmal im Jahr oder so zu tun).

Heutzutage gibt es einige sehr schnelle Scanner auf dem Markt, mit denen die Bearbeitung von Papierunterlagen und das Hochladen auf euren Server oder in eine persönliche digitale Ablage wie Evernote wirklich schnell und einfach ist! Wenn ihr derzeit viel mit Papierunterlagen, Aktenschränken und Archiven zu tun habt, könnte sich die Investition in ein solches Gerät angesichts der Zeit- und Kostenersparnis für euer Unternehmen lohnen, da ihr dann nicht mehr so viel Papierkram verwalten müsst. Ein Super-Scanner auf eurem Schreibtisch ist auch eine gute Möglichkeit, Dinge skrupelloser in den Papierkorb zu werfen: Ihr seid euch nicht sicher, ob ihr es wirklich braucht? Einfach schnell einscannen und weg mit dem Dokument!

WAS AN PAPIERUNTERLAGEN ÜBRIG BLEIBT

Bei den Dingen, die jetzt noch übrig sind, ist es in der Regel am einfachsten, sich an eine ziemlich standardisierte A-Z-Struktur zu halten, da dies der beste Weg ist, um eure Dateien zu speichern und sie bei Bedarf wiederzufinden. Ich persönlich mache zwei Ausnahmen von dieser Regel. Ich bewahre alle meine Finanzunterlagen in einer kleinen Anzahl von Ordnern auf, damit ich sie leicht einsehen und aktualisieren kann und weil es die Archivierung am Ende des Steuerjahres erleichtert; alles Finanzielle befindet sich in einem separaten Ordner und nicht in meinen A-Z-Schubladen. Die andere Ausnahme sind Bescheinigungen und Verträge, die ich ebenfalls gerne an einem einzigen Ort aufbewahre, um sie leichter wiederzufinden. Abgesehen davon ist alles alphabetisch abgelegt. Vor ein paar Jahren hatte ich noch einen ganzen Aktenschrank mit vier Schubladen; jetzt sind es nur noch zwei Schubladen, und in den nächsten Jahren möchte ich noch weiter reduzieren.

DER PARK DER GUTEN ***IDEEN***

Gelegentlich werdet ihr Ideen haben oder Empfehlungen erhalten, die wirklich nützlich sein könnten, aber aus welchen Gründen auch immer nicht zu euren derzeitigen Prioritäten passen. Dies sind die Ideen, aus denen zukünftig Projekte werden können. Vielleicht aber auch nicht, und eventuell löscht ihr sie später, doch im Moment wollt ihr die Idee nicht verlieren. Hier kommt der „Park der guten Ideen“ ins Spiel. Mein Park der guten Ideen enthält derzeit etwa hundert verschiedene Einträge, angefangen bei Software, die ich ausprobieren möchte, über Orte, an denen ich wandern möchte, bis hin zu Ideen zum Business Development oder Marketing, Ideen für Blogs und Artikel, ein paar Ideen für Wohltätigkeitsveranstaltungen, die ich gerne ins Leben rufen würde, und so weiter. Es ist ein Sammelsurium und ziemlich chaotisch, doch hin und wieder liefert es mir genau die richtige Idee zur richtigen Zeit. Eine Sache, die sich aus meinem Park der guten Ideen entwickelt hat, ist eine separate Liste, die ich „Anschauen/Lesen/Anhören“ nenne. Ich verwende diese Liste, wenn Freunde und Kolleginnen mir gute Filme, Bücher oder Musik empfehlen. Wenn ich online bin und diese Liste aufrufe, sind es nur ein paar Klicks, bis all diese Dinge auf dem Weg zu mir sind. Mein Gedächtnis für solche Dinge ist schrecklich, und einige meiner Lieblingsfilme, -bücher und -musik habe ich durch diese einfache Liste gefunden.

KALENDER

Kürzlich leitete ich einen Workshop für eine Gruppe von 16- bis 18-Jährigen aus einigen der ärmsten Gegenden Londons, die an einem Sommerprogramm teilnahmen, das ihre Fähigkeiten und Ambitionen fördern sollte. Es war eine echte Herausforderung, einige der komplizierten „Arbeitstermini“ in eine Sprache zu übersetzen, die bei den Jugendlichen ankam, von denen viele nie lange genug eine Schule besucht hatten, um Prüfungen abzulegen, geschweige denn einen Fuß in ein Büro zu setzen. Am Ende des Projekts lud man mich zusammen mit vielen anderen Freiwilligen aus verschiedenen Unternehmen zu einer Abschlussveranstaltung ein. Einer der Teenager kam auf mich zu und fragte: „Du bist doch der Produktivitätstyp, oder? Tolle Session. Weißt du, was ich nach deinem Workshop gemacht habe? Ich habe mir einen *Terminplaner* gekauft, Mann!“ Das war einfach einer dieser Momente für mich. Ein Terminplaner oder ein Kalender ist für uns etwas Selbstverständliches, doch da ihm nie gesagt wurde, dass er einen braucht, war ich derjenige, der ihm diese einfache Inspiration gab.

Es liegt mir fern, euch vorzuschreiben, wie ihr euren Terminplaner führen oder euren elektronischen Kalender ausfüllen sollt. Das sind Werkzeuge, die sehr persönlich sind. Es gibt jedoch ein oder zwei Empfehlungen, von denen ich hoffe, dass sie dem gesunden Menschenverstand entsprechen und sich mit euren persönlichen Vorlieben vereinbaren lassen:

- Lasst es nicht zu, dass andere euren ganzen Tag mit Terminen verplanen. Versucht, so viel Kontrolle und Autonomie wie möglich für euch selbst zu behalten, wenn es um euren Terminplan geht.

- Füllt euren Kalender nicht mit Aufgaben. Tragt nur Aufgaben für den heutigen Tag in euren Kalender ein, nicht für die kommenden Tage, es sei denn, es ist absolut notwendig. Und selbst dann solltet ihr nur Aufgaben in den Kalender eintragen, wenn sie an eine Deadline oder ein Meeting gebunden sind. Es ist wichtig, euren Kalender flexibel und agil zu halten, denn es wird immer wieder Überraschungen geben und ihr braucht einen klaren Überblick.

- Wenn ihr einen physischen Terminplaner verwendet, solltet ihr ihn so oft wie möglich mit eurem elektronischen Kalender synchronisieren.

- Da euer System immer nur so gut ist wie sein schwächstes Glied, überlegt einen Moment, was passieren würde, wenn ihr euren Terminplaner verliert. Stellt euch diese Frage regelmäßig und verwendet die Kamera eures Handys oder einen Kopierer, um Sicherungskopien anzufertigen, damit ihr auf diesen Fall vorbereitet seid.

CHECKLISTEN

Checklisten sind eines der am meisten unterschätzten Hilfsmittel, die uns zur Verfügung stehen, und ich möchte euch im nächsten Kapitel vorstellen, wie man sie verwendet, wenn wir in die Review-Phase übergehen.

Kurz gesagt besteht der Zweck einer Checkliste darin, früher geleistete Denkarbeit zu wiederholen, damit ihr bei sich wiederholenden Prozessen direkt zu den besten Praktiken übergeht und nicht versucht, euch an das zu erinnern, was ihr schon einmal erarbeitet habt. Checklisten beseitigen die Reibungsverluste, die dadurch entstehen, dass man in den Chefmodus zurückkehren muss, bevor man mit seinen Aufgaben beginnt, sodass man dank der Checkliste im Arbeitermodus bleiben und einfach loslegen kann. Oft könnt ihr dadurch die von euch geforderte proaktive Aufmerksamkeit maximieren oder eure Anfälligkeit, Fehler zu machen oder Dinge zu übersehen, verringern. Hier sind einige Beispiele für Kontexte oder Situationen, in denen ihr den Einsatz von Checklisten in Betracht ziehen könntet:

- Regelmäßige Meetings mit dem Team oder der Geschäftsführung, um schnell die Tagesordnung festlegen zu können.

- Regelmäßig wiederkehrende Aufgaben, wie zum Beispiel die Durchführung derselben Veranstaltung oder der Versand derselben Produkte.

- Regelmäßige Reisen oder Jahresurlaube, um sicherzustellen, dass bei den Vorbereitungen oder beim Packen nichts vergessen wird.
- Regelmäßige Einkaufslisten (ich habe eine für meinen Online-Lebensmitteleinkauf und wir haben eine weitere für unseren wöchentlichen Einkauf von Büromaterial).
- Verteilerlisten, zum Beispiel für Einladungen zu Veranstaltungen oder für Weihnachtskarten.

Checklisten geben euch Sicherheit und verringern Reibungsverluste. Das Schöne an Checklisten ist, dass ihr sie aktualisieren könnt, wenn ihr etwas übersehen habt oder neue Informationen erhaltet. Checklisten wohnen in eurer digitalen Referenzablage und sind die Geheimwaffe der Produktivität. Wenn ihr euer eigenes Unternehmen führt oder in einem Team arbeitet, sind Checklisten der Anfang der Prozess- und Systementwicklung und damit der erste Schritt auf dem Weg zum Delegieren und Automatisieren.

EIN GROSSER PAPIERKORB

Der Produktivitäts-Ninja weiß, dass eines der wichtigsten Produktivitätswerkzeuge in seinem Arsenal der schlichte Papierkorb ist. Es ist viel schwieriger, skrupellos zu sein, wenn man keinen Platz hat, um unerwünschtes Papier zu entsorgen. In digitaler Hinsicht lohnt es sich auch, ein paar Minuten mit den Einstellungen des Papierkorbs oder des Ordners für gelöschte Objekte auf eurem Computer zu verbringen. Stellt sicher, dass solche Objekte für einen kurzen Zeitraum aufbewahrt werden, damit ihr etwas mehr Sicherheit beim Löschen von Dateien und beim Aufräumen mit Backups habt. Wenn ihr eure Dateien in einem Cloud-Dienst wie Dropbox aufbewahrt, ist es außerdem erwähnenswert, dass diese Dienste in der Regel auch den Verlauf einer Woche speichern, sodass ihr ein Element löschen könnt und immer noch Zeit habt, es zu einem späteren Zeitpunkt wiederherzustellen.

ENTSCHEIDUNGEN TREFFEN WIE EIN NINJA

Der Zweck der Phase Organisieren besteht darin, Klarheit über alle neuen Informationen zu gewinnen, die ihr erfasst oder gesammelt habt, um das Gefühl der Informationsüberflutung zu vermeiden. Indem ihr Entscheidungen trefft, sobald neue Informationen in eurem E-Mail-Posteingang, eurem Gehirn oder anderswo eintreffen, seht ihr sofort, ob, wie und wo sie zu euren aktuellen Projekten und Aufgaben passen. Die zenartige Ruhe, die dadurch entsteht, gibt euch die Freiheit, viel proaktive Aufmerksamkeit auf das Tun zu lenken. Dieses Maß an gelassener Produktivität ist befreiend, jedoch nicht kostenlos. Es bedarf eines Zustands von Einsatzbereitschaft auf Ninja-Niveau durch das Treffen von Entscheidungen – systematisch, gewissenhaft, skrupellos –, um ruhig zu bleiben und den nötigen Raum zum Denken zu schaffen.

Denkt daran: Denken ist die härteste Arbeit, die es gibt ...

DAS CORD-DIAGRAMM: SCHRITT FÜR SCHRITT

Wir werden nun den Einsatz des CORD-Diagramms, das ich euch früher kurz gezeigt habe, üben, um zur Phase des Reviews zu gelangen.

Der Zweck dieses Diagramms ist es, euch permanent daran zu erinnern, wie ihr euch durch die vier verschiedenen Phasen bewegt – und entscheidend für seinen Erfolg ist, dass ihr eure Aufgaben und andere Erinnerungen in der Mitte des Diagramms so gut wie möglich organisiert. Das Beeindruckende daran ist, dass jeder einzelne Input im gesamten Universum durch das Befolgen dieses Diagramms zu dem Punkt gebracht wird, an dem er nicht mehr in eurem Kopf, sondern in eurem zweiten Gehirn und an der richtigen Position ist, um abgearbeitet zu werden. Jeder einzelne Input. Wir werden dies im nächsten Abschnitt in der Praxis testen, doch jetzt gehen wir erst einmal den Entscheidungsprozess durch.

Oben im Diagramm befindet sich die Phase des Erfassens und Sammelns, die wir bereits behandelt haben. Dann kommen wir zur Phase Organisieren. Für jeden der Inputs, der sich in eurem Ablagefach angesammelt hat, werden wir die folgenden Fragen stellen. Zu Beginn kann es hilfreich sein, eine Kopie dieses Diagramms gut sichtbar auf eurem Schreibtisch zu platzieren und während der Phase des Organisierens immer wieder darauf zurückzugreifen. Wenn ihr lieber eine PDF habt, könnt ihr diese auch unter https://thinkproductive.eu/resources herunterladen.

Wenn ihr diese Schritte unablässig praktiziert, werden sie zur Gewohnheit, und am Ende werdet ihr dieses Diagramm gar nicht mehr brauchen. Es ist durchaus möglich, sich Entschlossenheit anzutrainieren, auch wenn ihr euch selbst für alles andere als entscheidungsfreudig haltet – ich bin der persönliche Beweis dafür!

IST ES HANDLUNGSRELEVANT? NEIN

Wenn die Antwort „Nein“ lautet, gibt es hier drei mögliche Optionen:

1. **Referenzablage**
2. **Papierkorb**
3. **Der Park der guten Ideen**

REFERENZABLAGE

Für viele der Dinge, die sich auf eurem Schreibtisch angesammelt haben, ist die Option „Referenzablage“ die richtige Wahl. Wenn es für euch nichts zu tun gibt, es euch aber zu wichtig erscheint, um es wegzuwerfen, gehört es dorthin. Wenn ihr eine große Menge an potenziellem Referenzmaterial auf einmal abarbeiten wollt, verwendet die Ablage für Ausgänge oder einen bestimmten Platz auf eurem Schreibtisch, um Referenzmaterial anzusammeln – es ist genauso schnell, zwanzig Dinge in die Ablage zu befördern, wie zwei oder drei, und auch noch viel effizienter, wenn ihr alle zusammen in Zeiten inaktiver Aufmerksamkeit erledigt.

Das CORD-Produktivitätsmodell

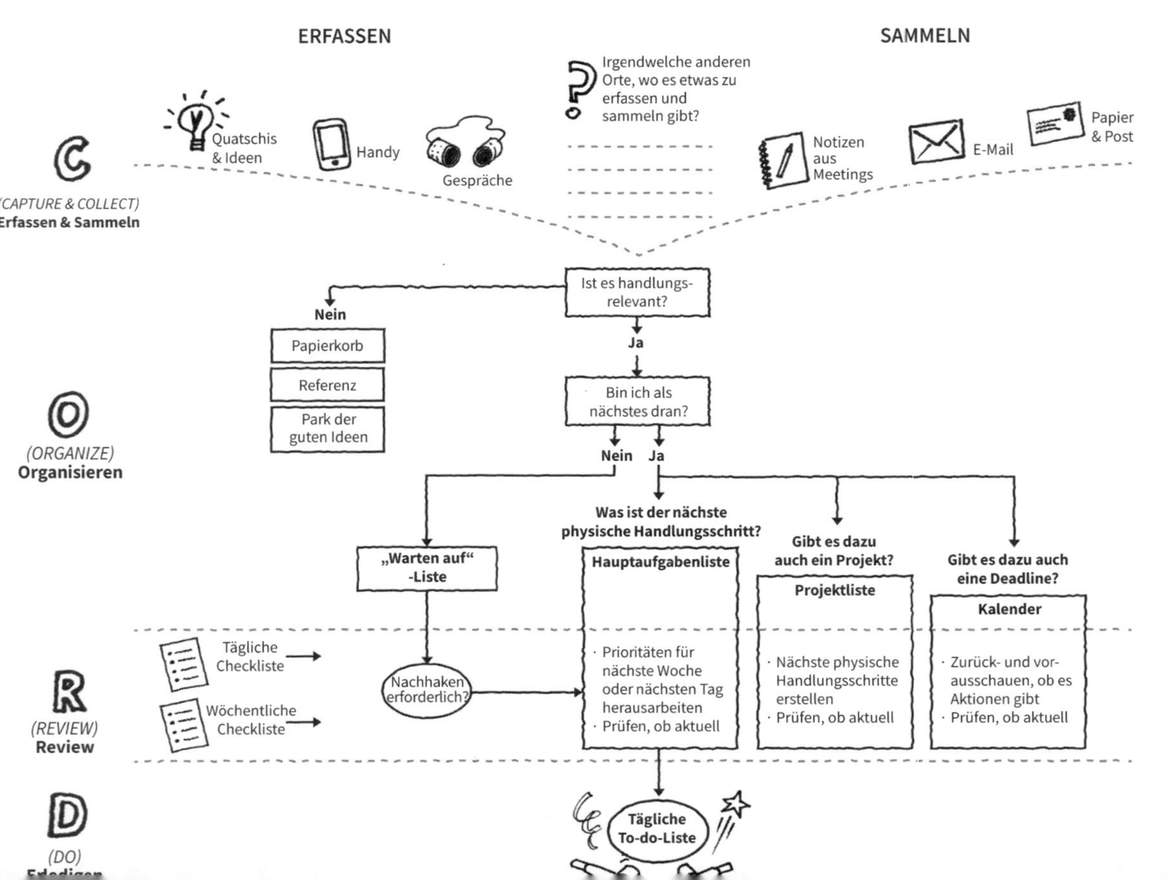

PAPIERKORB

Scheut euch nicht, Dinge wegzuwerfen - oder sie zu recyceln, wenn es möglich ist. Alles, was ihr nur deshalb aufbewahrt, weil daran eine Aktion geknüpft ist, könnt ihr wegwerfen und die Aktion zu euer Hauptaufgabenliste hinzufügen. Wenn ihr zum Beispiel eine Broschüre aufbewahrt, die euch daran erinnern soll, einen neuen Lieferanten zu kontaktieren, braucht ihr eigentlich nur eine Telefonnummer und eine Website-Adresse. Alles, was ihr auch online finden könnt, sollte recycelt werden. Warum solltet ihr etwas für die Zukunft aufbewahren, wenn ihr es bereits viel bequemer in eurem Internetbrowser aufbewahren könnt?! Ihr werdet erstaunt sein, wie viel ihr wegwerfen könnt.

DER PARK DER GUTEN IDEEN

Seid äußerst wählerisch bei den Dingen, zu denen ihr euch verpflichtet. „Nein" zu sagen zu einigen nützlichen und produktiven Dingen, die ihr tun *könntet*, ist wichtig, um Platz für die wirklich essentiellen Dinge zu schaffen, die entweder schon auf eurer Liste stehen oder bald auftauchen werden. Seid skrupellos und nutzt den Park der guten Ideen, um auf einige dieser Ideen in der Zukunft zurückzugreifen - sie sind dort in der Zwischenzeit sicher geparkt, sodass ihr sie nicht verliert. Der Park der guten Ideen kann eine einfache Liste sein, in die ihr so viele Dinge eintragen könnt, wie ihr möchtet. Schließlich gibt es keine Verpflichtung, irgendetwas in Bezug auf diese Dinge zu *tun*.

IST ES HANDLUNGSRELEVANT? JA

OK, hier gibt es also definitiv etwas zu tun. Die nächste Frage ist, ob ihr selbst etwas tun müsst, oder ob es eine Möglichkeit gibt, die Aufgabe jemand anderem zu überlassen - denkt daran, je mehr ihr klammheimlich an andere delegieren könnt, desto mehr wird in der Welt erledigt!

BIN ICH ALS NÄCHSTES DRAN? NEIN

DIE „WARTEN AUF"-LISTE

Wenn ihr Aufgaben an andere delegieren könnt, solltet ihr diese über eure „Warten auf"-Liste im Auge behalten. Ihr werdet eure „Warten auf"-Liste mindestens einmal pro Woche durchsehen, damit ihr die Kollegen erinnern könnt, die noch kein Feedback gegeben haben, ob ihre Aufgaben in Arbeit oder abgeschlossen sind. Wenn ihr etwas delegiert habt und euch das Ergebnis egal ist oder wenn ihr euren Kollegen zu 100 % vertraut, braucht ihr es natürlich nicht nachverfolgen.

BIN ICH ALS NÄCHSTES DRAN? JA

Also ihr selbst führt den nächsten physischen Handlungsschritt durch? In Ordnung. Zeit, loszulegen. Hier zeigt der Produktivitäts-Ninja sein wahres Können. Es gibt drei kleine Überlegungen, die nun angestellt werden müssen, idealerweise in dieser Reihenfolge, um die Aktion erfolgreich im System zu erfassen.

1. WAS IST DER NÄCHSTE PHYSISCHE HANDLUNGSSCHRITT?

Fügt die Aktion zu eurer Hauptaufgabenliste hinzu, basierend auf den Kategorien, über die wir vorher gesprochen haben (Orte, Aufmerksamkeitslevel und Personen). Denkt daran: Wenn die Aktion weniger als ein paar Minuten dauert, ist es vielleicht genauso schnell, sie einfach zu erledigen, anstatt sie in die Hauptaufgabenliste aufzunehmen!

2. GIBT ES IN DIESEM ZUSAMMENHANG AUCH EIN PROJEKT?

Bei der zweiten Frage geht es nicht nur um das Hinzufügen zur Hauptaufgabenliste, sondern auch darum, zu prüfen, ob hier ein Projekt dahintersteckt, das noch nicht in der Projektliste steht. Wenn ihr ein eigenes Projekt anlegt, könnt ihr im weiteren Verlauf die Übersicht über alle nachfolgenden Aktionen behalten. Ihr werdet in der Review-Phase regelmäßig darauf zurückkommen. Denkt daran, dass der Projektname ein messbares Ziel enthält.

3. GIBT ES AUCH EINE DEADLINE, DIE ICH IN MEINEM KALENDER VERMERKEN MUSS?

Wenn es eine Deadline für die Aktion gibt, solltet ihr diese in eurem Kalender vermerken. Wenn ihr Outlook oder einen ähnlichen digitalen Kalender verwendet, schlage ich vor, dass ihr die Funktion „Ganztägige Termine“ verwendet, damit solche Deadlines ganz oben stehen. Ich benutze die Farbe Rot, um sie von anderen Aktivitäten zu unterscheiden. Bei Erinnerungen an bevorstehende Deadlines oder bei Terminen, die nicht an einem bestimmten Tag, sondern „bis zu dieser Woche“ erledigt werden müssen, verwende ich meist den Sonntag der kommenden Woche. Das liegt daran, dass ich mein Leben sonntags nie nach meinem Kalender ausrichte, sodass der Sonntag eine Ablage für all die Dinge ist, die ich in meiner nächsten wöchentlichen Überprüfung aufgreife und zu planen beginne. Ein Wort der Warnung: Sich *selbst* Deadlines zu setzen, funktioniert einfach nicht – tief in unserem Herzen wissen wir, dass es keine Konsequenzen haben wird, wenn wir sie nicht einhalten.

UND WO SOLL DAS ALLES NUN ABGELEGT WERDEN? WO SOLLTE ICH MEINE LISTEN ORGANISIEREN?

Wir haben in diesem Kapitel bereits viel über euer zweites Gehirn und die folgenden Listen gesprochen:

- Die tägliche To-do-Liste
- Die Hauptaufgabenliste
- Die Projektliste
- Die „Warten auf“-Liste
- Der Park der guten Ideen

Wo also sollte euer zweites Gehirn nun sein? Wo solltet ihr solche Listen aufbewahren? Auf dem Kühlschrank vielleicht? In einer Schublade oder einem Ordner? In eurem Notizbuch? In irgendeiner Software? Die Möglichkeiten scheinen endlos zu sein, doch die Antwort ist eigentlich sehr einfach. Bewahrt sie dort auf, wo es euch passt! Womit ihr euch wohlfühlt. Oft nehmen Menschen an unseren Workshops teil und sehen, wie die anderen Handy-Apps, iPads und so weiter verwenden. Sie haben ein schlechtes Gewissen, weil sie ihre Listen auf Papier führen, und denken darüber nach, auf einen eher technologischen Prozess umzusteigen. Ich persönlich bevorzuge zwar Technologie für die Verwaltung meiner Listen, doch für viele Dinge, die ich tagtäglich festhalte, geht nichts über Stift und Papier. Daher im Folgenden eine nicht abschließende Liste, aus der ihr euch – und natürlich auch darüber hinaus – das beste Zuhause für eure Listen aussuchen könnt.

NOTIZBUCH ODER TERMINPLANER AUS PAPIER

Wenn ihr eure Listen bereits in einem großen, schwarzen A4-Terminplaner oder einem Notizbuch verwaltet, dann ist dies vielleicht auch weiterhin der beste Ort für euch. Wahrscheinlich werdet ihr nun von einer ganz normalen To-do-Liste dazu übergehen müssen, Platz für eine Hauptaufgabenliste, Projektliste, eine „Warten auf“-Liste und den Park der guten Ideen zu schaffen. Es gibt viele Möglichkeiten, dies zu tun, doch die folgende scheint die beste zu sein, die ich gefunden habe und die wir auch empfehlen:

- **Verwendet die Umschlaginnenseite für eure Projekte.**
  Projekte verändern sich nicht allzu sehr von Woche zu Woche. Wenn ihr also ein Notizbuch oder gar einen Terminplaner verwendet, könnt ihr darauf wetten, dass die meisten dieser Projekte für den Großteil der Zeit, in der das Buch benutzt wird, Bestand haben werden. Die hinteren Innenseiten verwendet ihr dann für eure Hauptaufgaben- und „Warten auf“-Listen. Bewahrt den Park der guten Ideen am besten an einem anderen Ort auf, zum Beispiel in einer digitalen Referenzdatei oder auf einem Blatt Papier in einer Schublade. Wenn ihr einen Terminplaner verwendet, könnt ihr die Punkte von eurer Hauptaufgabenliste nehmen und in den betreffenden Tag übernehmen.

- **Verwendet den vorderen Teil des Notizbuchs wie gewohnt.**
  Auch bei einem Notizbuch aus Papier habt ihr den vorderen Teil zum Erfassen und Sammeln frei. Widersteht der Versuchung, alles sofort in die Hauptaufgabenliste einzutragen. Seid diszipliniert und folgt dem Ninja-Entscheidungsprozess, bei dem das „Nein“-Sagen genauso wichtig ist wie das Kategorisieren eurer „Jas“. Auf diese Weise habt ihr die Erlaubnis, kreative, verrückte und manchmal auch schlechte Ideen zu haben – ohne dass sie versehentlich auf eurer Hauptaufgabenliste landen!

- **Reißt die Rückseiten – die Hauptaufgabenliste – heraus, wenn es unübersichtlich wird.**
  Ihr könnt die hinteren Seiten einmal pro Woche herauszureißen und dies auch regelmäßig tun, doch der Trick besteht darin, dies zu tun, kurz bevor die Liste unübersichtlich wird. Wenn viele Aufgaben erledigt sind und die Liste anfängt, chaotisch auszusehen, beeinträchtigt dies eure Sicherheit und Klarheit und versetzt euch in Stress. Wenn euch der Platz ausgeht, reicht das manchmal schon aus, euch unterbewusst dagegen zu sträuben, Dinge in die Hauptaufgabenliste aufzunehmen. Ihr müsst den Überblick behalten.

WORD-DOKUMENT ODER TEXTDATEIEN

Ähnlich wie Stift und Papier ist auch Microsoft Word allgegenwärtig und die meisten Menschen können ganz gut damit umgehen, wenn es um einfache Listen geht oder darum, Dinge auf einer Seite neu zu arrangieren. Word hat den weiteren Vorteil, dass ihr Tabellen einfügen und Schriftarten, Textgrößen, ... auswählen könnt, sodass ihr eure Hauptaufgabenliste zweckmäßig, farbig und übersichtlich gestalten könnt. Wenn ihr alle eure Listen in einem einzigen Word-Dokument speichern müsst, haltet euch an die folgende Reihenfolge:

1. **Die tägliche To-do-Liste**
2. **Die Hauptaufgabenliste**
3. **Die „Warten auf“-Liste**
4. **Die Projektliste**
5. **Der Park der guten Ideen**

Da ihr einen möglichst direkten Zugriff auf eure tägliche To-do- und Hauptaufgabenliste haben möchtet und die anderen in abnehmender Häufigkeit benötigt, ist dies in der Regel der beste Weg. Achtet darauf, dass nichts auf die nächste Seite überläuft und benutzt die Seitenumbruchfunktion in Word, um sicherzustellen, dass ihr eine solide Trennlinie habt, um Verwirrung zu vermeiden. Ich würde ebenfalls empfehlen, zwei oder drei Spalten auf einer Seite zu verwenden, um zu vermeiden, dass aus eurer Hauptaufgabenliste ein unhandliches, zehnseitiges Dokument wird!

MICROSOFT OUTLOOK

Outlook ist seit Jahren mein Hauptprogramm für E-Mails, Kalender und Kontakte. Viele Jahre lang habe ich es auch als meinen primären Aufgabenplaner verwendet, und obwohl ich dies inzwischen aufgegeben habe, tat ich das nur ungern: Als Aufgabenplaner wird Outlook oft unterschätzt! Der Grund, warum so wenige Menschen das Programm Outlook Aufgaben mögen, ist, dass seine Leistungsfähigkeit und Flexibilität versteckt sind. Wenn ich mit jemandem zusammenarbeite und ihn bitte, mir den Aufgabenbereich in Outlook zu zeigen, sehe ich immer die ersten Dinge, die diese Person gemacht hat, als sie mit ihrem Job begonnen hat. Menschen beginnen mit der guten Absicht, die Aufgaben-App zu verwenden, um den Überblick zu behalten. Mit den Standardeinstellungen von Outlook wird jedoch alles in einer langen Liste zusammengefasst, was die Menschen schnell abstößt, weil sie erkennen, dass wichtige Dinge in einer langen, amorphen Liste leicht untergehen können. Der Trick bei Outlook Aufgaben besteht darin, die Funktion Kategorien zu verwenden, mit der ihr Kategorien erstellen könnt, wie zum Beispiel:

- **Büro – Proaktiv**
- **Zuhause**
- **Lisa Warten**

Durch die Verwendung von Kategorien ist es auch möglich, mehr als eine Art von Unterlisten zu erstellen. Ihr könnt zum Beispiel das „#"-Symbol für Orte und das „@" für Personen verwenden. Auf diese Weise könnt ihr die verschiedenen Arten von Listen gruppieren und leichter verwalten. Achtet nur darauf, dass die wichtigsten Listen am leichtesten zugänglich sind.

Spielt ein wenig damit herum und scheut euch nicht, unkonventionelle Listen auf eure Bedürfnisse zuzuschneiden: Es ist schließlich euer zweites Gehirn.

EXCEL

Wenn ihr euch sehr gut mit Excel auskennt, kommt ihr vielleicht zu dem Entschluss, dass dieses Programm für euch der beste Ort ist, um eure Listen zu führen. Ich habe schon einige wirklich gute Anwendungen von Excel gesehen, bei denen verschiedene Registerkarten für verschiedene Orte und Listen verwendet werden. Ich habe auch gesehen, dass es gut funktionieren kann, wenn alle Informationen auf einem einzigen Blatt stehen und man dann mit Hilfe von Filtern wählen kann, ob man sich in der Ansicht „Projektliste", „Hauptaufgabenliste" oder „Tägliche To-do-Liste" befindet.

KARTEIKARTEN: DER „HIPSTER PDA"

Der amerikanische Produktivitätsautor und Redner Merlin Mann hat den Begriff „Hipster-PDA" geprägt, der beschreibt, wie man eine Reihe von Listen aus einem Stapel einfacher Karteikarten erstellt – die Art, wie man sie auch verwendet, um sich an die wichtigsten Punkte in einer Rede zu erinnern. Diese Karten sind eine gute Möglichkeit, um eure Listen mobil, griffbereit und übersichtlich zu halten. Verwendet für jeden Ort eine andere Karteikarte, damit ihr immer alles griffbereit habt, was ihr braucht. Und wenn eine bestimmte Karte ein wenig lädiert ist, ersetzt ihr sie einfach!

WEBBASIERTE ***TO-DO-APPS***

Der wahrscheinlich flexibelste und praktischste Ort, um eure Listen zu speichern, ist ein spezieller webbasierter Listenmanager. Diese Art von Software bietet eine Reihe von Vorteilen. Erstens ist sie speziell für diesen Zweck entwickelt worden und die guten Programme verfügen über Funktionen, mit denen ihr Unterlisten für Orte, Aufmerksamkeit und Personen relativ einfach verwalten könnt. Neben guten Kategorien für eure Hauptaufgabenliste könnt ihr dieselben Aufgaben auch nach Projekten gruppieren, wodurch ihr die Projekt- und Hauptaufgabenliste ganz einfach an einem Ort aufbewahren könnt – ändert ganz einfach die Ansicht, um das zu sehen, was ihr gerade sehen müsst!

Wenn ich zum Beispiel mit Jim zusammen bin, kann ich nur die Aufgaben aufrufen, die mit Jims Namen gekennzeichnet sind. Oder wenn ich zu Hause bin und mich gut fühle, kann ich alle Aufgaben aufrufen, die sowohl auf meiner Liste „Zuhause“ stehen als auch als „Proaktive Aufmerksamkeit“ markiert sind. Oder wenn ich im Review-Modus bin und mir alle meine Projekte ansehen möchte, ist das ganz einfach.

Webbasierte Apps und ihre Pendants auf Mobiltelefonen und Tablets bieten ebenfalls die einfachsten Optionen für textbasiertes Suchen und Kennzeichnen, sodass es möglich ist, sehr schnell und einfach zu den benötigten Informationen zu gelangen. Tatsächlich sind die Möglichkeiten, Daten in die jeweils nützlichsten Formate umzuwandeln, schier endlos. Das ist die größte Stärke von webbasierten Apps. Gelegentlich ist das aber auch ein Nachteil: Menschen lassen sich nur allzu gerne davon ablenken, eine etwas bessere Möglichkeit zur Verwaltung ihrer Listen zu suchen, anstatt sich mit dem zu begnügen, was funktioniert, und dann die Ärmel hochzukrempeln. Es ist ein schmaler Grat!

APPS FÜR ***HANDY*** *& TABLET*

Zwar nutzen viele Menschen webbasierte Apps, doch nur wenige von ihnen verwenden sie, ohne auch die entsprechende iPhone-, Android- oder Tablet-App zu nutzen. Bei der Wahl einer webbasierten App solltet ihr auch die Möglichkeiten im Auge behalten, dasselbe Werkzeug unterwegs nutzen zu können, und darauf achten, eine App zu wählen, die sowohl auf dem Computerbildschirm als auch auf mobilen Geräten funktional und benutzerfreundlich ist. Im Folgenden führe ich die wichtigsten Punkte auf, auf die ihr bei eurer Entscheidung achten solltet. Ich kann euch nur empfehlen, so viele YouTube-Videos, Kundenrezensionen, Screenshots und Produktvorstellungen wie möglich anzusehen, damit ihr ein gutes Gefühl für den Stil, den Wert und die Funktionalität der einzelnen Apps bekommt.

WORAUF IHR BEI DER AUSWAHL EINER APP ACHTEN SOLLTET:

1. Funktionalität

Ihr solltet vor allem nach einer App Ausschau halten, die mindestens folgende Funktionen bietet:

- Eine Möglichkeit, Projekte hinzuzufügen (oft als „Listen“ bezeichnet)
- Eine Möglichkeit, Unterlistenkategorien für eure Hauptaufgabenliste zu erstellen (oft „Kontexte“ oder „Tags“ genannt). Oft bieten sie sowohl eine „Tags“- als auch eine „Kontext“-Funktion; in diesem Fall könnt ihr beide für unterschiedliche Dinge verwenden!
- Eine Möglichkeit, Prioritäten zu markieren, zum Beispiel hoch, mittel und niedrig (diese können entweder so verwendet werden, wie vorgesehen, oder tatsächlich für proaktive, aktive und inaktive Aufmerksamkeit)
- Die Möglichkeit, sich mit eurem Handy zu synchronisieren – hier habt ihr den zusätzlichen Vorteil, eure Listen jederzeit einsehen oder neue Ideen festhalten zu können, egal wo ihr gerade seid!

Weitere Extras, auf die ihr achten solltet:

- Eine gute Suchfunktion und die Möglichkeit, eure häufigsten Suchen zu speichern
- Datums- und Alarmfunktion – ich persönlich vertraue meinem System genug, dass ich nicht viele Dinge nach Datum planen muss, und mein System reicht mir vollkommen als Erinnerung, doch viele Menschen finden dies eine gute zusätzliche Funktion
- Standort-/GPS-Funktionalität – die Möglichkeit, ortsspezifische Aktionen auf dem Bildschirm aufpoppen zu lassen, wenn die Software erkennt, dass

man sich an diesem Ort befindet (nicht wirklich notwendig, aber ziemlich cool!)

- Die Möglichkeit, Dinge von anderen Orten aus direkt in das Programm zu speichern. (Eine der beliebtesten Apps, Remember the Milk, erlaubt es euch zum Beispiel, Einträge zu erfassen, indem ihr sie als Tweets auf Twitter, über Gmail und über Webbrowser-Plugins versendet)

- Die Möglichkeit zur Synchronisierung mit anderen Programmen wie zum Beispiel Outlook (oft ist dies eine kostenpflichtige Zusatzfunktion und nicht im Programm selbst enthalten)

- Die Möglichkeit, eure Daten aus dem Programm zu exportieren, solltet ihr zu dem Schluss kommen, dass es für euch nicht mehr gut funktioniert. Dies ist auch eine gute Sicherheitsoption, wenn ihr euch sorgt, dass eine dieser Apps abstürzt und eure Daten dann gefangen sind, was aber zugegebenermaßen ziemlich unwahrscheinlich ist!

2. Verlässlichkeit und Erfahrungswerte

Bei jeder Software, der ihr eure Daten anvertraut und diese für euch in der „Cloud“ gespeichert werden, besteht immer ein kleines Risiko, dass die Server für kurze Zeit ausfallen und eure Listen nicht verfügbar sind. Dieses Risiko ist zwar minimal – und wird noch weiter minimiert, wenn ihr die Daten ohnehin mit eurem Handy synchronisiert –, doch es besteht auch das kleine längerfristige Risiko, dass die Software ihren kurzen Moment des Ruhms hat, bevor sie stirbt, entweder aus dem Verkehr gezogen wird oder zwar weiter existiert, jedoch langsam veraltet und nicht mehr unterstützt wird. Ohne Support habt ihr keinerlei Möglichkeit, euch an jemanden zu wenden, wenn etwas schiefgeht, und bei etwas so Wertvollem wie eurer Fähigkeit, bei der Arbeit ruhig und produktiv zu bleiben, müsst ihr einfach wissen, dass ihr in guten Händen seid.

Lest Bewertungen der Software, um nach Problemen mit der Zuverlässigkeit Ausschau zu halten, achtet darauf, was über den Kundensupport gesagt wird, wenn etwas schiefgeht, und sorgt dafür, eure wertvollen Daten jemandem anzuvertrauen, dessen Leistungsnachweise darauf hindeuten, dass er in der Lage ist, sie zu schützen. Bewertungen zählen. Auch hier gilt: Als Early Adopter ist es in Ordnung, ein zusätzliches Risiko einzugehen, ohne dafür die Garantie auf eine zukünftige Belohnung zu bekommen, doch für den Rest von uns ist es besser, sich auf die Sicherheit eines Unternehmens mit einer soliden Erfolgsbilanz zu verlassen.

3. Eleganz

Es gibt ein oder zwei neuere Spieler auf dem Markt, die definitiv beginnen, die stilistischen Ansprüche in die Höhe zu schrauben. Solange sie alle oben genannten Eigenschaften aufweisen, ist das auch in Ordnung. Eine elegante Benutzeroberfläche, die eine einfache und ansprechende Bedienung ermöglicht, ist natürlich ein wichtiger Bestandteil der Anziehungskraft für technikaffine Menschen. Wenn sich etwas einfacher bedienen lässt, wird man es instinktiv häufiger benutzen. Alles, was die Interaktion mit euren Listen zu einem Vergnügen macht und dafür sorgt, dass ihr immer wieder auf sie zurückgreift, ist sicherlich zu begrüßen. Achtet jedoch darauf, dass es nicht nur um das Aussehen geht, sondern vor allem um den Inhalt.

4. Preis

Zu guter Letzt und sicherlich am unwichtigsten ist der Preis. Dafür gibt es zwei Gründe: Zum einen gibt es am erschwinglicheren Ende des Marktes Apps, die in der Website-Version kostenlos und in der Handy- und Tablet-App-Version entweder kostenlos oder spottbillig sind. Viele sind komplett kostenlos, doch priorisiert nicht die kostenlosen Apps gegenüber denen, die eine kleine Summe kosten – überwindet diese kleine mentale Barriere und zahlt für etwas, wenn es besser ist! Ein paar Euro für eine gute Handy-App zu bezahlen, die ihr jahrelang täglich nutzen werdet, sollte niemals ein Problem sein, wenn ihr bedenkt, wie leicht ihr dieses Geld anderswo verschwenden würdet. Der Wert, den die richtige App im Vergleich dazu schafft, ist enorm. Genauso gibt es am teuren Ende des Marktes einige sehr angesehene Apps, die eine ganze Stange Geld kosten, und doch kenne ich Menschen, die sie so gerne benutzen, dass sie das Geld einfach nicht in Betracht ziehen. Denkt mal darüber nach: Selbst die 100 Euro, die ihr für die perfekte App ausgebt, haben sich sehr schnell amortisiert, wenn ihr euch die Extra-Einnahmen, die zusätzlichen Provisionen, die Gehaltserhöhungen oder den geringeren Stress vor Augen führt, die so eine App bringen kann. Wenn ihr an all die Hobbys und Freizeitbeschäftigungen denkt, für die ihr gerne Geld ausgebt, um Stress abzubauen, sollte es kaum ein Problem darstellen, ein paar Euro pro Monat für die richtige App auszugeben, wenn sie für euch funktioniert.

WELCHE APP?

Wenn ihr also überzeugt seid, dass ihr ein spezielles Organisations-Werkzeug in Betracht ziehen solltet, welche App solltet ihr dann wählen? Hier sind meine Top-Tipps. (Ich habe *keinerlei* kommerziellen Anreiz, eine dieser Anwendungen zu empfehlen, daher ist diese Liste vollkommen objektiv, falls ihr euch das fragt).

Nozbe

Ich benutze Nozbe mittlerweile seit vielen Jahren. Sein Schöpfer, Michael Sliwinski, ist ein echter Produktivitätsnerd und Gründer des *Productive! Magazine*. Nozbe ist nicht das billigste Programm auf dem Markt – es kostet im monatlichen Abonnement etwa 8 Euro –, hat aber eine Reihe von sehr treuen Anhängern, die es lieben. Es lohnt sich, es einmal auszuprobieren. Es verfügt über eine großartige Teamfunktion, wenn ihr eine Gruppe von Personen habt, die Projekte und Aufgaben teilen wollen, und es gibt großzügige Rabatte, wenn ihr eine Reihe von Lizenzen kaufen und sie im Büro teilen wollt.

Todoist

Todoist hat viele Fans und funktioniert auf vielen verschiedenen Plattformen. Die meisten Mitglieder des Think Productive-Teams sind entweder Todoist- oder Nozbe-Nutzer. Tatsächlich sind beide Apps hervorragende Produkte und es gibt kaum etwas, was eher für die eine als für die andere sprechen würde. Einer der Produktivitäts-Ninja von Think Productive, Lee, ist ein Todoist-Fanatiker. Die Website hat ein klares, aber farbenfrohes Drag-and-Drop-Design, und auch die Handy-App ist gut designt. Es gibt auch eine ganze Reihe anderer Funktionen, wie zum Beispiel Plug-ins, die sich direkt in verschiedene Browser, E-Mail-Systeme und Kalender integrieren lassen. Wir erhalten oft Nachrichten von Menschen, die an einem von Lees Workshops teilgenommen haben und von den Vorzügen von Todoist schwärmen, nachdem sie von Lees Demonstration seiner Konfiguration inspiriert wurden!

OmniFocus

Nur für Apple erhältlich. Omni hat Merlin Mann, den Schöpfer von *Inbox Zero* und *43folders.com*, in das Design von OmniFocus miteinbezogen, und das zeigt sich auch in der Funktionalität der App. Es ist ziemlich teuer (Proversion etwa 100 Dollar, auch als Abo erhältlich), hat jedoch eine Menge treuer Anhänger und verfügt über integrierte Funktionen, die bei wöchentlichen Checklisten und dem üblichen Aufgabenmanagement helfen. Das Programm ist sehr elegant und ich würde es wahrscheinlich selbst nutzen, wenn es plattformübergreifend verfügbar wäre. Unser irischer Ninja Keith verwendet diese App und scherzt, dass die Kosten eigentlich ein Vorteil sind: Wenn man erst einmal „richtiges Geld" für eine App bezahlt hat, fühlt man sich mehr an sie gebunden und verschwendet weniger Zeit damit, immer wieder andere Apps auszuprobieren.

Evernote

Evernote wurde nicht ausschließlich zur Aufgabenverwaltung entwickelt, sondern ist eine App, die ich auch für andere Zwecke verwende (als „digitaler Aktenschrank" und als „digitales Notizbuch"). Und obwohl sie zwar nicht die praktischste App ist, um seine Aufgaben im Blick zu behalten, ist es doch sinnvoll, diese Funktionalität mit einem Ort zu kombinieren, an dem ihr bereits arbeitet. Wenn ihr also bereits mit Evernote arbeitet und eure Projekte und Hauptaufgabenliste nicht sehr komplex sind, ist Evernote das perfekte Werkzeug dafür.

Microsoft To Do

Microsoft To Do, das nach der Übernahme durch Microsoft aus Wunderlist hervorgegangen ist, ist äußerst benutzerfreundlich und hat ein schönes, übersichtliches Design. Es ist Teil von Office 365. Wenn ihr dieses Paket also bereits besitzt und ihr eure Arbeit gerne am Arbeitsplatz lasst, ist dies eine perfekte (und kostenlose) Option. Auch wenn ihr aufgrund der Informationsrichtlinien eures Unternehmens Bedenken habt, eure beruflichen Aufgaben auf eurem privaten Gerät zu verwalten, solltet ihr hier beginnen.

WIE IHR DEN ABLAGEORT FÜR EURE LISTEN AUSWÄHLT …

Die große Auswahl mag verwirrend erscheinen: Es gibt nicht nur Hunderte von Apps, sondern auch Word, Excel, Papier, Outlook, Karteikarten und unzählige andere Optionen. Wenn ihr also hin- und hergerissen seid, denkt an zwei wichtige Dinge:

1. Es ist viel besser, sich für etwas zu entscheiden, von dem ihr euch auch vorstellen könnt, es zu verwenden, als für etwas, von dem ihr glaubt, dass ihr es benutzen *solltet*. Wenn eure Chefin euch zu Outlook drängt oder der Druck

von Kollegen euch dazu verleitet, eine technologische Lösung auszuprobieren, obwohl ihr lieber mit Stift und Papier arbeiten würdet, bleibt bei dem, was ihr kennt und womit ihr euch wohl fühlt.

2. Es ist viel besser, bei einem System zu bleiben, als das Risiko einzugehen, viel Zeit und Aufmerksamkeit zu verschwenden, indem ihr immer wieder etwas Neues ausprobiert. Auch wenn ein Wechsel alle zwei bis drei Jahre eine gute Möglichkeit sein kann, eure Listen ein wenig aufzupolieren, solltet ihr es vermeiden, jedes Mal das Gefühl zu haben, noch mehr Listen managen zu müssen. Es liegt in der Natur der Sache, dass die zusätzlichen zehn Minuten, die man mit Listen verbringt, zehn Minuten weniger sind, die man fürs *Erledigen* nutzen kann. Da es hier um Produktivität geht und nicht nur darum, gut organisiert zu sein, solltet ihr euch davor hüten, in diese Falle zu tappen. Perfektion ist der Feind: „Gerade gut genug, um super-produktiv zu sein“ sollte euer Mantra sein.

ÜBUNG: ENTSCHEIDUNGEN TREFFEN WIE EIN NINJA

Was ihr benötigt: Die Aufgabenverwaltung eurer Wahl, euren Terminplaner/Kalender, eure Ablagefächer (Eingang, „Warten auf", Ausgang), eure Referenzablage (Papier oder digital) und einen Papierkorb

Wie lange es dauert: 1-2 Stunden

Ninja-Mentalität: Einsatzbereitschaft, zenartige Ruhe, Skrupellosigkeit

Der Zweck der Organisationsphase besteht darin, Klarheit über alle eure Projekte zu erlangen und euch mit jedem neuen Input, den ihr erfasst und gesammelt habt, auseinanderzusetzen. In dieser Übung werden wir die tägliche Kunst der Ninja-Entscheidungsfindung mit all den Dingen in eurem Ablagefach aus der vorherigen Übung „Das große Erfassen und Sammeln" nachvollziehen.

Das Ziel dieser Übung ist es, dieses Fach *komplett leer* zu bekommen. Auf diese Weise habt ihr dann alle Aufgaben und Projekte geklärt, die mit den einzelnen Dingen in eurem Fach zusammenhängen, und diese auf euren verschiedenen Listen eingetragen.

ANLEITUNG

- Nehmt den obersten Artikel aus eurem Ablagefach.
- Folgt dem CORD-Diagramm und stellt die „Organisieren"-Fragen, um über die nächsten physischen Handlungsschritte, Projekte und Deadlines zu entscheiden.
- Wiederholt den Vorgang mit jedem Artikel in eurem Fach, bis das Fach leer ist (und eure Hauptaufgabenliste voll!).

„Ich sage nicht, dass es einfach sein wird; ich sage, dass es sich lohnen wird."
– Art Williams

REGELN

Es gibt hier nur wenige Regeln, doch diese sind wichtig:

1. Ihr könnt andere täuschen, aber niemals euch selbst – drückt euch niemals davor, schwierige Entscheidungen zu treffen, denn dieser Akt der Prokrastination führt nur zu noch mehr Quatschis und zukünftigem Stress. Es gibt kein Entrinnen. Ihr seid Ninja. Ihr werdet skrupellosen Fokus anwenden und die Sache zu Ende bringen.

2. Keine Chance, die guten Sachen herauszupicken. Genau wie wir es bei E-Mails gemacht haben, arbeitet eins nach dem anderen ab. Greift euch den obersten Artikel des Stapels und legt ihn erst wieder aus der Hand, wenn ihr bereit seid, dieses Stück Papier auf euren Referenzstapel, in den Papierkorb oder an einen anderen Ort zu bringen, an den es gehören soll.

3. Erledigt die schnellen Aktionen an Ort und Stelle. Bündelt die Dinge, die abgelegt werden müssen. Geht nach dem Grundsatz vor, dass ihr Dinge, die ihr in wenigen Minuten erledigen könnt, sofort erledigt, anstatt sie auf eure Hauptaufgabenliste zu schreiben: Es ist besser, eine gewisse Dynamik zu erzeugen, solange die Entscheidung noch frisch in eurem Kopf ist, und spart eure Listen für die umfangreicheren Aufgaben auf.

4. Ignoriert alle anderen Ablenkungen – schaltet eure E-Mails aus, stellt euer Handy auf lautlos und vergrabt es ganz unten in eurer Tasche. Konzentriert euch auf die intensive Denkarbeit, die diese Übung erfordert, und fokussiert euch darauf, die skrupellose Routine der Entscheidungsfindung zu entwickeln.

WIE LANGE WIRD DAS DAUERN?

Es ist wirklich schwer vorherzusagen, wie lange diese Übung dauern wird, denn jeder Mensch ist anders. Es ist selten, dass sie weniger als eine halbe Stunde dauert. Die meisten Menschen können sie innerhalb von etwa einer Stunde abschließen. Nehmt euch zwei Stunden Zeit, damit ihr euch nicht gehetzt fühlt, und dann solltet ihr auch in der Lage sein, die Übung in dieser Zeit zu erledigen. Dies ist jedoch kein Wettbewerb: Wenn ihr mehrere Stunden braucht, um den ersten Gedanken zu Ende zu bringen, liegt das nur daran, dass ihr sehr viel zu bewältigen habt. Ihr werdet dann jedoch auch zu denjenigen gehören, die am meisten von der Dynamik profitieren, die sich daraus ergibt.

AM ENDE DER ÜBUNG SOLLTET IHR FOLGENDES HABEN ...

- Ein leeres Ablagefach
- Eine ziemlich volle Hauptaufgabenliste, untergliedert in Orte und eventuell auch Aufmerksamkeit und Personen
- Einen Papierkorb voller Papierschnipsel und vielleicht sogar einen großen Stapel alter Berichte, Broschüren und so weiter
- Eure daraus entstandene Projektliste, „Warten auf"-Liste und den Park der guten Ideen
- Vielleicht ein oder zwei Deadlines im Kalender

WIE FÜHLT IHR EUCH?

Wie fühlt es sich an, wenn ihr all diese Dinge unter Kontrolle gebracht habt? Für viele ist es ein sehr tiefgreifendes Gefühl. Normalerweise machen wir so etwas nicht oft, es sei denn, wir stecken mitten in einem großen Projekt, wie zum Beispiel kurz vor dem Urlaub, wenn wir einen neuen Job antreten oder beenden, in eine neue Stadt umziehen oder den Frühjahrsputz angehen, doch warum sollten wir dieses Gefühl der Vollständigkeit und Klarheit nicht viel regelmäßiger erleben? Das CORD-Produktivitätsmodell und euer zweites Gehirn werden die Gewohnheiten entwickeln, um euch mindestens einmal pro Woche, wenn nicht sogar einmal am Tag, das Gefühl von Kontrolle zu verschaffen.

Fühlt ihr einen plötzlichen Energieschub? Es kann unglaublich befriedigend sein, genau zu wissen, was ihr zu tun habt, und wie ihr es tun müsst. Eine solche Energie führt zu Phasen der Hyperproduktivität, was die Motivation steigert. Stets alles unter Kontrolle zu haben, trägt zu dem Momentum bei, mehr erledigen zu wollen. Wenn ihr in diesem Buch immer wieder das Wort „Momentum" gelesen und nicht ganz verstanden habt, dann könnt ihr das hoffentlich jetzt!

Seid ihr ein Ninja?

- Ein Ninja ist agil und eliminiert Stress, um im Hier und Jetzt zu arbeiten; sein zweites Gehirn ist so organisiert, dass es ihm genau sagt, was er zu jedem Zeitpunkt tun könnte.
- Ein Ninja ist vorbereitet und weiß genau, was zu tun ist.
- Ein Ninja erlangt eine zenartige Ruhe und ist entspannt und souverän in Bezug auf das, was er gerade *nicht* tun kann, weil sein zweites Gehirn auf dem aktuellen Stand ist und ihm die Sicherheit gibt, dass alles, was er gerade nicht tut, unter Kontrolle ist.

8. DIE GEWOHNHEIT „REVIEW"

„Um Wissen produktiv zu machen, müssen wir lernen, sowohl den Wald als auch den Baum zu sehen. Wir müssen lernen, Verbindungen herzustellen.“
– Peter Drucker

Das Gefühl der Eigendynamik, wenn ihr erst einmal ins Rollen gekommen seid, lässt den Erledigen-Teil des CORD-Prozesses mühelos erscheinen. Dies kommt von der Klarheit und der Kontrolle, die ihr durch eure neuen Gewohnheiten habt. Viel zu oft verschieben wir diese Art des Nachdenkens – darüber, was genau getan werden muss – bis eine Deadline drohend näher rückt und wir riskieren, unter Druck schlechte Entscheidungen zu treffen. Und selbst wenn wir dann doch die richtigen Entscheidungen treffen, ist das immer noch auf Kante genäht, und das ist stressig.

Es ist jedoch schwierig, jeden Tag oder jede Woche den Überblick über die neuen Informationen und Entscheidungen zu behalten. Die Nicht-Ninja-Art, damit umzugehen, besteht darin, ständig zwischen dem Arbeiter- und Chefmodus hin- und herzuspringen, überzeugt, dass im jeweils anderen Modus noch mehr undefinierte Arbeit zu erledigen ist. Dabei kommen wir nie zu einem Ergebnis, und obwohl wir zwar einerseits ein *wenig* Klarheit gewinnen, erzeugen wir andererseits auch Stress, weil einfach zu viel auf der Strecke bleibt.

Es gibt einen besseren Weg. Es wäre natürlich schön, wenn dieser bessere Weg darin bestünde, „einfach loszulegen“ und den Chef vollkommen zu ignorieren. Die Wahrheit ist jedoch, dass wir unser Chef-Ich brauchen, und es ist zwingend erforderlich, dass es an einem Führungsseminar teilnimmt und ein paar bessere Fähigkeiten lernt! Wir brauchen von ihm absolute Klarheit, nicht diese flüchtigen Momente von „Oh ja, wir müssen ...“ oder „Das ist eine gute Idee, lass uns ...“. Wenn ihr all diese kurzen Momente des Nachdenkens über eure Arbeit zusammenzählt, kämt ihr auf mehrere Stunden pro Woche. Doch diese Zeit bringt uns nicht wirklich etwas, weil wir dazu neigen, den Denkprozess nicht zu beenden. Tatsächlich führt das eher zu mehr Stress als zu mehr Klarheit. Ein Ninja nimmt das Denken ernst und trennt das Denken vom Tun.

Wie also im vorangegangenen Kapitel besprochen, werden wir zwei Checklisten erstellen, um die Struktur und die Konsistenz zu schaffen, die eure Review-Routine unterstützt: Wöchentlich und täglich.

Um es klar zu sagen: Diese Checklisten sind KEINE To-do-Listen. Es handelt sich lediglich um Listen der konsistenten Denk- oder Verhaltensweisen, die eure tägliche oder wöchentliche Review-Zeit ausmachen.

Diese beiden Reviews sind die Momente in eurem Tag oder in eurer Woche, an denen euer Chef-Ich die Kontrolle übernimmt. Deshalb verwenden wir auch Checklisten – denn Checklisten sind eine der wichtigsten Geheimwaffen von Chefs und Unternehmern auf der ganzen Welt, von Toyota bis Tesco.

Checklisten bringen Konsistenz in den Prozess. In Michael Gerbers fantastischem Buch *The E-Myth Revisited* liefert der Autor eines der überzeugendsten Argumente für die schlichte Checkliste, das mir je untergekommen ist. Eines der Beispiele, die Gerber anführt, sind die Checklisten, die das Betriebshandbuch eines Franchise-Unternehmens wie McDonald‘s ausmachen.

Was auch immer man vom Essen bei McDonald‘s halten mag, die Konsistenz ist nicht zu leugnen – ein Big Mac in Singapur schmeckt genauso wie in London oder New York oder einen Kilometer von eurem Haus entfernt. Diese Konsistenz ist das Kernstück der Erwartungen von McDonald‘s Kunden. Die Menschen gehen zu McDonald‘s, weil sie wissen, was sie bekommen. Stellt euch vor, ihr könntet auch eure Arbeit so konsistent und zuverlässig erledigen – *und* das mit so wenig täglicher Denkarbeit wie McDonald‘s seine Burger und Pommes herstellt! Das Schöne an Checklisten ist, dass McDonald‘s keine ausgebildeten Köche braucht, die die Burger zubereiten, sondern lediglich Personal, das sich an die Checkliste halten kann – die einst von einem ausgebildeten Koch erstellt wurde. Checklisten helfen also auch bei der Delegation von Aufgaben, bei der Arbeitsteilung oder bei der Vertretung, wenn man selbst einmal nicht da ist. Checklisten schaffen Klarheit, die für Dynamik sorgt, und Checklisten verringern Unsicherheit, die Reibungsverluste verursacht.

Betrachtet die Gewohnheit des Reviews als die Zeit, in der sich euer Chef-Ich und euer Arbeiter-Ich zusammensetzen und die Arbeit planen. Sie ist eure ganz persönliche Führungsaufsicht, Planungsmeeting und Denkzeit in einem. Eine gute Kommunikation zwischen Chef und Arbeiter spart Zeit und vermeidet Fehler.

Ebenso fördern gute Review-Gewohnheiten Klarheit, reduzieren Stress, erhöhen die Kontrolle und steigern die Produktivität.

DIE WÖCHENTLICHE CHECKLISTE

Eine konzentrierte Denkzeit von einer bis zwei Stunden pro Woche reicht aus, um den spielerischen, produktiven Schwung und die Kontrolle zu erzielen, die wir für den Rest der Woche brauchen. In diesem Kapitel zeige ich euch, wie ihr euer wichtigstes Review-Werkzeug gestalten könnt: die wöchentliche Checkliste. Sie ist die Crème de la Crème der Chefzeit: Zeit zum Nachdenken, Entscheiden, Neupriorisieren, zum Entwickeln von Strategien und Visionen und zum Wiederbeleben von Projekten und Aufgaben in Vorbereitung auf die kommenden Schlachten. Sie ist der ultimative Moment der Einsatzbereitschaft, Achtsamkeit und gelegentlichen Unkonventionalität, die ihr ohne die Zeit für konzentriertes Nachdenken nie würdet umsetzen können. Die wöchentliche Checkliste stellt sicher, dass eure Hauptaufgabenliste auf dem neuesten Stand ist und ihr wisst, was in der kommenden Woche ansteht.

DIE TÄGLICHE CHECKLISTE

„Hüte dich vor der Unfruchtbarkeit eines geschäftigen Lebens.“
– Sokrates

Die tägliche Checkliste ist ein sehr kurzes Werk konzentrierten Denkens – etwa fünf Minuten –, das euch auf den Tag einstimmt. Sie ist auch der Moment, um eure tägliche To-do-Liste zu erstellen, indem ihr eure Hauptaufgabenliste durchseht und die Aufgaben heraussucht, die ihr an diesem Tag bearbeiten wollt. Der ideale Start in den Tag – ein Moment der Klarheit und Ruhe, bevor der ganze Lärm von E-Mails und anderen neuen Informationen hereinbricht. Die tägliche Checkliste hilft dabei, eine starke und produktive Routine zu entwickeln. Dies ist ein großartiges Beispiel dafür, wie unser zweites Gehirn die Intuition und Intelligenz (die tägliche Checkliste) und das Gedächtnis (die Hauptaufgabenliste) bereitstellt, um unserem echten Gehirn zu helfen, produktiv zu bleiben. Überlegt euch einmal, wie sich euer echtes Gehirn an einem verregneten Donnerstagmorgen nach einer schlecht durchgeschlafenen Nacht fühlt – hoffentlich versteht ihr jetzt langsam, warum das zweite Gehirn so notwendig und so effektiv ist.

„Die Fähigkeit zur Vereinfachung bedeutet, das Unnötige zu eliminieren, damit das Notwendige sprechen kann."
– Hans Hofmann

NICHT DENKEN, EINFACH TUN. MÜHELOS.

Angesichts der täglichen und wöchentlichen Checklisten kommt ihr vielleicht zu dem Schluss, dass ich euch gerade gebeten habe, eurer Woche zwei zusätzliche Arbeitsstunden hinzuzufügen. Ich habe nichts dergleichen getan. Ein Großteil der Denkarbeit, die ihr mit Hilfe der Prozesse einer wöchentlichen und täglichen Checkliste leistet, ist Denkarbeit, für die ihr viel *mehr* Zeit aufwenden müsstet, würdet ihr diese Prozesse nicht nutzen – mit dem Unterschied, dass ihr sie derzeit nicht bewusst von eurer übrigen Arbeit trennt und länger dafür braucht, weil ihr immer wieder auf sie zurückkommen müsst, ohne sicher zu sein, die volle Klarheit zu haben.

Das wirklich Schöne an eurer wöchentlichen und täglichen Checkliste ist, dass sie das Denken vom Tun trennen. In diesen wenigen Stunden pro Woche deckt ihr das Nachdenken ab und habt den Rest der Woche für das Tun übrig. Euer Arbeiter-Ich hat so viel Klarheit darüber bekommen, was zu tun ist, dass ihr nur noch entscheiden müsst, wann, nicht aber warum und wie. Alles, was ihr den Rest der Woche über tun müsst, ist, euch auf eure Hauptaufgabenliste zu verlassen, euer Aufmerksamkeitslevel im Blick zu haben und in euch hineinzuhören, um den Überblick zu behalten. Stellt es euch vor. Kein Nachdenken mehr über Prioritäten, Strategien und Möglichkeiten: nur reines, ungetrübtes Handeln.

Diejenigen, die die Notwendigkeit eines solch formalen Prozesses wie den der wöchentlichen Checkliste in Frage stellen, ändern ihre Meinung schnell, wenn sie die Freiheit erleben, die sie liefert. Dieser Prozess befreit euch von der Notwendigkeit, ständig zwischen Chef- und Arbeitermodus hin- und herzuspringen, und gibt euch die Freiheit, einfach loszulegen und eure Arbeit zu erledigen, aus der sicheren Position heraus, dass ihre die richtige Arbeit auf die richtige Weise macht.

DEN WALD VOR LAUTER BÄUMEN SEHEN

„Für sich selbst zu denken, ist immer noch ein radikaler Akt."
– Nancy Kline

Durch die Dynamik und Komplexität unserer überladenen Welt, in der wir die meiste Zeit unseres Tages in den Schützengräben des Arbeitsalltags verbringen, bekommen wir nur selten die Perspektive auf unsere Gesamtsituation, um wirklich „den Wald vor lauter Bäumen zu sehen“. Ich beschreibe die Prozesse einer wöchentlichen und täglichen Checkliste als die Zeit, in der ihr eure Arbeit von *oben* betrachtet. Sie liefern euch eine strategische Übersicht aus der Vogelperspektive, und glaubt mir, das ist kraftvoll und befreiend. Die beruhigende Wirkung, die das Durcharbeiten einer umfassenden wöchentlichen Checkliste hat, ist tiefgreifend. Am Ende meines Reviews fühle ich mich oft leichter, selbstbewusster, agiler und den anstehenden Aufgaben mehr gewachsen. Es ist, als hätte euer Chef-Ich selbst gerade die beste Motivationsrede gehalten, damit ihr euch inspiriert und gestärkt fühlt. Wenn ihr gleich morgens, bevor der ganze Wahnsinn losgeht, eine tägliche Checkliste erstellt, habt ihr die nötige Agilität und das Selbstvertrauen, alle auf euch zukommenden Aufgaben anzugehen. Wenn ihr eure wöchentliche Checkliste an einem Freitagnachmittag erledigt, habt ihr die Zuversicht und den Seelenfrieden, um am Wochenende abzuschalten und zu genießen, was immer ihr vorhabt. Oder wenn ihr eure wöchentliche Checkliste lieber an einem Montag erstellt, reicht allein schon das Wissen, dass ihr eure wöchentliche Checkliste als Starthilfe für den Montag im Kalender habt, um am Freitagabend gut gelaunt ins Wochenende zu gehen! Wir werden uns mit der optimalen Zeit für eure wöchentliche Checkliste in der nächsten Übung beschäftigen.

GENUSSVOLLES PROJEKTMANAGEMENT

Einige der Punkte auf der wöchentlichen Checkliste, über die wir gleich sprechen werden, sind einfach nur banales, altmodisches Projektmanagement. Viele Menschen verwechseln Projektmanagement mit Projektplanung. Sie sind fixiert auf und abhängig von Software zur Projektplanung oder komplizierten Diagrammen, obwohl es in Wirklichkeit nur darauf ankommt, dass jemand den Plan regelmäßig managt, überprüft und anpasst, damit alles agil und zweckgemäß bleibt. Der detailversessene, vorausplanende Ansatz von Projektmanagement ist mühselig: Er ist gekennzeichnet durch zu viel Denken, zu viel Planung und letztlich zu wenig Resultate. Wenn ihr jedoch schon einmal an einem Projekt beteiligt wart, das von einer wirklich exzellenten, professionellen Projektmanagerin geleitet wurde, wisst ihr, dass doch etwas Magisches dahinterstecken muss. Die wöchentliche Checkliste liefert gerade genug, um die Dinge glänzend steuern zu können, doch nicht so viel, dass das Denken zur Last wird.

Dies ist die Zeit in eurer Woche, in der euer innerer Projektmanager auf den Plan treten kann. Diese Checkliste bietet euch die nötige Präzision und Disziplin, um nicht nur ein Projekt, sondern alle Projekte auf eurer Projektliste kompetent zu leiten. Ihr verwendet die Checkliste, um die nächsten Aktionen für jedes einzelne Projekt festzulegen, wobei euch die Abhängigkeiten und gegenseitigen Wechselwirkungen vor Augen geführt werden. Das ist kein Projektmanagement im herkömmlichen Sinne, sondern eher ein „Projektmanagement-Ansatz".

Lasst uns also diese beiden wichtigen Checklisten zum Review im Detail besprechen und dann seid ihr an der Reihe, eure eigenen zu erstellen.

DIE STUFEN DER WÖCHENTLICHEN CHECKLISTE

Jede Checkliste ist anders, doch es gibt einige gleichbleibende Aspekte in einer konsistenten Reihenfolge, welche die wöchentliche Checkliste charakterisieren. Am Ende dieses Kapitels werden wir diese Stufen im Detail durchgehen und eure ganz persönliche wöchentliche Checkliste erstellen; für den Moment sind die fünf wichtigsten Stufen wie folgt:

1. **Bringt alle eure Inputs zurück auf Null**
2. **Bringt euer zweites Gehirn auf den aktuellen Stand**
3. **Denkt voraus**
4. **Macht euch bereit**
5. **Fragen**

Schauen wir uns jedes dieser Elemente der Reihe nach an.

1. BRINGT ALLE EURE INPUTS ZURÜCK AUF NULL

Im ersten Teil der wöchentlichen Checkliste überprüft ihr, ob ihr bei den in den vorangegangenen Kapiteln besprochenen Gewohnheiten „Erfassen und Sammeln" sowie „Organisieren" auf dem aktuellen Stand seid. In einer durchschnittlichen Woche bin ich vielleicht nur für ein paar Tage im Büro. Während ich also unterwegs zwar Zugriff auf meine E-Mails habe und weiterhin Ideen erfassen und organisieren kann, brauche ich doch oft die ruhige Zeit zurück an meinem Arbeitsplatz, um das Erfassen, Sammeln und Organisieren vollumfänglich aufzuholen. Eine der Stärken der wöchentlichen Checkliste ist, dass sie euch ein gewisses Maß an Konsistenz bietet, da ihr wisst – ganz egal wie chaotisch eure Welt gerade wird –, dass ihr die Zeit geschaffen habt, um alles aufzuholen und wieder die Kontrolle zu erlangen. Wenn ich weiß, dass die Dinge nach ein paar Tagen unterwegs besonders außer Kontrolle geraten sind, kann ich zunächst daran arbeiten, wieder auf Null zu kommen und zu Klarheit zu gelangen, bevor ich offiziell in den Chefmodus wechsle und den Checklistenprozess beginne. Es ist schwierig, zu den späteren Stufen des Reviews und des Vorausdenkens überzugehen, wenn noch irgendwo Inputs auf einen lauern, die unsere Aufmerksamkeit erfordern. In dieser ersten Stufe geht es also darum, wieder alles auf den aktuellen Stand zu bringen: E-Mails, die Notizen aus euren Meetings, die neuesten Quatschis und Ideen, die sich aus einer arbeitsreichen Woche ergeben haben, sich an Aufgaben oder Ideen aus Gesprächen mit eurer Chefin erinnern, und alles andere dazwischen.

2. BRINGT EUER ZWEITES GEHIRN AUF DEN AKTUELLEN STAND

OK, ihr habt also wieder Klarschiff gemacht. Ihr seid jetzt also bereit, vollständig in den Chefmodus auf Ninja-Niveau zu wechseln! Ich vergleiche diesen nächsten Teil gerne mit einem Tiefseetauchgang. Es ist, als würdet ihr in die Tiefen eures zweiten Gehirns eintauchen; ihr überprüft, was euer zweites Gehirn sagt, was ansteht, und stellt sicher, dass es auch stimmt. Hier geht es darum, in euch selbst hineinzuhören. Gibt es „unbewusste Projekte“, die ihr noch nicht benannt und festgezurrt habt? Irgendwelche Projekte, über die ihr zwar nachgedacht, aber noch nicht bewusst in euer System aufgenommen habt? Damit eure Listen auch tatsächlich Teil eures zweiten Gehirns werden, müsst ihr darauf vertrauen, dass sie alles abdecken. Sobald ihr das Gefühl habt, dass es noch eine ganze Reihe anderer Projekte gibt, die nicht zu diesem System gehören, ist dieses System nicht länger die Quelle von Klarheit, sondern eine weitere Quelle von Stress. In der zweiten Stufe geht es also im Prinzip darum, euch neu zu orientieren: den Kalender der letzten Wochen durchgehen, prüfen, was ansteht, sich an die Projekte erinnern, an denen ihr zwar noch arbeitet, denen ihr

aber in dieser Woche vielleicht nicht so viel Aufmerksamkeit geschenkt habt – im Grunde genommen bedeutet dies, eure aktuelle Situation in den Griff zu bekommen, damit euer zweites Gehirn ein vollständiges „Gedächtnis" hat und ihr ihm weiterhin vertraut.

In den Stufen zwei und drei der wöchentlichen Checkliste ist eure Denkarbeit entscheidend für die gesamte Woche. Es ist die Zeit, in der eure wichtigsten Listen miteinander interagieren: die Projektliste, die Hauptaufgabenliste, die „Warten auf"-Liste und der Kalender. Jede dieser vier Komponenten ist für sich genommen gut und schön, doch erst wenn ihr sie alle zusammenbringt, entsteht Zuversicht, Vertrauen und Kontrolle. Wenn ihr diese Denkarbeit gut anstellt, könnt ihr in den nächsten sieben Tagen fast alles andere vergessen, außer eurer Hauptaufgabenliste und eurem Kalender. Alles, was ihr braucht, befindet sich auf eurer Hauptaufgabenliste, die ihr jeden Tag einsehen könnt, und euer Kalender liefert euch den Leitfaden für alle zeitspezifischen Dinge, an die ihr denken müsst.

3. DENKT VORAUS

In der Stufe des Vorausdenkens beginnt ihr, die kommende Woche zu visualisieren und sicherzustellen, dass eure Hauptaufgabenliste tatsächlich alle notwendigen Aktionen enthält, an denen ihr arbeiten könnt. Erinnert ihr euch noch, wie wir über die Idee „des nächste physischen Handlungsschritts" gesprochen haben? Dies ist der Moment in eurer Woche, an dem ihr die neuen Handlungsschritte für jedes aktive Projekt festlegt. Ihr werdet alles durchsehen, was auf eurer Projektliste, Hauptaufgabenliste und dem Park der guten Ideen steht, und auch auf neue Inputs aus eurem Umfeld achten, die sich auf eure Arbeit an den Projekten auswirken könnten. Das Ziel ist es, dem Spiel immer einen Schritt voraus zu sein. Was sind die neuen Dinge, die bei jedem dieser Projekte in der nächsten Woche geschehen müssen? Und was sind die Hindernisse, die im Weg stehen könnten? Dies ist der Zeitpunkt, an dem ihr beginnt, darüber nachzudenken, was Priorität hat und was ihr bewusst vernachlässigen wollt.

4. MACHT EUCH BEREIT

Sich bereit zu machen ist so, als würdet ihr die Schultasche eures Kindes bereits am Vorabend packen, um am nächsten Morgen Hektik zu vermeiden, oder als würdet ihr ein tolles Lunchpaket für euren morgigen Arbeitstag vorbereiten. Wir wissen, dass dies der richtige Weg wäre, doch trotzdem bereiten wir uns nur selten im Voraus vor, wenn es am Abend einfach Schöneres zu tun gibt! Doch in der entspannten Ruhe eurer wöchentlichen Checkliste schafft ein Ninja die Zeit und den Raum, um darüber nachzudenken, was zu tun ist, damit die Dinge in der kommenden Woche so mühelos wie möglich ablaufen. Ihr müssen euch überlegen, was ihr in der kommenden Woche braucht, mit wem ihr sprechen müsst und wann voraussichtlich eure Zeiten proaktiver Aufmerksamkeit sein werden. Dies sind wichtige Taktiken zur Stressreduzierung und besonders wichtig für diejenigen unter uns, die ihre Arbeitswochen nicht nur in einem Büro verbringen: Wenn ihr also viel unterwegs seid oder unterschiedliche Tage an unterschiedlichen Orten verbringt, geht es in dieser Stufe darum, die mögliche Panik in Bezug auf Orte, Dinge, Dokumente, Tickets und dergleichen zu beseitigen.

5. *FRAGEN*

Die letzte Phase der wöchentlichen Checkliste soll unsere Achtsamkeit fördern und es uns ermöglichen, die Idee der „bewussten Kompetenz“ wieder aufzugreifen, damit wir uns kontinuierlich verbessern. Hier führen euer Chef-Ich und euer Arbeiter-Ich ein kurzes, überlegtes und vorbereitendes Gespräch miteinander, in dem sie gegenseitig anerkennen, was gut gelaufen ist und was in der nächsten Woche schwierig werden könnte. Außerdem fördert dies die skrupellose Konzentration auf das, was wirklich wichtig ist. Erstellt eure eigenen Fragen für die wöchentliche Checkliste sorgfältig – richtig praktiziert sorgt dies dafür, dass ihr euch kontinuierlich auf die Dinge konzentriert, die sonst in der Hektik des Alltags in Vergessenheit geraten könnten. Ich zum Beispiel achte darauf, dass meine Fragen Themen wie Konzentration, Skrupellosigkeit, Widerstände, Gesundheit und Glück abdecken, doch das wird bei jedem anders sein. Sich regelmäßig die großen Fragen zu stellen, hilft dabei, eine Eigenwahrnehmung zu entwickeln, und ermutigt zu einem achtsamen Umgang mit Produktivität und dem Leben im Allgemeinen.

In der folgenden Übung werden wir eine maßgeschneiderte Checkliste für euch erstellen. Das Gefühl am Ende der wöchentlichen Checkliste kann ziemlich euphorisch sein. Diese Euphorie beruht auf konsequenter, harter Denkarbeit und ist das Ergebnis davon, dass ihr so viele der Entscheidungen getroffen habt, die ihr bis dahin aufgeschoben hattet oder die euch gar nicht bewusst waren. Daher ist dies wahrscheinlich auch einer der anstrengenderen Momente eurer

Woche. Belohnt euch also, wenn ihr eure wöchentliche Checkliste fertiggestellt habt – dies ist so ein nützlicher Prozess und euer Arbeiter-Ich wird es euch in den kommenden Tagen zehnfach danken. Schließlich ist es so selten und so wunderbar, für ein Chef-Ich zu arbeiten, das so klare Anweisungen gibt! Feiert erst einmal eine wertvolle, gut erledigte Arbeit. Eure Belohnung könnte ganz einfach ein Spaziergang im Park sein, ein Stück Kuchen mit einer Tasse Tee am Nachmittag, eine halbe Stunde Ruhe und Entspannung, neue Musik oder was auch immer euch gefällt. Es ist egal, wofür ihr euch entscheidet, wichtig ist nur, dass ihr eine positive Geisteshaltung erzeugt, die erkennt, wie wichtig es ist, Klarheit und Kontrolle zu erlangen.

WANN SOLLTET IHR DIE WÖCHENTLICHE CHECKLISTE ANGEHEN?

„Solange wir nicht abgelenkt sind, ist Einsamkeit eine Umgebung zum Denken."
– Nancy Kline

Die wöchentliche Checkliste ist, wie ihr inzwischen wahrscheinlich erkannt habt, ein entscheidendes Element eurer Produktivität. Sie konsequent und gewissenhaft durchzuführen, ist der eigentliche Schlüssel zu erfolgreicher Wissensarbeit. Wie also solltet ihr diesen Prozess angehen, damit ihre diese wichtige Gewohnheit auch tatsächlich dauerhaft durchzieht? Wann ist der beste Zeitpunkt dafür, dass ihr sie auch umsetzt? Nun, es gibt keinen konkreten Zeitpunkt, zu dem man am besten in den Review-Modus wechselt, doch es gibt ein paar allgemeine Grundsätze, die ihr hier befolgen könnt:

ZEIT UND AUFMERKSAMKEIT

Findet Zeit in eurer Woche, zu der ihr zwei Stunden einplanen könnt und zu der ihr wahrscheinlich auch über proaktive Aufmerksamkeit und gute Energiereserven verfügt. Wenn dieser Zeitpunkt dann kommt und ihr spürt, dass eure Aufmerksamkeit alles andere als proaktiv ist und ihr weit weniger Energie habt als geplant, verschiebt die Checkliste auf eine andere Zeit in den nächsten Tagen, anstatt zu versuchen, sie abzuarbeiten.

ORT

Neben ausreichend Zeit und Aufmerksamkeit braucht ihr auch genügend Platz. Wählt einen Ort, an dem ihr eure Unterlagen leicht ausbreiten könnt, aber auch einen Ort, an dem Unterbrechungen, Ablenkungen und andere Gefahren für eure Aufmerksamkeit unwahrscheinlich sind. Menschen, die zu 100 % im Büro arbeiten, sollten sich bemühen, die Zeit für die wöchentliche Checkliste außerhalb des Büros zu verbringen, etwa in einem Besprechungsraum in einem anderen Stockwerk, in einem Café oder zu Hause.

Eine gute wöchentliche Checkliste vermittelt das Gefühl, dass der Rest der Welt stillsteht und ihr die Gelegenheit habt, aufzuholen. Denkt an eure Fähigkeit, alles andere auszublenden, was euch in die Quere kommen könnte.

ROUTINE

Der letzte Faktor, den es zu berücksichtigen gilt, ist, eine regelmäßige Routine zu etablieren, damit eure wöchentliche Checkliste zur Gewohnheit wird. Wenn ihr jede Woche zur gleichen Zeit eine „Checklisten-Zeit" festlegt, wird dies von einer weiteren Sache, über die ihr nachdenken müsst, zu einem Teil eurer regelmäßigen Routine, zu einem Ritual, über das ihr mit der Zeit gar nicht mehr nachdenken müsst; ihr tut es einfach.

Meine persönlichen Überlegungen dazu sind ...

Montage sind Mist. Es gibt zu viele andere Menschen auf der Welt, die Montagmorgen ein Stück meiner Aufmerksamkeit wollen, und gegen Mittag befinde ich mich dann im Flow, den ich nur ungern unterbrechen möchte.

Das Büro ist Mist. Ich kann dort keine ausreichende Schutzmauer um meine Aufmerksamkeit garantieren, es sei denn, es ist ein Tag, an dem ich alleine dort bin.

Ich liebe Züge und Flugzeuge. Der psychologische und physische Raum, den ich auf einer langen Zug- oder Flugreise bekomme, ist der perfekte Ort für meine Review. Ich fahre regelmäßig mit dem Zug zu Spielen von Aston Villa. Da ich in Brighton wohne, ist die Zugfahrt von Brighton nach Birmingham die perfekte Zeit für meinen Review und lang genug, um meine wöchentliche Checkliste abzuarbeiten (mindestens zwei Stunden ohne Unterbrechung, mit einem netten „Tempowechsel" in der Mitte, wenn ich mit der U-Bahn durch London fahren muss).

Donnerstag ist mein bevorzugter Tag. Wenn kein Villa-Spiel stattfindet, entscheide ich mich meist für Donnerstagmorgen zu Hause (ich habe normalerweise eine Vier-Tage-Woche, wobei der Donnerstag mein letzter Arbeitstag ist). Am frühen Donnerstagmorgen habe ich mehr Energie als am Nachmittag, und wenn ich dann noch vor der Mittagspause fertig werde, folgt eine ganze Reihe von Nachfragen und Aufgaben, die sich aus der Durchsicht meiner Listen ergeben haben, die in den Posteingängen meiner Kolleginnen landen, bevor sie sich ins Wochenende verabschieden.

Der frühe Morgen ist super. Eine Stunde vor allen anderen ins Büro zu kommen oder den ersten Teil des Tages zu Hause zu bleiben und sich ohne den Hintergrundlärm konzentrieren zu können, ist eine großartige Möglichkeit, die wöchentliche Checkliste zu erledigen.

DIE TÄGLICHE CHECKLISTE

Wenn die wöchentliche Checkliste ein mentaler Tiefseetauchgang ist, um sicherzustellen, dass euer System und euer Gehirn auf demselben Stand sind, dann streckt ihr mit der täglichen Checkliste dagegen nur euren Zeh ins Wasser, um die Temperatur zu prüfen. Die tägliche Checkliste ist ein sehr kurzer Prozess, der euren Tag in Schwung bringen soll. Sie ist nicht obligatorisch: Wenn ihr einen Tag außerhalb des Büros, außerhalb des normalen Tagesablaufs verbringt, ist es nicht einmal notwendig, eine tägliche Checkliste zu erstellen. Wenn ihr jedoch einen großen Teil des Tages damit verbringen wollt, die Punkte auf eurer Hauptaufgabenliste abzuarbeiten, dann wird dieser Prozess den Tag auf Hochtouren beschleunigen.

FÜNF FRAGEN, FÜNF MINUTEN

Die tägliche Checkliste umfasst fünf Fragen, die ihr euch stellen solltet. Die Beantwortung dieser Fragen sollte nicht mehr als fünf Minuten in Anspruch nehmen.

1. **Kalender:** Was steht heute in meinem Kalender und gibt es irgendwelche Deadlines, die in den nächsten drei bis fünf Tagen anstehen?

2. **Harte Nüsse:** Wie würde ein guter Tag voller Aufgaben heute aussehen? Was würde ich gerne abhaken können? Welches ist die eine „harte Nuss“ (oder zwei oder drei), die meine Konzentration erfordert und in die ich mich reinbeißen muss?

3. **Widerstand:** Bei welchen dieser Aufgaben werde ich mich am ehesten sträuben, sie zu erledigen? Und warum? (Sobald ihr zu einem Schluss gekommen seid, setzt diese Aufgabe an die erste Stelle eurer Liste für heute und erledigt sie, solange ihr noch frisch seid! Schön zu wissen, dass der Tag von nun an leichter wird, wenn ihr das Schwierigste zuerst erledigt habt!). Wir werden im nächsten Kapitel noch mehr über harte Nüsse und Widerstand sprechen.

4. **Aufmerksamkeitsmanagement:** Welche dieser Aufgaben erfordern die intensive Konzentration meiner proaktiven Aufmerksamkeit, und welche können während inaktiver Zeiten erledigt werden? (Nutzt diese Frage, um euren Tagesplan zu gestalten.)

5. **Abhängigkeiten:** Sind einige der von mir gewählten Dinge zeit-, personen- oder ressourcenabhängig?

Am Ende dieses kurzen Prozesses könnt ihr dann eure tägliche To-do-Liste erstellen, vielleicht indem ihr einige Punkte auf eurer Hauptaufgabenliste als „heutige Aufgaben“ markiert und dann die Software so einstellt, dass nur diese angezeigt werden, oder ihr habt eine separate tägliche To-do-Liste auf einem Stück Papier oder einem Post-it-Zettel erstellt, wenn euch das die Konzentration erleichtert. Vielleicht möchtet ihr bei der Erstellung eurer täglichen Checkliste auch festlegen, zu welchen Zeiten oder wie oft am Tag ihr eure E-Mails bearbeitet oder andere Aktivitäten der Phasen Erfassen, Sammeln und Organisieren durchführt, damit ihr euch ganz konkret darüber im Klaren seid, wie viel Zeit ihr am Tag im Erledigen-Modus verbringen könnt. Zeit, Aufmerksamkeit, Prioritäten, Taktiken und Achtsamkeit – alles in einem einzigen, fünfminütigen Gedankenschub.

WIE IHR EURE ZEIT FÜR DEN REVIEW PRIORISIERT, WENN IHR MIT DEM RÜCKEN ZUR WAND STEHT

Es ist so einfach, den Review ganz zu überspringen und ihn schlichtweg gar nicht mehr durchzuführen. Wenn ihr ins Büro kommt und umgehend eure E-Mails abruft, ist das der todsichere Weg zu den Prioritäten anderer, anstatt euch die Zeit für eure täglichen Checkliste zu nehmen und über eure eigenen Prioritäten nachzudenken. Und auch die wöchentliche Checkliste kann in der Hackordnung ganz nach unten rutschen, wenn ihr das Gefühl habt, dass es hundert andere Dinge gibt, die ihr bis 17 Uhr von eurem Schreibtisch haben müsst, und ihr unter echtem Druck steht, abliefern zu müssen. Betrachtet die Review-Phase niemals als Luxus oder Last. Sie spart euch Zeit, reduziert Stress, hilft euch dabei, eure

Aufmerksamkeit zu managen, und lässt eure Arbeit wieder so erscheinen, als würdet ihr Kirschen auf einer Torte platzieren. Sie ist eine Notwendigkeit, eine Bereicherung, und die Zeit, die ihr in sie investiert habt, wird sich mannigfach bezahlt machen.

WO IHR EURE CHECKLISTEN AUFBEWAHREN SOLLTET

Der Hauptteil dieser Übung besteht darin, dass ihr aus den Listen auf den Seiten 246-253 Vorschläge für jede der fünf Stufen der wöchentlichen Checkliste auswählt. Bevor wir jedoch dazu kommen, sollten wir darüber nachdenken, wo ihr eure Checkliste eigentlich aufbewahren solltet. Dafür gibt es mehrere Möglichkeiten:

- In einer To-do-App – Einige der To-Do-Apps, die wir uns angesehen haben, wie zum Beispiel OmniFocus oder Nozbe, verfügen über spezielle Bereiche für Checklisten zum Review. In den meisten To-do-Apps könnt ihr auch wiederkehrende Aufgaben einrichten, die dies nachbilden, doch stellt dabei sicher, dass ihr ein Gefühl für die „Reise“ habt, die eine wöchentliche Checkliste nimmt – ihr werdet eure ganz eigene, sehr spezielle Reihenfolge festlegen wollen, in der jedes Element auf der Checkliste abgehakt wird.

- Wenn ihr die Checkliste in Papierform erstellt, verwendet die vordere Umschlaginnenseite eures Terminplaners oder Notizbuchs.

- Microsoft Word oder Ähnliches. Dies ist eine großartige Option, um jede Woche eine frische Checkliste auszudrucken und dann die Punkte einzeln abzuhaken.

- Wo immer ihr euer digitales Referenzmaterial aufbewahrt (Evernote, One-Note, Outlook, ...). Auch diese Liste kann wöchentlich ausgedruckt werden und zusammen mit den anderen Checklisten, die ihr verwendet, abgespeichert werden.

Ich persönlich verwende ein Word-Dokument und drucke etwa alle zehn Wochen einen Stapel neuer wöchentlicher Checklisten aus, die ich in meiner Laptoptasche überall mit hinnehme. Auf diese Weise habe ich immer und überall eine ausgedruckte wöchentliche Checkliste zur Hand, wenn ich spontan in den Review-Modus wechseln möchte. Andere Checklisten, wie zum Beispiel meine tägliche Checkliste, führe ich in Outlook und Evernote. Eure wöchentliche Checkliste muss nicht umfangreich oder komplex sein. In der folgenden Übung geht es darum, die Punkte auszuwählen, die für euch wichtig sind, und nicht darum, alle Möglichkeiten zu berücksichtigen.

Im Laufe der Zeit werdet ihr feststellen, dass ihr eure Checkliste anpassen, neue und kreativere Fragen hinzufügen oder einige Teile streichen könnt, die sich als weniger notwendig oder nützlich erwiesen haben, als ihr zunächst dachtet. Ich habe es mir zur Gewohnheit gemacht, meine Checkliste alle drei bis sechs Monate zu überprüfen und zu überarbeiten, wenn sich meine Arbeit und mein Leben ändern. Die Überprüfung eurer Review-Zeit ist die ultimative Geek-Aktivität, doch von Zeit zu Zeit durchaus lohnenswert!

ÜBUNG: MEINE WÖCHENTLICHE CHECKLISTE ERSTELLEN

Was ihr benötigt:	Proaktives Denken im Chefmodus
Wie lange es dauert:	1 Stunde
Ninja-Mentalität:	Waffenfertigkeit, Einsatzbereitschaft

Nachfolgend findet ihr die fünf Stufen der wöchentlichen Checkliste, zusammen mit einigen Vorschlägen, die euch bei der Gestaltung eurer eigenen Checkliste helfen sollen. Ihr könnt auch auf https://thinkproductive.eu/resources gehen und eine Vorlage für eure wöchentlichen (und täglichen) Checklisten herunterladen. Entwerft eure eigene Checkliste, indem ihr auswählt, worauf ihr euch bei eurem wöchentlichen Review konzentrieren wollt. Wenn ihr dies getan habt, könnt ihr die finale Checkliste in ein Word-Dokument oder euren Kalender übertragen. Auch hier gilt: Ihr müsst nicht alles verwenden! Beschränkt euch auf das, was ihr braucht, und übertreibt es nicht.

*DIE **FÜNF STUFEN** MEINER WÖCHENTLICHEN CHECKLISTE*

STUFE 1. ALLE MEINE INPUTS ZURÜCK AUF NULL BRINGEN

Sammeln:

- Post, interner Papierkram (meinen Schreibtisch, meine Schubladen, meine Tasche und alle anderen Orte überprüfen)
- Notizen aus Meetings

- Spesenquittungen in meiner Brieftasche/Geldbörse/Tasche? In mein Ablagefach legen

- Irgendwelche anderen Dinge? Zu meinem Ablagefach hinzufügen

Ideen, Gedanken, Quatschis, Sorgen und alles andere erfassen. Nachdenken über:

- Was ist im Verlauf der letzten Woche geschehen?

- Woran habe ich gearbeitet?

- Welche Projekte beschäftigen mich? Und warum?

- Gespräche mit meiner Chefin

- Gespräche mit meinen Kollegen

- Gespräche mit meinen Kundinnen/Auftraggebern

- Familiäre Termine oder persönliche Angelegenheiten, um die ich mich kümmern muss.

Organisieren. Zurück auf Null kommen und den Ninja-Entscheidungsprozess durchlaufen, um neue Aktionen in meine Hauptaufgabenliste aufzunehmen. Dafür sorgen, dass ich bei Folgendem auf Null bin:

- E-Mails

- Mein Notizbuch

- Sprachnachrichten

- Mein Ablagefach

- Private Nachrichten in sozialen Medien

- Irgendwelche anderen Inputs?

STUFE 2. MEIN ZWEITES GEHIRN AUF DEN AKTUELLEN STAND BRINGEN

Kalender/Terminplaner:

- Jeden Termin der letzten zwei Wochen in meinem Kalender durchgehen – gibt es irgendwelche Nachbereitungen, die ich erledigen muss?
- Die nächsten drei Wochen in meinem Kalender durchgehen – gibt es hier neue Aktionen?
- Wenn ich einen Kalender auf Papier habe, dafür sorgen, dass er dieselben Termine enthält wie mein Outlook-Kalender!
- Wenn es im Büro einen Wandkalender für das Team gibt, dasselbe hier.
- Im Terminplaner weiter voraus denken und nach Erstgesprächen oder Terminen Ausschau halten, für die ich im Voraus Reisepläne machen muss, wie zum Beispiel Flüge oder Bahntickets buchen.

Hauptaufgabenliste:

- Erledigte Punkte durchgehen und abhaken.
- Lesen und sicherstellen, dass ich mir über jede aufgelistete Aktion im Klaren bin.

„Warten auf"-Liste:

- Gibt es hier Punkte, auf die ich nicht mehr warte und streichen kann?
- Die schnellen, ein- bis zweiminütigen E-Mails erledigen, um bei den Dingen nachzuhaken, die langsam dringlich werden.
- Alles, dessen Nachverfolgung länger dauern wird, meiner Hauptaufgabenliste hinzufügen.

Projektliste:

- Gibt es Projekte, die abgeschlossen sind oder einfach nicht mehr durchgeführt werden müssen?

- Gibt es neue Projekte, die ich hinzufügen muss?
- Habe ich zusätzliche Projekte, die an anderer Stelle gespeichert sind (zum Beispiel in einem Team-Projektplan)? Wenn ja, diese zu meiner Projektliste hinzufügen, damit ich alles an einem Ort habe.

STUFE 3. VORAUSDENKEN

Projektliste:

- Jedes Projekt der Reihe nach durchgehen und sicherstellen, dass ich meiner Hauptaufgabenliste die neuen nächsten physische Handlungsschritte hinzugefügt habe. Minimalanforderung: Sicherstellen, dass ich in meiner Hauptaufgabenliste für jedes Projekt eine Aktion stehen habe.
- Bei jedem dieser Projekte über die strategische Ebene nachdenken. Was wird noch benötigt?

Hauptaufgabenliste:

- Über die wichtigsten Tätigkeitsbereiche für die nächste Woche entscheiden.
- Überlegen, was meine wichtigsten Prioritäten sein werden.
- Welche Punkte müssen abgehakt sein, damit die nächste Woche als Erfolg gewertet werden kann?
- Eine Erinnerungsnotiz in meinem Kalender erstellen oder die Aufgaben mit höchster Priorität markieren.
- Welche Punkte werden eine große Herausforderung für meine proaktive Aufmerksamkeit darstellen? Diese gezielt im Terminplaner notieren.

Der Park der guten Ideen:

- Gibt es hier etwas, dessen Zeit gekommen ist?
- Neue Ideen, die ich hinzufügen sollte?

Die erweiterte Welt:

- In der Fachpresse oder internen Kommunikation nachlesen, ob diese Woche irgendwelche Veranstaltungen oder Gelegenheiten anstehen.
- Irgendetwas Interessantes, über das ich schreiben oder an das ich anknüpfen könnte?
- Stehen Schulferien oder Feiertage an, die Chancen oder Terminänderungen mit sich bringen könnten?

STUFE 4. MICH BEREIT MACHEN

Packen und Vorbereiten:

- Welche Unterlagen brauche ich für nächste Woche? Den Drucker anwerfen!
- Welche Dateien benötige ich für anstehende Meetings?
- Auf welchen Lesestoff muss ich Zugriff haben?
- Welche Fahrkarten benötige ich? Wenn sie bereits im Büro sind, heraussuchen und in meine Tasche oder Brieftasche legen. Kann ich gleich jetzt online einchecken? Kann ich die Abfahrtszeiten nachschlagen und sie mir schnell notieren?

Personen:

- Muss ich Gespräche mit bestimmten Personen führen, um sicherzustellen, dass *sie* auf die Dinge vorbereitet sind, die nächste Woche anstehen?
- Kurze E-Mails schreiben, um Meetings zu bestätigen oder um weitere Informationen zur Vorbereitung der nächsten Woche anzufordern.
- Gibt es jemanden (Chefin, Assistent, Kollege), der mehr über meinen Terminplan für nächste Woche wissen muss?

Aufmerksamkeitsmanagement:

- Wann sind meine besten Zeiten für proaktive Aufmerksamkeit?

- Wann werde ich wahrscheinlich erschöpft, gestresst oder nicht in Bestform sein?
- Kann ich jetzt etwas tun, um diese Zeiten zu verteidigen oder Probleme zu minimieren?

STUFE 5. FRAGEN

Fokus:

- Ist irgendetwas auf meiner Hauptaufgabenliste so umfangreich oder dauert so lange, dass es besser wäre, es in einzelne Teile zu splitten?
- Steht etwas auf meiner Liste, bei dem schon ein paar Wochen lang nichts vorangeht? Muss ich die Aktion neu definieren, um ihr mehr Klarheit zu verleihen?

Skrupellosigkeit:

- Drei Dinge von meiner Hauptaufgabenliste streichen, weil sie einfach nicht kriegsentscheidend sind. Alle anderen Betroffenen über diese Maßnahme informieren (und den Grund dafür!).
- Drei Dinge von meiner Hauptaufgabenliste delegieren, die jemand anderes genauso gut erledigen könnte.

Widerstand:

- Gibt es etwas, gegen das ich mich sträube?
- Was macht es zu einer Herausforderung?
- Was wird mir das nötige Momentum geben?
- Könnte ich schummeln oder die Messlatte verschieben? (Denkt daran: Unkonventionelle Methoden, die zum Ziel führen, sind in Ordnung!)
- Was ist der kleinste Schritt nach vorn, den ich machen könnte? Wie wäre es, wenn ich mich einfach nur dazu verpflichten würde?

Gesundheit & Fitness:

- Ernähre ich mich gesund?
- Trinke ich genug Wasser?
- Mache ich ausreichend Sport? Wenn nicht, wo passt das in meine Routinen für nächste Woche?
- Habe ich diese Woche meditiert oder Zeit gefunden, komplett abzuschalten?
- Wann habe ich nächste Woche die beste Gelegenheit dazu und wie kann ich dafür sorgen, dass es auch tatsächlich passiert?
- Wie fühle ich mich, körperlich und emotional? Gibt es irgendwelche Probleme oder Fragen, über die ich nachdenken muss?

Beziehungen:

- Verbringe ich genug Zeit mit Familie und Freunden?
- Bin ich dabei auch glücklich? Wenn nicht, was müsste sich ändern und wie kann ich diese Woche darauf hinarbeiten?

Hobbys:

- Nehme ich mir Zeit für Hobbys?
- Was steht in der nächsten Woche an?

Zufriedenheit:

- Bin ich zufrieden und glücklich, zumindest die meiste Zeit über?
- Was würde mich genau jetzt glücklicher machen? Auf meine Seele hören!

Jetzt habt ihr also eure erste wöchentliche Checkliste. Herzlichen Glückwunsch! Eine Frage, die oft gestellt wird, wenn wir Workshops zu diesem Thema veranstalten, ist, ob es hier Punkte gibt, die so wichtig sind, dass sie obligatorisch sein sollten. Ich denke, es gibt hier sehr viele Punkte, auf die ihr nicht verzichten solltet, stellt jedoch auf jeden Fall sicher, dass sich die folgenden auf eurer Checkliste befinden, bevor ihr weitermacht:

1. Bringt jede einzelne eurer Sammelstellen auf Null und durchlauft den Ninja-Entscheidungsprozess, um neue Aktionen in eure Hauptaufgabenliste aufzunehmen.

2. Geht jedes Projekt der Reihe nach durch und stellt sicher, dass ihr in eurer Hauptaufgabenliste für jedes Projekt mindestens eine Aktion stehen habt.

3. Stellt sicher, dass ihr jede Aktion auf eurer Hauptaufgabenliste lest und Klarheit über sie habt.

4. Geht die nächsten drei Wochen eures Kalenders durch – gibt es irgendwelche neuen Aktionen?

Es gibt noch viele andere Schritte, von denen ich weiß, dass ich ohne sie nicht leben könnte, doch dies sind die wirklich universellen Schritte, die jeder auf seiner wöchentlichen Checkliste stehen haben sollte.

ÜBUNG: MEINE TÄGLICHE CHECKLISTE ERSTELLEN

Was ihr benötigt:	Proaktives Denken im Chefmodus
Wie lange es dauert:	20 Minuten
Ninja-Mentalität:	Waffenfertigkeit, Einsatzbereitschaft

Auch hier: Schreibt eine tägliche Checkliste und wählt aus der untenstehenden Liste die Punkte aus, die am meisten auf eure Rolle zutreffen. Fügt gerne zusätzliche Fragen oder Themen hinzu, wenn es Dinge gibt, die ihr ganz selbstverständlich zu Beginn eines Arbeitstages erledigt. Versucht jedoch, die Checkliste auf das Denken und Planen zu beschränken und vermeidet daher „Bearbeitung von E-Mails“ als Teil der täglichen Checkliste. Wenn ihr diese Checkliste um 9 Uhr morgens erstellt, könnt ihr eure E-Mails um 9.05 Uhr abarbeiten! Keine Panik!

Kalender:

- Was steht heute in meinem Kalender und gibt es irgendwelche Deadlines, die in den nächsten drei bis fünf Tagen anstehen?
- Gibt es noch andere Terminpläne zu überprüfen? Gebundener Terminplaner?

Harte Nüsse:

- Wie würde ein guter Tag voller Aufgaben heute aussehen?
- Was würde ich gerne abhaken können?
- Welches sind die „harten Nüsse“, die meine Konzentration erfordern und in die ich mich reinbeißen muss?

Widerstand:

- Bei welchen dieser Aufgaben werde ich mich am ehesten sträuben, sie zu erledigen? Und warum?

Aufmerksamkeitsmanagement:

- Welche dieser Aufgaben erfordern die intensive Konzentration meiner proaktiven Aufmerksamkeit, und welche können während inaktiver Zeiten erledigt werden?

Abhängigkeiten:

- Sind einige der von mir gewählten Dinge zeit-, personen- oder ressourcenabhängig?

Seid ihr ein Ninja?

- Ein Ninja nutzt Tarnung und Täuschung, um sich den Raum und die Zeit zum Nachdenken zu verschaffen, die er zum Review benötigt.
- Eure wöchentlichen und täglichen Checklisten sind eure regelmäßige Chance, agil zu bleiben und eure Prioritäten neu auszuhandeln.
- Der Review fördert Achtsamkeit, Einsatzbereitschaft und zenartige Ruhe.

9. DIE GEWOHNHEIT „ERLEDIGEN“

> „Die Verwirklichung des Selbst ist nur möglich, wenn man produktiv ist, wenn man die eigenen Möglichkeiten gebären kann.“
> – Johann Wolfgang von Goethe

An dieser Stelle beginnt es sehr interessant zu werden. Erinnert ihr euch an den Arbeiter, der zu Beginn des Buches Kirschen auf Torten platzierte? Nachdem ihr bereits den Chef-Teil eurer Arbeit erledigt habt, ist nun alles, was ihr zu tun habt, ganz egal wie komplex es auch sein mag, fast so einfach, wie in der Fabrik zu sitzen und Kirschen auf Torten zu platzieren.

Ihr habt alles erfasst und gesammelt, organisiert und die Review-Phasen der wöchentlichen und täglichen Checkliste durchlaufen. Ihr seid jetzt bestens vorbereitet. Ihr habt alles, was ihr braucht. Von nun an könnt ihr ein Momentum entwickeln, den Erledigen-Teil eurer Arbeit so mühelos wie möglich gestalten und eine Hyperproduktivität erfahren wie nie zuvor.

Da ihr bereits den schwierigen Teil des Denkens erledigt habt, sind die folgenden Entscheidungen eher taktischer als strategischer Natur. Ihr habt Klarheit darüber, was zu tun ist; eure Aufgabe besteht nur noch darin, die Reihenfolge zu bestimmen, in der ihr die verschiedenen Aufgaben auf eurer täglichen To-do-Liste erledigt (die ihr zu Beginn des Tages aus eurer Hauptaufgabenliste ausgewählt habt) und jede Aufgabe entsprechend eurer Zeit, Aufmerksamkeit und eurem Gefühl für Wirksamkeit zu planen.

DAS SCHÖNE AN DER „ERLEDIGEN“-PHASE

Es ist ein wunderbares Gefühl, im „Erledigen“-Modus in Schwung zu sein, während ihr spielerisches, produktives Momentum und Kontrolle verspürt. Ein Teil dessen, was es so befriedigend macht, ist, dass es so einfach ist. Die Erledigen-Phase erfordert viel weniger Interaktion mit und Verarbeitung von Informationen.

DAS DASHBOARD DES ARBEITER-NINJA

- Die Hauptaufgabenliste oder tägliche To-do-Liste
- Der Kalender

> „Alles ernsthafte Tun beginnt von innen heraus.“
> – Eudora Welty

*DAS DASHBOARD DES **CHEF-NINJA***

- Die Hauptaufgabenliste
- Der Kalender
- Die Projektliste
- Die „Warten auf“-Liste
- Der Park der guten Ideen

Nachdem ihr einen Großteil der Chef-Arbeit hinter euch gelassen habt, könnt ihr eure Aufmerksamkeit auf nur einen oder zwei Bereiche richten. Wenn nötig, könnt ihr auf euren Kalender oder Terminplaner zurückgreifen, doch eigentlich verbringt ihr den Großteil eurer Zeit und Aufmerksamkeit damit, in eure Hauptaufgabenliste einzutauchen und Dinge zu erledigen. Ein wirkungsvoller Rhythmus entsteht: Wählt eine Aufgabe, erledigt die Aufgabe, wählt eine Aufgabe, erledigt die Aufgabe.

ERLEDIGEN-GEWOHNHEITEN

Es gibt drei große Gruppen von Gewohnheiten, die ich als „Erledigen-Gewohnheiten“ bezeichne: die Ansätze, Methoden und Best Practices, die ein spielerisches, produktives Momentum und Kontrolle fördern:

1. **Aufmerksamkeit managen**
2. **Entscheidungswerkzeuge**
3. **Umsetzungstaktiken**

*AUFMERKSAMKEIT **MANAGEN***

PROAKTIVE, AKTIVE UND INAKTIVE AUFMERKSAMKEIT

Die Erkenntnis, dass man über das reine Zeitmanagement hinausgehen und seine proaktive und aktive Aufmerksamkeit optimal managen muss, ist ein gewaltiger Schritt nach vorn. Ein Produktivitäts-Ninja überprüft sich ständig selbst: „Fühle ich mich noch gut?“„ „Kann ich hier noch ein wenig proaktive Aufmerksamkeit hineinschmuggeln, bevor ich müde werde?“, „Brauche ich eine Pause?“, „Was bringt mich wieder in Form?“. Nur wenige Menschen sind sich dessen so sehr bewusst, dass es ihre Zeitplanung beeinflusst. Entwickelt ein gutes Gespür für euren täglichen Aufmerksamkeitsfluss, damit dieser den Rhythmus und die Schwierigkeit eurer Arbeit zu verschiedenen Tageszeiten bestimmt. Zeit kann man zwar „ausgeben“, doch Aufmerksamkeit muss man „bezahlen“, um sicherzustellen, dass auch wirklich etwas erledigt wird. Gebt euch die Erlaubnis, die leichten Aufgaben zu erledigen, wenn eure Aufmerksamkeit auf dem Tiefpunkt ist; sorgt jedoch auch dafür, dass ihr die schwierigsten Aufgaben angeht, wenn eure proaktive Aufmerksamkeit euch nach Ergebnissen lechzen lässt. Bevor ihr überhaupt über Dinge wie Prioritäten nachdenkt, solltet ihr sicherstellen, dass ihr euer Aufmerksamkeitslevel in eure taktische Planung mit einfließen lasst.

EURE AUFMERKSAMKEIT GEGEN UNTERBRECHUNGEN VERTEIDIGEN

Denkt daran: Proaktive Aufmerksamkeit ist euer wertvollstes Gut. Die Aasgeier der Unterbrechung und potenziellen Ablenkung werden euch umkreisen und versuchen, euch zum Opfer zu machen. Behaltet die Kontrolle. Verteidigt eure Aufmerksamkeit aggressiv und skrupellos.

EIGENWAHRNEHMUNG UND AGILITÄT

Ein Ninja ist agil. Euer Tagesplan kann um 13 Uhr völlig anders aussehen als euer ursprünglicher Plan von 9 Uhr. Mit Zugang zu solch brillanten Informationen auf eurer Hauptaufgabenliste ist es einfach, den Plan zu ändern, Dinge zu verschieben und flexibel zu bleiben. Da ihr im Erledigen-Modus lediglich mit eurer Hauptaufgabenliste arbeiten müsst, ist es einfach, agil und wachsam gegenüber Veränderungen in eurem Umfeld zu bleiben. Ihr könnt schnell auf neue Inputs reagieren und wisst gleichzeitig genau, welche Konsequenzen das haben wird (weil ihr auch wisst, was *nicht* erledigt wird). Ihr könnt auch auf euer Aufmerksamkeitslevel achten und euren Plan ändern, wenn ihr einen dieser Tage habt, an denen ihr zur Höchstform auflauft, oder natürlich auch, wenn ihr schneller nachlasst als erwartet. Auch hier gilt: Diese Agilität gibt es nicht umsonst. Ihr habt sie euch verdient, indem ihr die notwendigen Stunden in die Phasen „Erfassen und Sammeln“, „Organisieren“ und „Review“ investiert habt.

DIE EINRICHTUNGSKOSTEN MINIMIEREN

Bei jeder neuen Aktivität, sei es E-Mail, das Schreiben eines Berichts, Online-Banking, kreatives Denken oder die Teilnahme an einer Konferenz, fallen hohe Einrichtungskosten in Form von Zeit und Aufmerksamkeit an. Bei E-Mails müsst ihr Outlook starten, das Programm laden, mit dem Server synchronisieren lassen und eure E-Mails öffnen. Wenn ihr zu einem Bericht zurückkehrt, müsst ihr alle Abschnitte, die ihr beim letzten Mal geschrieben und wieder vergessen habt, noch einmal lesen, ihr müsst durch das Dokument scrollen („Wo war ich?") und so weiter. Beim Online-Banking muss man eine scheinbar endlos lange Liste von Codes und Passwörtern eingeben, bevor man überhaupt etwas *tun* kann. All das sind die Einrichtungskosten, die wir fürs Erledigen bezahlen müssen. Diese Kosten sind zweifacher Art: Es kostet euch Zeit und es kostet euch auch Aufmerksamkeit und Energie. In größeren „Blöcken" zu arbeiten (zum Beispiel den gesamten Bericht in einem Rutsch zu schreiben, anstatt ihn über mehrere Tage zu verteilen), ist eine gute Möglichkeit, die Zeit und Aufmerksamkeit, die ihr im Einrichtungsmodus verbringen müsst, zu minimieren. Obwohl ich mir dieser Tatsache mehr als bewusst war, habe ich lange Zeit versucht, dieses Buch jeden Monat an einem bestimmten Tag zu schreiben. Ich brauche wohl nicht zu sagen, dass ich nach sechs Monaten, in denen es mir nicht auch nur einmal gelungen war, über die Einrichtungskosten hinauszukommen und mich wieder in das hineinzuversetzen, was ich bisher geschrieben hatte (was bei einem Buch mehrere Stunden dauert!), beschloss ich, mir einen Monat Auszeit zu nehmen, um mich ganz dem Schreiben zu widmen. An den ersten beiden Tagen habe ich nicht mehr als ein Dutzend Wörter zu Papier gebracht, jedoch viel und gute Denkarbeit geleistet. Und am dritten Tag legte ich dann richtig los.

MIX AND MATCH

Potenzielle Ablenkungen lauern hinter jeder Ecke. Kommt gar nicht erst in Versuchung, euch ablenken zu lassen, weil ihr euch langweilt. Haltet eure Tage und Wochen spannend, indem ihr für Abwechslung sorgt. Wenn Montag ein sehr zurückgezogener Tag zum Nachdenken ist, könnte der Dienstag vielleicht voller interessanter Menschen und Gespräche sein. Am Mittwoch seid ihr vielleicht nicht im Büro, doch am Donnerstag könntet ihr euch wieder auf Administration konzentrieren und euer Ablagefach leer machen. Abwechslung ist die Würze des Lebens. Schlechte Nachrichten, wenn ihr auf eure Hauptaufgabenliste schaut und nur Langeweile vor euch seht: Es ist wahrscheinlich an der Zeit, euch einen neuen Job zu suchen. Und wenn ihr damit zufrieden seid, euch für den Rest eures

Lebens jeden Tag bei der Arbeit zu langweilen, ist es wahrscheinlich Zeit, euch ein anderes Buch zu besorgen!

ENTSCHEIDUNGSWERKZEUGE FÜR ***MACHER***

Es gibt eine Reihe weiterer bekannter Produktivitätswerkzeuge und -methoden, die ich im Laufe der Jahre verwendet habe. Im Folgenden gehe ich kurz meine Favoriten durch. Natürlich werden euch nicht alle ansprechen, doch wenn euch eine davon gefällt, probiert sie einfach mal aus!

DAS PARETOPRINZIP

Pareto war ein italienischer Wirtschaftswissenschaftler, der einmal durch seinen Garten spazierte und feststellte, dass 80 % der Erbsen in seinem Garten aus nur 20 % der Schoten stammten. Als guter Ökonom tat er diese Beobachtung nicht einfach nur als interessant ab, sondern fragte sich, wie er sie zu einem Gesetz der Weltwirtschaft machen könnte. Das Paretoprinzip erinnert uns daran, dass nicht alle Handlungen gleichwertig sind. Einige der Dinge, die wir tun, haben eine tiefgreifende und dauerhafte Wirkung. Andere Dinge, die wir tun, werden sofort wieder vergessen. Meetings sind ein gutes Beispiel dafür: 80 % Diskussion in 50 Minuten, und die zehn Minuten am Ende sind für Aufgaben, Klärungen und die Dinge reserviert, an die man sich auch in zwei Monaten noch erinnern wird. Der Rest wird komplett vergessen sein. Es lohnt sich, die 80-20-Regel im Hinterkopf zu behalten.

Vor ein paar Jahren habe ich aus zehn DIN-A4-Blättern eine Wohltätigkeitsorganisation gegründet. Ich war nach Uganda gereist und hatte dort an einem HIV-Aufklärungsprojekt gearbeitet, während ich eine Auszeit von meinem Job als Manager für studentische Freiwilligenarbeit an der Universität Birmingham nahm. Nach meiner Rückkehr nach Birmingham erstellten wir ein Plakat, kopierten es zehnmal und hängten es auf dem Campus auf. Das Plakat enthielt verschiedene Fakten über HIV und war eigentlich ein „Aufruf zum Handeln“, mit dem wir Freiwillige aufforderten, einigen der führenden ugandischen Wohltätigkeitsorganisationen während der Sommerferien bei der Bekämpfung des Problems zu helfen. Etwa 80 Menschen drängten sich in dem Besprechungsraum, den wir gebucht hatten, um einen Vortrag darüber zu halten, was sie tun konnten, um zu helfen. Als sie ankamen, sprach ich etwa zehn Minuten lang leidenschaftlich über das, was ich in Uganda gesehen hatte: ein Land, das von einem Virus heimgesucht wird, der sich aufgrund mangelnder Informationen ausbreitet; die

Weigerung des Bildungssystems, der Religionen oder der Gemeinden, Tabuthemen anzusprechen; und die gute Nachricht, dass es einige unterfinanzierte, aber innovative ugandische Wohltätigkeitsorganisationen gibt, die ihr Bestes tun, um diese Probleme anzugehen. Ich konnte sehen, dass viele der Studierenden aufmerksam zuhörten und darauf warteten, die Einzelheiten über das Freiwilligenprogramm zu erfahren, das wir auf die Beine gestellt hatten, um sie nach Uganda zu schicken, wie viel Geld sie dafür aufbringen müssten, ... Doch, wie ich ihnen mitteilte, hatten wir überhaupt nichts vorbereitet. Es lag an ihnen, die Sache in die Tat umzusetzen. Da stand der halbe Saal auf und ging. Oh weh.

Doch eigentlich war das ein wichtiger Moment. Als die verbliebenen etwa 40 Personen dort saßen, sich gegenseitig ansahen, die Leute ansahen, die den Raum verließen, und wieder mich ansahen, wuchs das kollektive Verständnis, dass dies sehr wohl möglich war. Sie könnten es schaffen. Es würde geschehen. Und tatsächlich: Etwa 20 Studierende halfen bei der Gründung einer Wohltätigkeitsorganisation namens *Intervol* und flogen in jenem Sommer nach Uganda. Das Projekt läuft bis heute, und derzeit werden jedes Jahr etwa hundert Studierende in ein Dutzend Entwicklungsländer geschickt, um dort ihre Fähigkeiten, ihre Energie und ihre Leidenschaft anzubieten. Sie sind dabei, zu expandieren und Studierenden anderer Universitäten zu helfen, dasselbe zu tun. Alles, was dazu nötig war, war dieses Poster. Manchmal sind es die kleinsten Handlungen, die die größte Wirkung erzielen können. Jedes Blatt Papier stellt eine wunderbare Gelegenheit dar, unendlichen Wert zu schaffen.

Doch auch das Gegenteil ist der Fall. Wir können leicht von den 80 % der Aktivitäten beansprucht werden, die nur geringen Wert schaffen. Vieles von dem, was wir für unsere eigentliche Arbeit halten, ist lediglich Fummelei, das Ändern der Schriftgröße von 10 auf 12 Punkt oder das Streben nach Perfektion.

DAS PARKINSONSCHE GESETZ

Das Parkinsonsche Gesetz besagt, dass sich Arbeit in genau dem Maß ausdehnt, wie Zeit für ihre Erledigung zur Verfügung steht. Einfach ausgedrückt: Wir arbeiten selten in unserem optimalen Tempo. Denkt doch mal daran, wie ihr versucht, einen Bericht oder, wenn ihr noch weiter zurückdenkt, einen Schul- oder Universitätsaufsatz fertig zu stellen. Während ihr spürt, dass die Deadline immer näher rückt, tippen eure Hände die Wörter ein klein wenig schneller. Ihr denkt auch ein klein wenig schneller, und obwohl ihr vielleicht anfälliger für Fehler seid, führt das Gefühl der Dringlichkeit zu hoher Produktivität. Wenn ihr denkt, eine Woche Zeit für drei Aufsätze zu haben, braucht ihr auch eine Woche dafür. Dennoch scheinen sie immer in der letzten Nacht der Semesterferien geschrieben zu werden. Hättet ihr also nur einen Tag Zeit gehabt, um drei Aufsätze zu schreiben, hättet ihr genau dasselbe Ergebnis erzielt. Je nachdem, wie viel Zeit zur Verfügung steht, dehnt sich Arbeit aus oder schrumpft. Wenn ihr also das nächste Mal einen zweistündigen Bericht schreiben müsst, überlegt, was passieren würde, wenn ihr nur eine Stunde Zeit dafür hättet. Die wahrscheinlich wichtigsten 20 % des Berichts – die 80 % der Wirkung erzielen – könnten leicht in einer Stunde erledigt werden. In vielerlei Hinsicht gilt: Je weniger perfektionistisch ihr seid, desto mehr könnt ihr eure Produktivität auf ein Niveau hieven, das ihr bisher nicht für möglich gehalten habt.

Das Parkinsonsche Gesetz ist auch eine gute Möglichkeit, darüber nachzudenken, warum das zweite Gehirn funktioniert. Die tägliche To-do-Liste, die aus der Hauptaufgabenliste und dem routinemäßigen Nachdenken über die tägliche und wöchentliche Checkliste erstellt wird, sichert einen konstanten Fokus ab und minimiert das Risiko des „Abdriftens“.

HOFSTADTERS GESETZ

Perfektion ist eine gefährliche Krankheit. Vieles von dem, was wir tun, hat das Potenzial, weit über das hinauszugehen, was überhaupt notwendig ist (denkt an 80-20), und weit über das hinaus, wozu wir uns hingezogen fühlen könnten (denkt an das Parkinsonsche Gesetz). Hofstadters Gesetz besagt, dass „Arbeit doppelt so lange dauert, wie man ursprünglich angenommen hat, selbst wenn man Hofstadters Gesetz berücksichtigt hat“. Willkommen in der Realität. Alles, was ihr tut, hat das Potenzial, sich zu entfalten und mehr Aufwand zu erfordern, als ihr denkt.

Nutzt also Hofstadters Gesetz als Mahnung, euch weniger aufzubürden. Nutzt das Parkinsonsche Gesetz und traut euch, anders zu sein und euch an definitive Grenzen oder Zeitvorgaben zu halten. Und nutzt bei alldem das 80-20-Prinzip, um euch daran zu erinnern, worauf es ankommt. Das Leben ist zu kurz.

GROSSE STEINE

In seinem Buch *The Seven Habits of Highly Effective People* erzählt Stephen Covey eine Geschichte, die er viele Jahre zuvor über einen Lehrer in einem Klassenzimmer gehört hat, der ein großes Gefäß und mehrere große Steine unter einem

Tisch hervorholte. Er füllt das Gefäß mit den großen Steinen, schraubt den Deckel wieder auf das Gefäß und fragt seine Schüler: „Ist das Gefäß jetzt voll?" „Natürlich", sagen die Schüler, „Sie haben es ja gerade mit diesen großen Steinen gefüllt". Dann greift der Lehrer unter den Tisch und holt eine Tüte mit kleinen Kieselsteinen heraus. Er schraubt den Deckel des Gefäßes ab und schüttet die Kieselsteine um die großen Steine herum, sodass das Gefäß nun mit den großen Steinen und den kleinen Kieselsteinen gefüllt ist. „Wie sieht es jetzt aus?", fragt der Lehrer, „Ist das Gefäß voll?". Während einige Schüler mit „Ja" antworten, werden einige langsam misstrauisch, was der Lehrer wohl noch unter seinem Tisch haben mag. Und tatsächlich, der Lehrer greift nach unten und findet einen Eimer mit Sand, der das Gefäß zwischen den großen Steinen und den Kieselsteinen ausfüllt. Obwohl das Gefäß nun mit Steinen, Kieselsteinen und Sand gefüllt ist, schüttet der Lehrer schließlich Wasser hinein und füllt damit das Gefäß bis zum Rand.

Der Lehrer fragt dann seine Schüler nach ihrer Meinung, was die Lektion aus dieser Demonstration sein könnte. Was könnten wir hier über den Umgang mit unserer Zeit lernen? Einer der Schüler hebt die Hand und meint: „Auch wenn wir dachten, unser Tag sei voll, gibt es immer noch mehr, was wir unterbringen können". Der Lehrer antwortet, dass dies zwar der Fall sein mag, die eigentliche Lektion aber darin besteht, dass man mit den großen Steinen beginnen muss, wenn man überhaupt die Hoffnung haben möchte, dass sie in das Gefäß passen.

Ein Großteil unseres Tages wird für die Kieselsteinen, den Sand und das Wasser unserer Aufmerksamkeit aufgewendet. E-Mails und neue Informationen sind im Prinzip nur Kieselsteine. Die großen Steine – die Dinge auf unserer Hauptaufgabenliste, die proaktive Aufmerksamkeit, viel Energie, potenziell unangenehme Gespräche und eine ganze Reihe anderer Dinge erfordern, die sie so schwierig machen – sind die Dinge, die zuerst geplant werden müssen. Beginnt jeden Tag mit der Frage: „Was sind heute meine großen Steine?", und fokussiert euch skrupellos auf sie, vor allem in Zeiten proaktiver und aktiver Aufmerksamkeit. Lasst die Kieselsteine, den Sand und das Wasser um die großen Steine herum fließen, anstatt den ganzen Tag damit zu verbringen, das Gefäß nur mit Wasser zu füllen.

ABLIEFERN

„Echte Künstler liefern ab."
– Steve Jobs

In *Linchpin* spricht Seth Godin über „Abliefern" – die Idee, dass das, woran man arbeitet, keinen Wert hat, wenn es nicht tatsächlich genutzt wird. Etwas fertigzustellen bedeutet, es an den Kunden zu liefern. Wir alle haben die Fähigkeit, abzuliefern. In den letzten Jahren hat sich der wörtliche Akt des Versendens von einer ziemlich exklusiven Tätigkeit, die nur von großen Versandhändlern praktiziert wurde, zu etwas entwickelt, was wir alle praktizieren und erfahren können: eBay, Etsy, Amazon und so viele andere Plattformen eröffnen uns allen die Möglichkeit, kleine Unternehmen zu sein und zu erfahren, wie es sich anfühlt, die Waren zu verpacken, ein Dankesschreiben zu verfassen und beides mit der Post an einen Kunden zu versenden. Heutzutage ist es möglich, Websites zu erstellen, eBooks zu verfassen, personalisierte T-Shirts zu entwerfen, Musik zu schreiben und aufzunehmen, Fernsehsendungen zu produzieren und Veranstaltungen zu organisieren – und das alles mit fantastisch niedrigen Einstiegshürden. All diese Dinge wären für unsere Großeltern noch Unternehmungen gewesen, die eine vorherige Genehmigung von einer Art Mittelsmann erfordert hätten: Verleger, Produzenten, Führungskräfte von Plattenfirmen, Manager und so weiter. Heutzutage ist das alles für uns verfügbar. Wir können ohne sie abliefern.

Ihr habt also die Wahl: herumsitzen und auf die Genehmigung warten oder einfach abliefern. Sitzt herum und versucht, etwas nur noch ein klein wenig perfekter zu machen (was derzeit von niemandem genutzt wird!), oder liefert einfach ab. Dies ist eine fantastische Denkweise, von der man generell mehr haben sollte. Der Schwerpunkt sollte nicht nur auf dem Tun liegen, sondern wirklich auf der Beantwortung der Frage „Wie würde es aussehen, wenn es fertig ist?“ Wir können uns manchmal so sehr damit beschäftigen, wie viel besser etwas sein könnte, dass wir vergessen, dass der eigentliche Zweck darin besteht, es in die Welt hinauszutragen.

In der Endphase verfangen wir uns oft in einem hohen Maß an Widerstand gegen die Fertigstellung der Sache – wir machen uns Sorgen darüber, wie andere Menschen unsere Arbeit beurteilen könnten und ob wir in irgendeiner Weise dumm dastehen werden. Wir sorgen uns eher darum, ob es perfekt ist, als darum, ob es die gewünschte Wirkung erzielen wird. Wir werden von Selbstzweifeln geplagt, und ohne jemanden zu haben, der uns nun unterstützt, ist es verlockend, den einfachen Weg zu wählen und entweder das ganze Projekt aufzugeben oder weitere Verzögerungstaktiken anzuwenden. Es geht nicht darum, wie viel man tut, sondern wie viel man letztendlich abliefert.

MONOTASKING

UMSETZUNGSTAKTIKEN

MONOTASKING

„Aktion ist Beredsamkeit.“
– William Shakespeare

Ich wüsste liebend gerne, ob es in diesem alten Zeitmanagement-Gedöns eine schlimmere Erfindung gibt als die Idee des „Multitasking“. Multitasking wurde lange Zeit als das ultimative Ehrenabzeichen für einen Wissensarbeiter gepriesen. Man ist gut, wenn man Dinge erledigt, doch man ist effizienter, wenn man Multitasking betreibt und zwei Dinge gleichzeitig tut. Falsch, falsch, falsch. Machen wir uns klar, wovon Menschen eigentlich sprechen, wenn sie den Begriff „Multitasking“ verwenden. Beim Multitasking geht es in Wirklichkeit darum, zwei oder mehr Aktionen gleichzeitig auszuführen, wobei sich das Gehirn auf eine Sache konzentriert, einen kleinen Fortschritt macht, zur nächsten Sache übergeht, auf etwas anderes reagiert, zurückkommt und wieder minimale Fortschritte bei der ersten Sache macht, zu einer neuen Sache übergeht und so weiter. Wenn wir versuchen, unsere Aufmerksamkeit auf diese Weise zu managen – oder besser gesagt, wenn wir in die Falle tappen und es zulassen, dass unsere Aufmerksamkeit auf diese Weise benutzt wird! –, wenden wir eine Menge Energie und Aufmerksamkeit für die kostspielige mentale Einrichtungszeit auf („Wo war ich gleich noch mal?“) und entfernen uns immer weiter vom eigentlichen Tun und Erledigen. Wenn euch jemand sagt, er oder sie sei gut im Multitasking, dann sagen sie in Wirklichkeit, dass sie nicht ihre volle Aufmerksamkeit auf das richten, was sie gerade tun!

Ich hatte einmal eine Teilnehmerin in einem meiner Workshops, die mir in diesem Punkt vollkommen widersprach. Sie war eine klassische, professionelle Multitaskerin und liebte diese Identität. Während ich mich ihrem Schreibtisch näherte, bat ich sie, mir ihre E-Mails zu zeigen. Sie hatte einen prall gefüllten Posteingang und neun separate Fenster auf dem Bildschirm geöffnet. In jedem dieser neun Fenster befand sich eine weitere unvollständige E-Mail. Sie sah mich an und lächelte.

Eine viel bessere Idee ist „Monotasking“. Einst eines der unattraktivsten Wörter im Wirtschaftslexikon, sollte es stattdessen gefeiert werden. Lasst uns einen Toast auf Monotasking ausbringen, die Kunst, eine Sache bis zu ihrem natürlichen Ende und ohne Unterbrechung fertigzustellen. Wenn ihr das getan habt, geht ihr zur nächsten Aufgabe über, erledigt diese bis zum Abschluss und ohne

Unterbrechung, und ja, geht nicht weiter, bevor sie erledigt ist. Regelmäßiges und kontinuierliches Monotasking ist wie Kirschen auf einer Torte platzieren. Ihr fühlt euch bei eurer Arbeit präsenter, engagierter, ruhiger und gelassener gegenüber der Welt um euch herum. Diese Welt mag sich anfühlen, als würde sie vor Dringlichkeit, Lärm, Panik und Stress brennen, doch ihr seid in einer Art Kokon eingeschlossen. Ihr tut im Stillen das, was ein Ninja am besten kann: Ihr liefert ab und sorgt für Klarheit, kommt zum Abschluss und organisiert – eine Sache nach der anderen.

Multitasking ist in den Kulturen vieler großer Unternehmen, mit denen wir zusammenarbeiten, so etwas wie die Standardeinstellung. Dies ist eher dem Chaos geschuldet als einer Verschwörung – sie hat sich ganz einfach parallel zu den verschiedenen Formen der Technologie und den Kernkomponenten der Wissensarbeit entwickelt. Vielleicht erkennt ihr ja euer eigenes Arbeitsumfeld, voller Unterbrechungen und Lärm: unter Druck stehend, herausfordernd, offen und auf frustrierende Weise hektisch. Wahrscheinlich könnt ihr wenig tun, um dies zu ändern. Was ihr jedoch tun könnt, ist zu erkennen, dass eure beste proaktive Aufmerksamkeitsarbeit außerhalb dieser Umgebung stattfinden muss. Es ist mir ein Rätsel, warum manche Chefs dieser Idee so ablehnend gegenüberstehen – vielleicht, weil eine Idee, die eure Produktivität steigern und euren Stresspegel senken könnte, als Anklage gegen das derzeitige Arbeitsumfeld des Unternehmens verstanden werden könnte. Oder noch schlimmer: Sie müssten euch *vertrauen*! Wenn ihr solch einen Chef habt, kann ich mitfühlen. Vielleicht müsst ihr in den Tarnkappenmodus schalten und die Momente wählen, in denen ihr „die Regeln brecht“. Sich in einen Besprechungsraum zu schleichen, um in Ruhe nachdenken zu können, damit ihr eure Arbeit besser machen oder einen Rückstand aufholen könnt, sollte kaum als Verbrechen angesehen werden.

ERFASSEN, UM WEITERZUMACHEN

Monotasking ist aus einer ganzen Reihe von Gründen schwierig. Einer davon ist, dass wir ständig versuchen, uns selbst aus der Bahn zu werfen, ohne das überhaupt zu merken. Sobald wir uns hinsetzen, bereit, etwas Wichtiges oder Nützliches zu erledigen, werden wir an Quatschis, Ideen und andere Aufgaben erinnert. Und wir geraten in Versuchung, unsere E-Mails zu checken oder uns von äußeren Ablenkungen irritieren zu lassen. Genau, unser eigenes Gehirn versucht, uns zum Multitasking zu bringen! Genau aus diesem Grund müssen wir alle potenziell nützlichen Ideen erfassen und sammeln, selbst wenn sich einige dieser Ideen später als kaum nützlich herausstellen. Wenn wir diese Ideen festhalten und wissen, dass sie Teil unseres Ninja-Systems sind, können wir uns wieder voll und ganz dem widmen, woran wir gerade arbeiten, ohne dass wir in ein anderes Programm wechseln, unser Gehirn zu sehr mit diesem anderen Gedankengang belasten oder unseren Flow unterbrechen müssen. Das Erfassen und Sammeln wird zur entscheidenden Gewohnheit, um die Kunst des Monotaskings zu fördern. Um diese Gewohnheit zu festigen, solltet ihr das Erfassen so einfach wie möglich gestalten. Benutzt dazu euer Handy oder ein Blatt Papier, anstatt den Bildschirm zu verändern, wenn ihr an einem Word-Dokument arbeitet. Experimentiert mit den schnellsten, einfachsten und reibungslosesten Möglichkeiten des Erfassens. Betrachtet das Erfassen nicht nur als nützliche Handlung an sich, sondern auch als eine Art Notfallkorrektur, um euren Geist auf die anstehende Mono-Aufgabe zu fokussieren.

DIE POMODORO-TECHNIK

Die Pomodoro-Technik wurde von dem Universitätsstudenten Francesco Cirillo in den späten 80er-Jahren erfunden und ist nach den stylischen Küchentimern in Form einer Tomate benannt. Die Pomodoro-Technik ist im Wesentlichen ein Werkzeug zur Steuerung von Aufmerksamkeit und Konzentration und beruht auf zwei äußerst einfachen, aber wirkungsvollen Beobachtungen. Erstens, dass kurze Aufmerksamkeitsschübe (25 Minuten), gefolgt von kurzen Pausen (fünf Minuten), der beste Weg sind, um eure proaktive Aufmerksamkeit den ganzen Tag über aufrechtzuerhalten. Zweitens: Wenn ihr den Tag in viele 25-Minuten-Abschnitte aufteilt und einen Timer verwendet, verbringt ihr den ganzen Tag mit dem ständigen Gefühl, gegen die Uhr zu arbeiten. Die Zeit wird rückwärts gezählt, von 25 auf null, und nicht unbegrenzt vorwärts, bis ihr eine Pause macht. Ein Pomodoro-Timer ist ein großartiges Hilfsmittel, um größere Aufgaben in mundgerechte Stücke aufzuteilen. Er kann dazu beitragen, dass ihr euch besser konzentrieren und der Versuchung widerstehen könnt, euch ablenken zu lassen. Ihr könnt Pomodoro-Timer-Apps für euer Handy oder einen Desktop-Timer für euren Computer herunterladen: Sie sind leiser als ein echter Küchentimer. Ich habe im Laufe der Jahre beide verwendet, doch ich würde davon abraten, einen echten Timer zu verwenden, wenn andere Menschen im Büro sind!

Pomodoro ist auch eine interessante Technik, um sicherzustellen, dass ihr euch nicht zu sehr auf einen einzigen Bereich eurer Arbeit konzentriert. Wenn ihr sie über einen Tag oder eine Woche anwendet, könnt ihr euren Terminplan in Form von Pomodoros betrachten und genau sehen, wie wenig Zeit ihr für die Dinge aufwendet, die ihr am wenigsten mögt.

GEPLANTE PROKRASTINATION

Einer der Vorteile von Pomodoro ist die Gewissheit, dass nach jeweils 25 Minuten Arbeit eine fünfminütige Pause zur Entspannung und Ablenkung eingelegt wird. Das ist wirklich nützlich, da es eine Grenze zwischen Versuchung und Tugend schafft, indem es euch bewusst macht, dass auf euch eine fünfminütige Zeitspanne wartet, in der ihr der Versuchung nachgeben dürft. Ihr könnt diese Idee noch einen Schritt weiterführen. Wenn ihr euch dabei ertappt, dass ihr etwas auf die lange Bank schiebt, auf Facebook abhängt, herumkritzelt oder träumt, solltet ihr euch darüber im Klaren sein, dass dies alles seinen Platz hat. Anstatt euch dafür selbst zu kritisieren (was das Drama um das, was ihr eigentlich vermeiden wollt, nur noch verschlimmert und euren Widerstand nur noch weiter verstärkt), schafft dafür einfach die richtige Grenze. Wenn ihr euch also beim Prokrastinieren ertappt, kann euer Chef-Ich entscheiden: „OK, noch fünf Minuten davon, und dann machen wir mit dieser bestimmten Sache weiter“. Damit habt ihr die Prokrastination entmystifiziert und entmachtet, und ihr werdet noch häufig feststellen, dass euch eine solche Grenze am Ende der fünf Minuten weiterbringt und zu dem führt, was jetzt von euch verlangt wird, nachdem ihr „euren Spaß“ gehabt habt.

POWER-STUNDEN

Die Power-Stunde habe ich vor ein paar Jahren für mich selbst entwickelt und verwende sie, wenn ich eine bestimmte wichtige Aufgabe meide. Die Idee ist einfach: Plant eine Stunde eurer proaktivsten Aufmerksamkeit ein, um an dem zu arbeiten, was ihr meidet. Schließlich ist es ja nur eine Stunde eures Tages. Ich verlange ja nicht, dass ich den ganzen Tag an dieser Sache arbeite. Indem ich sie in meinen Terminplaner eintrage, wird sie von einer möglichen Option für den Tag (die ich wahrscheinlich zugunsten einer leichteren, lauteren Aufgabe ignorieren werde) zu einer Verpflichtung, die fest in meinem Tag verankert ist. Das fördert die Konzentration und am Ende einer Power-Stunde bin ich in der Regel tief genug in die Aktivität eingetaucht, um zu wissen, dass sie gar nicht so beängstigend oder schwierig ist. Um zu entscheiden, welche Aufgabe ich für meine Power-Stunde einplanen soll, verwende ich eine Frage auf meiner wöchentlichen Checkliste: „Welches sind die harten Nüsse, die entweder schwierig sind oder die ich vielleicht meide?“. Wenn hier eine Antwort aufpoppt, plane ich Power-Stunden für die folgende Woche, und zwar direkt während meines Reviews. Es ist eine große Erleichterung zu wissen, dass ich eine Verpflichtung und einen Plan habe, um die Dinge, die feststecken, voranzutreiben.

Eine andere Möglichkeit, um Power-Stunden zu nutzen, ist, über diese Frage nachzudenken:

> „Was ist die eine Tätigkeit, die euch, wenn ihr sie in diesem Jahr jeden Tag eine Stunde lang konsequent ausübt, erfolgreich macht?

Wenn ihr im Vertrieb arbeitet, wäre diese Tätigkeit vielleicht Kaltakquise. Wenn euch Kaltakquise keinen Spaß macht, werdet ihr immer etwas anderes finden, was ihr stattdessen tun könnt. Wenn ihr es euch jedoch zur Gewohnheit macht, jeden Tag zwischen 9:30 Uhr und 10:30 Uhr zu telefonieren, werdet ihr mit der Zeit Ergebnisse erzielen. Natürlich ist das keine Raketenwissenschaft. Doch wenn ihr jetzt gerade eine klare Vorstellung von eurer einen Tätigkeit habt, ist die Wahrscheinlichkeit groß, dass ihr diese nicht täglich eine Stunde oder länger ausübt. Die Power-Stunde kann eine Möglichkeit sein, Beständigkeit zu finden, Muskeln aufzubauen, eine bewusste Entscheidung in eine mühelose, unbewusste Gewohnheit zu verwandeln und letztendlich eure Ziele zu erreichen.

Power-Stunden werden euch leichter fallen, wenn ihr euren Kollegen sagen könnt, dass ihr gerade mitten drinsteckt, und sie bittet, euch während dieser Zeit nicht zu stören. Vielleicht stellt ihr ein Porzellankätzchen auf euren Schreibtisch, so wie es Elena im Think Productive-Büro macht. Diese öffentliche Ankündigung wird eure Verpflichtung auch in eurem Gehirn festigen. Auch alles andere, was ihr tun könnt, um unterbewusst zu signalisieren, dass diese Stunde etwas Besonderes ist und sich von allen anderen unterscheidet, ist sehr hilfreich. Das kann etwas so Einfaches sein wie euren Desktophintergrund zu hindern, eure Lieblingsmusik abzuspielen oder einen teuren Kräutertee anstelle des üblichen „normalen“ Tees zu trinken. Ihr könnt aber auch zum Beispiel an einem anderen Schreibtisch arbeiten oder eure Arbeit mit nach draußen nehmen, um die Aussicht zu genießen.

ÜBUNG: MEINE POWER-STUNDE FESTLEGEN

Was ihr benötigt: Zugriff auf euren Kalender, das Bewusstsein, wann euer Aufmerksamkeitslevel proaktiv ist, proaktives Denken im Chefmodus

Wie lange es dauert: 15-20 Minuten für die Vorbereitung, eine Stunde pro Tag für die Umsetzung

Ninja-Mentalität: Achtsamkeit

Ihr werdet jetzt eure ganz persönliche Power-Stunde planen. Beginnt mit diesen beiden Fragen und schaut, welche Ideen euch kommen, worauf ihr euch in eurer Power-Stunde konzentrieren solltet:

- „Welches sind die harten Nüsse, die entweder schwierig sind oder die ich vielleicht meide?"
- „Was ist die eine Tätigkeit, die mich, wenn ich sie in diesem Jahr jeden Tag eine Stunde lang konsequent ausübe, erfolgreich macht?

Als Nächstes findet ihr heraus, wann eure Aufmerksamkeit am proaktivsten ist und zu welcher Tageszeit ihr am ehesten eine ununterbrochene Stunde reiner Produktivität einplanen könnt:

Die einzigen beiden Regeln sind:

1. Wenn ihr euch einmal zu einer Power-Stunde verpflichtet habt, könnt ihr den Zeitpunkt nicht mehr ändern oder sie verschieben (ihr würdet eine Besprechung mit eurer Chefin auch nicht kurzfristig verschieben; warum solltet ihr also eher bereit sein, euch selbst zu enttäuschen, als jemand anderen?).
2. Ihr könnt nur eine Power-Stunde pro Tag haben. Hier kommt es darauf an, dass ihr euch darauf konzentriert, eine Sache konsequent gut zu machen.

Der Versuch, sieben Power-Stunden pro Tag einzuplanen, führt nur zu Stress und Enttäuschung, also versucht es erst gar nicht.

Und schließlich: Könnt ihr es euren Kolleginnen kommunizieren und sie um ihre Mitarbeit bitten? Benötigt ihr eine Möglichkeit, um zu signalisieren, dass ihr euch im Power-Stunde-Modus befindet und nicht gestört werden wollt?

Gibt es noch irgendetwas anderes, das ihr als persönliches Signal dafür verwenden oder einführen könnt, dass ihr „die Zone“ betreten habt?

MEHR UMSETZUNGSTAKTIKEN

IM BATCH-MODUS ARBEITEN

Eines der klügsten Dinge, die ihr tun könnt, um zu vermeiden, dass ihr viel Aufmerksamkeit und Energie auf die Vorbereitungszeit verschwendet, ist es, ähnliche Aufgaben zu bündeln und sie in einem Rutsch zu erledigen. Es dauert eine Weile, bis man in „die Zone“ kommt. Wenn man das also schon mal geschafft hat, ist es eine gute Idee, weiterzumachen. Genau aus diesem Grund habe ich auch empfohlen, dass ihr eure E-Mails in nur einigen wenigen Zeiträumen pro Tag abarbeitet. Das ist besonders nützlich, wenn ihr an etwas arbeitet, für das ihre viele Hintergrundinformationen oder Dateien benötigt, denn die Hälfte der Zeit und des Ärgers besteht darin, die richtigen Informationen zu finden. Wenn ihr eure gesamte Vertriebsarbeit oder Kundenpflege in einem Rutsch erledigt, könnt ihr euch besser darauf einstimmen, um bessere Entscheidungen über die von euch verwendete Sprache oder eure allgemeine Herangehensweise zu treffen – vielleicht könnt ihr sogar einzelne Informationen aus einer E-Mail oder einem Bericht ausschneiden und an anderer Stelle wiederverwenden. Eine ganze Reihe von Anrufen nacheinander zu tätigen, bedeutet nicht nur, dass ihr im richtigen Modus für Telefongespräche seid, sondern ihr könnt dies auch als Gelegenheit nutzen, das Büro zu verlassen und etwas frische Luft zu schnappen. Durch die Arbeit im Batch-Modus entsteht ein Flow, der eine Eigendynamik entwickelt. Ihr werdet feststellen, dass ihr viel produktiver seid, als wenn ihr einfach von einer Aufgabe zur nächsten springt.

In Kapitel 4 über Ninja-E-Mails haben wir versucht, mehr Effizienz zu erlangen, indem wir E-Mails stapelweise abarbeiten, anstatt sie ständig im Hintergrund zu haben und in winzigen, lästigen Häppchen zu erledigen. Wisst ihr, wie viele Pomodoros ihr jede Woche braucht, um euren Posteingang auf Null zu halten? Nun, innerhalb der nächsten Wochen solltet ihr es herausfinden!

NACHAHMEN & MENTORING

Wir haben es mit einer ganzen Reihe von Aufgaben zu tun, bei denen wir das Gefühl haben, als wären wir die Pioniere. Vielleicht dringen wir mit unserer Arbeit in einen Bereich vor, in dem unsere Organisation noch nie zuvor tätig war, oder wir entwickeln ein völlig neues Produkt

> „Es scheint immer unmöglich zu sein, bis man es geschafft hat.“
> – Nelson Mandela

oder eine neue Idee. Dabei kann es sich so anfühlen, als ob wir nur auf unsere eigene Vorstellungskraft zurückgreifen könnten, doch das ist selten der Fall. Schaut euch innerhalb und außerhalb eures Unternehmens um, und ihr werdet wahrscheinlich keine allzu großen Schwierigkeiten haben, jemanden zu finden, der sich einer ähnlichen Herausforderung gestellt und gewonnen hat. Es ist viel einfacher, deren Verhalten nachzuahmen, als zu versuchen, das Rad neu zu erfinden. Haltet nach Gelegenheiten Ausschau, euch mit diesen Menschen auszutauschen. Fragt sie einfach, ob ihr sie auf einen Kaffee einladen könnt, oder schickt ihnen eine E-Mail mit ein paar wichtigen Fragen, die eure eigene Arbeit voranbringen würden. Sucht nach Gelegenheiten, um Rat zu fragen, lernt aus den Fehlern anderer und seid großzügig mit den Ratschlägen, die ihr anderen anbieten könnt, die sich auf dem gleichen Weg befinden wie ihr.

Abgesehen davon, dass es ungemein produktiv ist, verschafft euch Mentoring auch den einen oder anderen einflussreichen Freund, was sicherlich Vorteile für eure Karriere mit sich bringt.

HACKING

Es wurde schon viel über „Life Hacking“ und mittlerweile auch über „Travel Hacking“ geschrieben. Als die Website *www.lifehacker.com* ins Leben gerufen wurde, war sie eine Art Phänomen und voll von wirklich nützlichen „Hacks“. Ein Hack ist eigentlich alles, was es euch ermöglicht, die konventionelle Art und Weise, etwas zu tun, abzukürzen, das System auszutricksen oder ganz allgemein ein wenig unkonventionell vorzugehen. Hacks werden oft als wohl gehütete Geheimnisse angepriesen, die es euch ermöglichen, eure Produktivität zu steigern, sobald sie erst einmal gelüftet sind.

Websites wie *LifeHacker.com* sind großartige Orte, um viele nützliche Informationen zu finden. Hütet euch jedoch vor der Tendenz eures Gehirns, das Lesen über Produktivität mit dem tatsächlichen Produktivsein zu verwechseln! Vermeidet es, in eine Spirale von „Produktivitätspornos“ zu geraten. Außerdem gibt es da draußen viele Websites, auf denen neben genialen Produktivitätslösungen auch ziemlich banalen Ratschlägen zu finden sind, so zum Beispiel wie ihr Vogelkacke von der Windschutzscheibe eures Autos entfernt. Nichtsdestotrotz kann euch ein gelegentliches Stöbern in Beiträgen auf Websites wie *Lifehacker* helfen, eure Anwendung bestimmter Werkzeuge zu verbessern oder neue Wege zu finden, Dinge effizienter zu erledigen.

Ein guter Tipp, um einen Hack oder eine Abkürzung zu finden, insbesondere bei Software wie To-do-Apps oder Outlook, ist es, genau die Frage, die ihr zu lösen versucht, in YouTube einzugeben. Ihr werdet erstaunt sein, wie viele hilfsbereite Geeks zu Hause sitzen und Schritt-für-Schritt-Anleitungsvideos zur Lösung genau eures Problems erstellen. Selig sind die Geeks, denn sie werden das Erdreich besitzen.

TUT DINGE, DIE IHR LIEBT

„Nichts Großes wurde jemals ohne Begeisterung erreicht."
– Ralph Waldo Emerson

Das bringt uns direkt zu meiner letzten Anmerkung in diesem Kapitel. Das zu tun, was man liebt, und das zu lieben, was man tut, wurde früher als eine Art frommer Wunschtraum abgetan. Ich würde behaupten, dass es im Informationszeitalter einfacher denn je ist, dies in die Tat umzusetzen. Es ist möglich, überall auf der Welt Kontakte zu Menschen zu knüpfen, die uns dabei helfen können, unsere beruflichen Ziele zu erreichen, oder Beziehungen zu Menschen aufzubauen, die uns dabei helfen können, das zu *erschaffen*, was wir tun wollen. Die Einstiegshürden sind niedrig, und doch halten so viele Menschen durch, arbeiten lange Stunden in Jobs, die sie hassen, und versuchen, sich an den Wochenenden glücklicher zu machen, indem sie mehr Dinge kaufen, die sie sich nicht leisten können. Die dadurch entstehende Verschuldung hält die Menschen gefangen und sie sind nicht mehr in der Lage, Risiken einzugehen oder Veränderungen vorzunehmen. Ich möchte an dieser Stelle klarstellen, dass ich nicht dafür plädiere, dass der einzige Weg, das zu tun, was man liebt, darin besteht, sein Unternehmen zu verlassen, doch es ist sicherlich wahr, dass man für sein Unternehmen ein größerer Gewinn ist, wenn man etwas tut, das man mit vollem Einsatz und mit Freude tut. Ich bin der festen und leidenschaftlichen Überzeugung, dass eines der wahren Produktivitätsgeheimnisse – und die beste Umsetzungstaktik überhaupt – darin besteht, sich nicht zu lange mit Dingen zu beschäftigen, die man hasst.

ÜBUNG: UMSETZUNGSTAKTIKEN, ENTSCHEIDUNGSWERKZEUGE UND MEINE GEWOHNHEITEN

Was ihr benötigt: Dieses Buch zum Nachschlagen, euren Kalender/Terminplaner
Wie lange es dauert: 15 Minuten
Ninja-Mentalität: Unkonventionalität, Agilität

Geht die unten aufgeführten Umsetzungstaktiken durch und gebt an, ob ihr sie bereits einsetzt, mit welchen ihr wann beginnen werdet, was ihr in Zukunft angehen könntet und was euch verrückt vorkommt und in nächster Zeit definitiv nicht auf eurer wöchentlichen Checkliste auftauchen wird.

	SETZE ICH BEREITS KONSEQUENT EIN	KÖNNTE ICH MEHR EINSETZEN	WERDE ICH VERSUCHEN	WERDE ICH VIELLEICHT VERSUCHEN	WERDE ICH NIEMALS VERSUCHEN
Monotasking	☐	☐	☐	☐	☐
Erfassen und weiterzumachen	☐	☐	☐	☐	☐
Die Pomodoro-Technik	☐	☐	☐	☐	☐
Geplante Prokrastination	☐	☐	☐	☐	☐
Power-Stunden	☐	☐	☐	☐	☐
Im Batch-Modus arbeiten	☐	☐	☐	☐	☐
Nachahmen & Mentoring	☐	☐	☐	☐	☐
Hacking	☐	☐	☐	☐	☐
Dinge tun, die ich liebe	☐	☐	☐	☐	☐

Seid ihr ein Ninja?

- Ein Ninja ist skrupellos in dem, was er tut, und wählt eine unkonventionelle Herangehensweise, um die schnellsten, einfachsten und effizientesten Wege zu finden, seine Arbeit zu erledigen.
- Ein Ninja erledigt seine Arbeit aus einer entspannten, zenartige Ruhe heraus.
- Ein Ninja ist agil und wendig, weil sein gut vorbereitetes zweites Gehirn es ihm ermöglicht, seine Arbeit so effizient wie möglich zu erledigen.

10. NINJA PROJEKT- UND MEETING-MANAGEMENT

„Lasst uns an die Stelle von Zukunftsängsten das Vordenken und Vorausplanen setzen.“
– Winston Churchill

WAS IST EIN PROJEKT?

Ihr habt also euren Posteingang auf Null gebracht, alle Informationen organisiert, klar Schiff zum Gefecht gemacht, eure To-do- und Checklisten vorbereitet und seid bereit, Kirschen auf ein paar Torten zu platzieren. Es gibt jedoch ein Problem: andere Menschen. Die Arbeit mit anderen Menschen kann eine der größten Freuden eines Jobs, aber auch unheimlich frustrierend sein. In diesem Kapitel befassen wir uns also mit Methoden zur Bewältigung dieses Problems, zunächst im Hinblick darauf, wie es sich auf eure Fähigkeit auswirken kann, Gruppenprojekte abzuschließen, und dann, etwas ausführlicher, wie ihr die Stärke anderer Menschen nutzen könnt, um produktivere, ninjaartige Meetings abzuhalten, die zu Ergebnissen führen.

Vereinfacht ausgedrückt ist ein Projekt alles, wozu ihr euch verpflichtet habt, dass ihr es zu Ende bringt oder erledigt, und was mehr als ein paar einzelne Handlungsschritte erfordert oder wo das Datum der Fertigstellung mehr als eine Woche entfernt ist. Diese Definition ist in der Tat weiter gefasst als die meisten anderen, und das ist auch so gewollt. Alles, was als Projekt eingestuft wird, wird in eurer Projektliste verwaltet. Je weiter diese Definition also gefasst ist, desto eher ist eure Projektliste tatsächlich eine vollständige Liste von allem, an dem ihr gerade arbeitet.

Wir haben in diesem Buch viel Wert auf die Planung von Handlungsschritten gelegt, und das aus gutem Grund. Ein Fokus auf Handlungsschritten gewährleistet einen Fokus darauf, Dinge abzuliefern und in die Tat umzusetzen. Das Managen von Projekten jedoch ist eine wichtige Fähigkeit an sich. Projekte geben unseren Ideen und Aktionen eine Perspektive, eine Struktur und einen Zweck. Einzelne Aktionen können chaotisch sein; Aktionen im Rahmen von Projekten schaffen gezielten Fortschritt.

Schaut euch um. Alles, was ihr seht, hat das Potenzial, ein Projekt zu sein. Es kann sehr bereichernd sein, kleine Aufgaben und sogar Freizeitaktivitäten oder das Lösen persönlicher Beziehungskrisen als

Projekt zu betrachten. Auch ein Ninja ist immer auf der Suche nach neuen Projekten: Er erfasst und sammelt Ideen und ermittelt in der Phase Organisieren, ob es sich tatsächlich um ein Projekt handelt, das umgesetzt werden kann. Alles um euch herum ist eine Gelegenheit, ein Projekt zu schaffen und Magie zu erzeugen.

Die Wahrheit ist, dass unsere eher traditionelle Definition eines Projekts aus alten und schmerzhaften Erfahrungen herrührt. Projekte werden als die komplizierten Dinge angesehen, die von anderen beurteilt werden. Wir betrachten sie als lästige Pflicht, vielleicht erinnern wir uns an langweilige und mühsame Schulprojekte, bei denen das Nachdenken und Planen, das in das Projekt einfloss, schwerer wog als das Tun und das daraus resultierende Ergebnis. Wir denken auch an professionelle Projektmanager, die so oft als Wichtigtuer rüberkommen und deren einzige Aufgabe darin besteht, zu drängen, zu schikanieren und zu nerven.

Neben einer breiteren Definition dessen, was ein Projekt eigentlich ist, möchte ich einen viel einfacheren Ansatz für den Umgang mit den meisten Projekten vorschlagen. Die Verhaltensweisen, die wir in diesem Buch bereits erörtert haben, insbesondere die des Erfassens und Sammelns, des Organisierens und Reviews, bedeuten, dass ihr über eine größere Kompetenz verfügt, um während eurer wöchentlichen Checkliste regelmäßig einen sehr effektiven, aber dennoch unkomplizierten Managementansatz bei jedem Projekt anzuwenden. Jede Woche besteht eure Aufgabe ganz einfach darin, das Projekt zu lenken, indem ihr die nächsten erforderlichen physischen Handlungsschritte festlegt und diese in eure Hauptaufgabenliste übernehmt. Dabei überprüft ihr auch den Zustand der einzelnen laufenden Projekte und nehmt Änderungen an eurer Projektliste vor, wenn neue Projekte hinzukommen, abgeschlossen oder ganz von der Liste gestrichen werden, weil sie nicht mehr relevant sind.

EINEN PROJEKTMANAGEMENT-ANSATZ VERFOLGEN, OHNE EINE PROJEKTMANAGERIN ZU SEIN

Ähnlich wie die alten To-do-Listen funktioniert auch das Projektmanagement im alten Stil nur selten wirklich gut für alltägliche Projekte. Es steht für überdetaillierte Planung und unzureichende regelmäßige Überwachung. Wenn sich dann die Welt verändert (was sie oft tut), gerät die Lieferung in Verzug und eure stundenlange detaillierte Planung geht den Bach runter. Durch eure regelmäßige wöchentliche Projektdurchsicht, die wöchentliche Checkliste, erhaltet ihr genügend Anhaltspunkte, um Projekte auf Spur zu halten. Es ist wichtiger, agil zu sein als übermäßig gut vorbereitet. Nur so viel *Planung* wie nötig, dafür umso mehr Überprüfung und Überwachung.

Natürlich gibt es auch komplizierte Projekte mit Hunderten von Abhängigkeiten, bei denen ihr den „kritischen Pfad“ durch all die Details und Komplikationen finden müsst. In solchen Fällen würde ich nicht vorschlagen, die Projektplanung komplett über Bord zu werfen, doch ich würde auf jeden Fall empfehlen, eine erfahrene Projektmanagerin zu engagieren, die euch dabei unterstützt!

DAS FÜNF-MEILENSTEINE-MODELL FÜR PROJEKTE

Bei alltäglichen Projekten sollten wir mit 20 % Planung und 80 % regelmäßiger Überprüfung, Neuausrichtung und Steuerung rechnen. Es ist durchaus möglich, dass eine Person einen komplexen Projektplan managen kann, den sie selbst erstellt hat, doch sobald andere Personen beteiligt sind, können die Dinge schnell unübersichtlich werden. Ein perfekter Projektplan für eine regelmäßige, unkomplizierte Steuerung sollte nicht mehr als fünf Meilensteine enthalten. Meilensteine sollten die konkret greifbaren Momente sein, in denen ihr die Frage beantwortet: „Woran erkennen wir, dass wir auf dem richtigen Weg sind?“ Allzu oft münden Meilensteine in Mikromanagement oder scheinen eher für Komplikationen und Verwirrung als für Klarheit zu sorgen.

EIN EINFACHES PROJEKT IST WIE EINE GUTE GESCHICHTE: ES HAT EINEN ANFANG, EINE MITTE UND EIN ENDE

Das Fünf-Meilensteine-Modell für Projekte ist alles, was ihr wirklich braucht:

1. **Aufsetzen**

2. **Auf dem Weg**

3. **Auf halbem Weg**

4. **Abschließen**

5. **Feiern**

Schauen wir uns die fünf Stufen der Reihe nach an.

1. AUFSETZEN

Beim Aufsetzen werden die Ressourcen zusammengestellt und es wird entschieden, wie das Projekt insgesamt aussehen soll. Es geht darum, zu kommunizieren, was ihr für die anzustrebenden Meilensteine haltet oder gemeinsam vereinbart, und die Verantwortung für jede Phase des Projekts an die zuständigen Personen zu delegieren.

2. AUF DEM WEG

Ich verwende diese Phase oft, um mir oder jemand anderem die Möglichkeit oder Ausrede zu geben, den Anfangsfortschritt des Projekts zu überprüfen. Diese Stufe ist nützlich, wenn ihr eine zusätzliche Kontrolle einbauen oder überprüfen wollt, ob alle Beteiligten auf einer Linie sind. Ein Beispiel wäre ein Designprojekt, bei dem ihr eine neue Broschüre oder Website erstellt und den Meilenstein „Auf dem Weg" als Gelegenheit nutzt, um erste Ideen mit dem Designer zu besprechen.

3. AUF HALBEM WEG

Woran erkennt ihr, dass ihr euch auf der Zielgeraden zum Abschluss befindet? Gibt es einen Halbzeitstand im Projekt? Der Halbzeitstand eines Projekts kann äußerst motivierend sein. Nutzt ihn, um den Fortschritt zu überprüfen und das Endziel noch einmal ins Auge zu nehmen und um sicherzustellen, dass das, was ihr für den endgültigen Abschluss gehalten habt, immer noch das ist, was ihr wollt – schließlich hat sich die Welt verändert, seit ihr das Projekt begonnen habt!

4. ABSCHLIESSEN

Der Abschluss scheint sich am einfachsten definieren zu lassen, doch so oft wird er falsch verstanden. Woran merkt ihr, dass ein Projekt abgeschlossen ist? Wie sieht der Abschluss tatsächlich aus? Wie wird der Erfolg gemessen? Gibt es eine finanzielle Messgröße? Eine bestimmte oder geschätzte Anzahl von Menschen, die daran beteiligt waren? Eine Menge an produzierten, gekauften oder verkauften Produkten? Definiert Erfolg zu Beginn sorgfältig, sonst kann es sein, dass euch eure Ungenauigkeit später einholt.

5. FEIERN

Die letzte Stufe ist das Feiern. Erfolge zu feiern und über die Dinge zu reflektieren, die gut gelaufen sind, ist etwas, was wir nicht oft genug tun. Oft lassen wir solche Gelegenheiten zum Feiern von Erfolgen an uns vorbeiziehen. Ob es nun eine E-Mail ist, in der „gut gemacht" steht, oder eine große Party – wir sollten uns erinnern, unsere Dankbarkeit zu zeigen und den Menschen Gelegenheit zu geben, über ihren Erfolg nachzudenken und ihn zu feiern.

Es gibt eine Vielzahl von Büchern, die sich speziell mit Projektplanung befassen, daher werde ich hier nicht weiter ins Detail gehen. Das Wichtigste jedoch ist: Ihr seid ein *Ninja*, und auch wenn Gruppenprojekte stressig sein können, werdet ihr, wenn ihr euch für den Stil des Produktivitäts-Ninja entscheidet, mit der nötigen Agilität ausgestattet sein, um mit allen Hindernissen fertigzuwerden, die sich euch in den Weg stellen. Es geht nicht darum, Überraschungen zu vermeiden, sondern darum, aufmerksam genug zu sein, um auf sie reagieren zu können.

MEETINGS

Bei der Durchführung von Projekten kommt man früher oder später unweigerlich mit einem der dominierendsten Produktivitätsfaktoren in Berührung, der sowohl geliebt als auch gehasst wird: Meetings. Wenn wir über Meetings sprechen, ist es wichtig, unseren Fokus vom Individuum auf die Gruppe zu verlagern. Wir kommen als Einzelpersonen zu Meetings und wir gehen als Einzelpersonen, doch die Arbeit des Meetings wird in einer Gruppe erledigt. In diesem Abschnitt geht es also sowohl um die Mikro- als auch um die Makroebene: Was müssen wir persönlich ändern und wie könnte sich unsere Organisationskultur verändern?

DIE AUFMERKSAMKEITSSPANNUNG

Sowohl auf der individuellen als auch auf der Gruppenebene existiert eine wichtige Spannung. Es ist die Spannung zwischen Zuhören und Tun.

↑ ZUHÖREN		
	Viel Zuhören, wenig Tun Therapie	Viel Zuhören, viel Tun Produktivität
	Wenig Zuhören, wenig Tun Bürokratie	Wenig Zuhören, viel Tun Ignoranz

TUN →

Es ist nicht einfach, diesen schmalen Grat zu beschreiten, um langfristig ein Maximum an Produktivität zu gewährleisten. Wir müssen bewusst einen Teil unserer Zeit und Aufmerksamkeit darauf verwenden, die Menschen um uns herum zu verstehen, zu begreifen, was strategisch geschieht, und zuhören, wie andere die Dinge wahrnehmen, die wir für wertvoll halten. Es gibt aber auch Zeiten, in denen wir einfach loslegen müssen. Wenn ihr lernt, dieses Spannungsverhältnis zu verstehen und einzuschätzen, wie ihr es am besten nutzt, könnt ihr herausfinden, ob ein Meeting in diesem Fall das nützlichste Werkzeug ist oder ob ihr einige Ninja-Tarnkappentaktiken anwenden müsst, um zu vermeiden, dass ihr von anderen in unproduktive Meetings hineingezogen werdet.

Wie würdet ihr eure eigene Zeit und Aufmerksamkeit im Verhältnis zu anderen beschreiben? Verbringt ihr eure ganze Zeit in „Therapie"-Sitzungen – mehr auf das Zuhören konzentriert und losgelöst vom Tun – und wünscht euch, ihr würdet einfach in Ruhe gelassen werden und könntet die Dinge allein erledigen? Oder steckt ihr in der „Ignoranz"-Phase fest, voller Tatendrang, doch ohne die Unterstützung, die Rückversicherung und das Feedback, die für maximale Produktivität und Wirkung erforderlich sind?

Und wie würdet ihr die Kultur in eurem Unternehmen beschreiben? Befindet ihr euch in der „Bürokratie"-Wüste, sehnt euch nach mehr Kommunikation und habt das Gefühl, dass euch niemand zuhört? Oder langweilt ihr euch regelmäßig zu Tode, weil ihr in Meetingraum drei noch mehr „Therapie" bekommt? Oder denkt ihr vielleicht, dass eure Organisation die „Aufmerksamkeitsspannung" recht gut meistert und das Gleichgewicht gerade noch so hinbekommt? Das ist die „produktive" Box, in der unsere gesamte Arbeit stattfinden sollte.

Wir werden uns beide Seiten der Aufmerksamkeitsspannung ansehen. Zunächst werde ich euch helfen, die Zeit, die ihr in Meetings verbringt, zu verkürzen, indem wir einige unnötige Meetings streichen und Alternativen anbieten. Dies wird euren neu entdeckten Ninja-Eigenschaften wie Skrupellosigkeit, Tarnung und Täuschung sowie Unkonventionalität zugutekommen. Und dann schauen wir uns den wichtigsten Teil an: wie ihr die Besprechungen, die dann noch übrigbleiben, produktiv, effizient und wertvoll gestalten könnt. Auf diese Weise könnt ihr ein Meeting-Umfeld schaffen, das zenartige Ruhe, Einsatzbereitschaft und Agilität fördert.

*WIE IHR DIE IN MEETINGS **VERSCHWENDETE ZEIT** REDUZIEREN KÖNNT*

Habt ihr schon einmal über die Kosten eines Meetings nachgedacht? Ich meine, wirklich darüber nachgedacht, wie viel es kostet, und ich meine nicht die Raummiete und die Kosten für die Kekse. Ich meine nicht einmal die Stunde eures Lebens und die Kosten dieser Zeit für eure Chefin. Ich spreche hier von den Kosten, dass *alle* diese Menschen eine Stunde lang in einem Raum sitzen. Zu den finanziellen Kosten eurer Anwesenheit kommen noch die Opportunitätskosten, die dadurch entstehen, dass ihr diese proaktive Aufmerksamkeit nicht für etwas anderes nutzen könnt. Multipliziert schließlich eure Opportunitätskosten mit denen aller anderen Personen, die am Tisch sitzen, und ihr beginnt zu begreifen. Was wie eine lockere Stunde mit Kichern, Keksen und halbwegs ernsthaften zehn Minuten aussieht, kann in Wirklichkeit eine ziemlich unheilvolle und kostspielige Macht sein, um eure Produktivität zu ruinieren.

__WARUM__ HABEN WIR DAS ALSO NICHT GEÄNDERT?

Wenn man bedenkt, dass sich die Art und Weise, wie wir auf Informationen zugreifen und sie kommunizieren können, allein im letzten Jahrzehnt radikal verändert hat, geschweige denn zu unseren Lebzeiten, ist es dann nicht etwas überraschend, dass sich Meetings kaum verändert haben? Ich würde behaupten, dass es dafür einige sehr gute Gründe gibt und dass es wichtig ist, diese Gründe zu verstehen, wenn wir Fortschritte machen wollen:

1. Wir sind soziale Wesen und der Wunsch, in einer Gemeinschaft zusammenzukommen, ist vollkommen natürlich.

2. Manche Menschen haben mehr Freude an Keksen und Ineffizienz als an Produktivität.

3. Als Kultur sind wir mit einer kollektiven Trägheit konfrontiert: Es ist viel einfacher, über ineffiziente Meetings zu jammern, als diejenigen zu sein, die mutig und energisch versuchen, die Dinge zu ändern.

*ERSETZT ENTSCHEIDUNGSFINDUNG **NICHT** DURCH MEETINGS*

„Meetings sind unverzichtbar, wenn man nichts tun will.“
– John Kenneth Galbraith

Vor einiger Zeit stellte ich fest, dass in unserem Unternehmen mehr Meetings als üblich abgehalten wurden und dass mein

Terminkalender mit kleinen Meetings der Art „eine halbe Stunde, um dieses Thema zu besprechen“ vollgestopft war. Manchmal, wenn meine Assistentin dann eine halbe Stunde Zeit in unserem gemeinsamen Terminkalender gefunden hatte, war alles, was wir hatten, der Titel der Besprechung und eine ziemlich vage Erinnerung daran, *worum* es in der Besprechung überhaupt gehen sollte. Die Diagnose war ziemlich eindeutig: Ich hatte ein paar anstrengende Wochen hinter mir, und meine Energiereserven waren erschöpft. Wenn man mir also Fragen stellte, schob ich die Entscheidungen hinaus, weil ich einfach nicht die Energie hatte, sie sofort zu treffen. Also sagte ich: „Ich muss noch einmal darüber nachdenken. Warum bucht ihr mich nicht für ein halbstündiges Meeting und wir können die Entscheidung dann treffen?

Macht euch klar, dass ihr zum Engpass werdet, wenn ihr keine Entscheidungen trefft. Oft ist eine schnelle Entscheidung – auch wenn sie nicht perfekt ist – viel besser, als eine Woche zu warten und dann eine ähnliche Entscheidung zu treffen.

ORGANISIERT KEINE MEETINGS, ***MACHT STATTDESSEN ETWAS ANDERES***

> „Der Unterschied zwischen Kreativität und Innovation in der Welt ist der Unterschied zwischen dem Nachdenken darüber, die Dinge in der Welt zu erledigen, und die Dinge zu erledigen“.
> – Michael E. Gerber
> (Autor von *The E-Myth Revisited*)

Das wird euch auf der Stelle wesentlich produktiver machen. Sagt einfach „Nein“. Lasst uns diese Sucht bekämpfen und unser Verlangen nach ein wenig sozialem Kontakt auf andere Weise stillen. Wir treffen uns aus den unterschiedlichsten Gründen, aber im Folgenden findet ihr einige Alternativen, um nicht eine halbe Stunde bis hin zu einem halben Tag eurer Zeit und Aufmerksamkeit in einem Meeting zu vergeuden, das ihr nicht wirklich braucht.

EINFACH LOSLEGEN

Wenn es möglich ist, einfach mit einer Sache loszulegen, anstatt erst viele Meetings abzuhalten, dann legt einfach los. Denkt daran, dass es normalerweise besser ist, sich zu entschuldigen, als um Erlaubnis zu bitten.

E-MAIL/SLACK/GRUPPENCHATS

Niemand mag diese vagen „Was soll ich tun“-E-Mails oder Gruppenchats, die einen Haufen unnötiger Geräusche und Unterbrechungen verursachen. Es kann jedoch viel effizienter sein, seinen halbgaren Plan zu verschicken und die besten Ideen der anderen einzuholen, als all diese Leute zu bitten, eine Stunde in einem Raum zu verbringen. Sorgt einfach nur dafür, dass ihr euch von vornherein darüber im Klaren seid, welchen Input ihr zurückhaben wollt (und oft auch, was ihr nicht haben wollt!), und dann kann dies eine großartige Alternative sein.

TELEFONKONFERENZEN

Obwohl das Ergebnis im Prinzip dasselbe ist, nämlich alle Teilnehmer im Raum zu versammeln, ist eine gut geführte Telefonkonferenz fast immer in der Hälfte der Zeit eines gut geführten Meetings vorbei: Das Thema kann fokussierter behandelt werden, und die Schwierigkeit, zu beurteilen, wann es angebracht ist, sich einzubringen und seine Gedanken vorzutragen, macht sie überraschend effektiv beim Herausfiltern doppelter oder wertloser Kommentare und Ideen. Das Aufkommen von Diensten wie Skype und Zoom bedeutet, dass Telefonkonferenzen die Vorherrschaft des herkömmlichen Meetings langsam in Frage stellen. Das kann nur etwas Gutes sein.

SCHREIBTISCHÜBERFALL

Lernt die Kunst des Schreibtischüberfalls! Er ersetzt all die Einzelgespräche, in denen ihr jemanden um Erlaubnis oder um ihre Meinung bittet. Ein Schreibtischüberfall kann auf zwei Arten erfolgen: geplant oder ungeplant. Geplant ist höflicher: Schickt eine kurze E-Mail, in der ihr sagt: „Hallo, ich arbeite an diesem Projekt, zu dem ich deinen Rat brauche. Bist du heute oder morgen im Büro? Ich schau für ein kurzes Gespräch vorbei.“ Wenn die Person nicht antwortet oder wenn ihr glaubt, dass sie euch aus dem Weg geht, weil sie sonst ihr eigenes Projekt nicht voranbringen kann, wählt den ungeplanten Weg und taucht einfach an ihrem Schreibtisch auf.

Sobald ihr ihren Schreibtisch erreicht habt, läuft die Kommunikation wunderbar effizient ab. Ihr beugt euch über sie, in einer absichtlich unbequemen Position, und lenkt dabei wahrscheinlich auch eine oder zwei ihrer Kolleginnen ab. Sie wissen das und werden alles tun, um euch so schnell wie möglich wieder loszuwerden, denn in diesem Moment ist es für keinen von euch besonders angenehm. Und ihr geht entweder mit der Information oder dem Versprechen, sich später per E-Mail zu melden. Gewonnen!

RUNDMAILS

Für eine gute Kommunikation und Arbeitsmoral ist es wichtig, dass Teams auf dem Laufenden sind, woran alle anderen arbeiten. Das ist in den meisten Geschäftsumfeldern dringend notwendig, zumal es bedeutet, dass jeder sein „Radar für neue Chancen" permanent eingeschaltet hat und auf Hochtouren läuft. Auch hier kann ein Großteil der Kommunikation per E-Mail erfolgen. Wenn ein interner Kommunikationsbeauftragter die besten Neuigkeiten der Woche zusammenstellt und dann dafür sorgt, dass sie von allen gelesen werden, geht das viel schneller, als wenn man alle Mitarbeiter bittet, in einem Raum zu sitzen und sich eine Stunde lang oder länger diese Neuigkeiten anzuhören. Außerdem hören sie die für sie interessanten Infos sowieso, wenn sie Kollegen auf dem Flur treffen oder freitags gemeinsam etwas trinken gehen.

KONSENSBILDUNG AUF DEM FLUR UND MBWA

„MBWA" (*Management By Walking Around*) oder „Führung durch Herumlaufen" ist ein fantastisches Instrument. Wenn ihr euch die Zeit nehmt, durch die Flure zu spazieren, entweder einmal am Tag oder zumindest zwei- oder dreimal pro Woche, steht ihr eurem Team und denjenigen zur Verfügung, die zwar nicht zu eurem direkten Team gehören, mit denen ihr aber möglicherweise zusammenarbeiten solltet. Ich habe erlebt, dass großartige Führungskräfte dies ohne Notizbuch oder sonstige Werkzeuge geschafft haben. Wenn ihr aber wie ich ein Gedächtnis wie ein Sieb habt, solltet ihr dem Drang widerstehen, ultralässig rüberkommen zu wollen: Nehmt ein Notizbuch mit und haltet alle Aufgaben oder Ideen fest, die euch zugetragen werden. Noch wichtiger: Nachdem ihr Zeit dafür eingeplant habt, könnt ihr sogar eine „Personen"-Liste mit den Personen und Themen erstellen, auf die ihr zu treffen hofft, und dabei bei euren Rundgängen Fortschritte machen. Dies kann ein regelmäßiger Bestandteil eurer Hauptaufgabenliste sein. Wenn ihr es richtig anstellt, kann das viel Spaß machen, sehr gesellig sein und außerdem ein halbes Dutzend oder mehr Themen in nicht mehr als einer halben Stunde abdecken.

DAS DAILY HUDDLE

Wir schummeln hier ein wenig, denn obwohl es sehr kurz ist, handelt es sich um ein Meeting! Es gibt verschiedene Bücher, die sich mit der Idee kurzer täglicher

Meetings befassen. Besonders gut gefällt mir das Buch *Mastering the Rockefeller Habits* von Verne Harnish, in dem es darum geht, dass sich die Führung eines wachsenden Unternehmens auf „1 % Vision und 99 % Ausrichtung" konzentrieren sollte. Eine Form der Ausrichtung, die jeden im Unternehmen an die Hauptziele erinnert, auf die sie sich konzentrieren sollten, ist die Idee des „Daily Huddle". Das Daily Huddle dauert nicht länger als fünfzehn Minuten, macht aber aufgrund seines einfachen und sich wiederholenden Formats viele andere Meetings und Kommunikationen überflüssig. Think Productive hält seit Jahren jeden Tag ein Huddle ab. Sich um ein Whiteboard mit den wichtigsten Aufgaben oder Pläne zu versammeln, ist ebenfalls ein guter Tipp. Beim Daily Huddle werden fünf Fragen gestellt, die jeden Tag gleich lauten:

1. Was sind deine guten Nachrichten?
2. Woran arbeitest du heute?
3. Wie weit sind wir mit dem Erreichen der Schlüsselzahlen?
4. Wo steckst du fest?
5. Bist du bereit für das morgige Huddle?

Es gibt hier nicht viele Regeln, doch drei Dinge sind sicherzustellen: Erstens, dass alle angesprochenen Probleme, deren Lösung länger als eine Minute dauert, außerhalb des Huddle behandelt werden, und zweitens, dass das Huddle jeden Tag zur gleichen Zeit stattfindet, damit es zur Gewohnheit wird. Die letzte Regel lautet, dass es nie länger als fünfzehn Minuten dauert.

WIE IHR MEETINGS ANDERER MENSCHEN **VERMEIDET**

„Wenn du zu anderen „Ja" sagst, achte darauf, dass du nicht „Nein" zu dir selbst sagst."
– Paulo Coelho

Alle oben genannten Punkte sind gute Möglichkeiten, um aufmerksamkeitsheischende und zeitraubende Meetings zu vermeiden. Doch was passiert, wenn das Meeting gar nicht in eurer Hand liegt? Wenn jemand anderes uns zu einem Meeting einlädt, scheint es oft so zu sein, dass wir gar nicht „Nein" sagen können, und natürlich wollen wir andere Menschen nicht enttäuschen, doch manchmal ist Vermeiden die beste Ninja-Waffe, die wir haben!

„ICH HABE BESSERES ZU TUN“

Das ist natürlich wahr, aber sagt es nicht so. „Ich habe einen Abgabetermin für Projekt X“ oder „Meine Chefin hat mich gebeten, in den nächsten Tagen ausschließlich an Projekt Y zu arbeiten.“ Das ist nicht unhöflich, aber skrupellos.

„DIESEN TERMIN SCHAFFE ICH NICHT“

Hofft, dass ihr Bedürfnis, einen Termin zu finden und Fortschritte zu erzielen, dazu führt, dass sie noch einmal überdenken, ob ihr wirklich gebraucht werdet.

„DAS SCHAFFE ICH NICHT, ABER ...“

Anstatt an einem Meeting teilzunehmen, das ein oder zwei Stunden dauern kann, nehmt euch fünf Minuten Zeit, um euch über das Thema schlau zu machen, und schreibt eine kurze E-Mail mit euren Gedanken. Auf diese Weise könnt ihr einen Beitrag leisten, ohne Zeit zu verschwenden, und in den meisten Fällen wird der Organisator des Treffens es zu schätzen wissen, dass ihr euch mit der Frage beschäftigt habt.

„VIELLEICHT“

Dies funktioniert besonders gut mit Outlook, wo ihr die Option „Mit Vorbehalt“ einsetzen könnt. Habt nicht das Gefühl, dass ihr euch rechtfertigen müsst – so wirkt ihr „unverbindlich“, was in der Regel dahingehend interpretiert wird, dass ihr euer Bestes tut, um teilnehmen zu können; in Wirklichkeit tut ihr vielleicht gerade euer Bestes, um nicht dabei sein zu müssen. Mündliche oder E-Mail-Äquivalente dieser speziellen Option können ebenfalls mit ähnlicher Wirkung eingesetzt werden.

Wenn ihr diese Vermeidungstaktiken lest, werdet ihr vielleicht denken: „Nun, wenn alle so vorgehen würden, gäbe es zwar keine Meetings, aber es gäbe auch keine Zusammenarbeit im Team und die ganze Organisation würde auseinanderbrechen.“. Das ist die Essenz der Aufmerksamkeitsspannung: Es geht darum, Urteilsvermögen an den Tag zu legen und jede dieser Taktiken sparsam einzusetzen. Denkt daran, dass es sehr gesund ist, eine Kultur zu pflegen, die den Status quo in Frage stellt. Und überhaupt: Wenn ihr die Ninja-Methode des Tarnens und Täuschens anwendet, werdet ihr überrascht sein, wie selten jemand merkt, dass ihr euch überhaupt vor einem Meeting gedrückt habt!

GROSSARTIGE MEETINGS KÖNNEN ***DIE WELT VERÄNDERN***

Dennoch *gibt* es Momente, in denen nur ein Meeting sinnvoll ist. Im Folgenden findet ihr einige Punkte, die ihr bedenken solltet, wenn ein Meeting tatsächlich die beste Option ist. Dann – und nur dann – könnt ihr die produktivsten Meetings eures Lebens planen.

> „80 % der Geschäftsleute glauben, dass das Ergebnis eines Meetings durch die Auswahl und Qualität des angebotenen Gebäcks positiv beeinflusst werden kann." (Holiday Inn-Umfrage, 2008)

TREFFT EUCH WEIT OBEN, NICHT AUF DEM BODEN

Was bei Meetings in der Regel schiefläuft, ist die Tatsache, dass sie allzu oft dazu genutzt werden, um Zusagen zu Details zu erhalten, anstatt Zusagen zu den größeren Fragestellungen, wie zum Beispiel:

- „Was ist die grundlegende Vorgehensweise?"
- „Wenn es um dieses versus jenes geht, was gewinnt?"
- „Wen wollen wir hier am meisten zufriedenstellen?"
- „Was ist hier wichtiger, Qualität oder Kosten, und wo verläuft die Grenze, bevor sich diese Antwort ändert?"

Dies sind die übergeordneten Fragen, die auf strategischem Denken und dem Wissen um den Gesamtzusammenhang beruhen – findet die Antworten darauf, und die Maßnahmen werden folgen, ohne dass ein weiteres Meeting erforderlich ist, um über die Feinheiten zu entscheiden.

> „Ein Kamel ist ein Pferd, das von einem Komitee entworfen wurde."
> – Alec Issigonis, Designer des Mini

TREFFT EUCH, WENN ES WICHTIG IST, DIE EMOTIONALEN FOLGEN ZU MANAGEN

Manchmal sind Augen wichtig. Seid nicht derjenige, der John per E-Mail feuert, obwohl er schon seit 27 Jahren für das Unternehmen arbeitet.

TREFFT EUCH, UM MOMENTUM, FLOW UND ENERGIE ZU ERZEUGEN

Beginnt Projekte mit „Kick-off-Meetings“. Hier geht es darum, ein Team zusammenzuschweißen, damit es für die nächste Projektphase gut gerüstet ist. Gute Energie, Flow und Momentum zu erzeugen ist von großer Bedeutung, da dies die künftige Zusammenarbeit einfacher und reibungsloser macht. Da es bei diesen Meetings um die persönliche Chemie und den lockeren Umgang mit den Themen geht, ist es oft eine gute Idee, sie an unkonventionellen Orten abzuhalten. Seid also mutig und geht mit eurem Team zum Bowling oder in ein schickes Restaurant.

WIE MAN EIN MEETING MAGISCH MACHT

Nachdem ihr euch entschuldigt und 60-70 % der Meeting-Anfragen vermieden und auch die Zahl der von euch persönlich organisierten Meetings um etwa 90 % reduziert habt, bleiben euch nur noch die Meetings, die ihr zu etwas Großem machen müsst. Bei diesen nun raren Gelegenheiten steht plötzlich viel auf dem Spiel. Ich habe in meinem Leben schon einige davon erlebt.

Einige dieser großartigen Meetings, an denen ich teilgenommen habe, wurden von Martin Farrell geleitet, dem Meetings-Magier von Think Productive und einem sehr geschätzten Kollegen. Martin war es auch, der mich mit dem überzeugendsten Meetings-Konzept bekannt machte, das ich kenne. Dieses Konzept wurde von Lois Graessle und George Gawlinski entwickelt, die mit Martin an dem Buch *Meeting Together* gearbeitet haben.

DAS 40-20-40-KONTINUUM

Wenn ihr jemals ein Meeting abhalten müsst und es zum Erfolg machen wollt, solltet ihr das 40-20-40-Kontinuum anwenden: Fokussiert 40 % eurer Aufmerksamkeit für jedes Meeting auf die Vorbereitung und darauf, alles perfekt zu organisieren, bevor ihr euch trefft, dann 20 % eurer Aufmerksamkeit auf das Meeting selbst – die Zeit, in der alle zusammen sind – und dann 40 % eurer Aufmerksamkeit auf die Nachbereitung.

Wie alle goldenen Regeln scheint auch diese auf den ersten Blick einfach und sogar ein wenig zu offensichtlich zu sein, doch in Wirklichkeit wird sie nur selten praktiziert und es kann schwierig sein, sich an sie zu halten. Die Versuchung ist groß, sich nur auf das Meeting selbst zu konzentrieren, obwohl das Wichtigste natürlich die Nachbereitung ist, um sicherzustellen, dass die Dinge danach auch tatsächlich geschehen.

40 % VORBEREITUNG

Wenn ihr euch richtig vorbereitet – und ich meine wirklich richtig –, werden euch die Meetings, die ihr durchführt, wie Magie erscheinen. Das bedeutet, dass ihr jeden Aspekt der Vorbereitung durchdenken müsst, nicht nur einen Raum buchen, ein paar Leute einladen und manchmal auch eine Tagesordnung zusammenkritzeln.

BEGINNT MIT DEM ZIEL VOR AUGEN

Dies ist ein weiteres Beispiel dafür, dass eine frühzeitige Entscheidungsfindung wirklich hilfreich sein kann. Anstatt bis zur Hälfte eines Meetings zu warten, um herauszufinden, wie das Ergebnis aussehen soll, solltet ihr mit dem Ziel beginnen. In der Regel kennt ihr es schon. Ihr könnt dies sogar in die Tagesordnung aufnehmen und als Meeting-Leiterin dafür sorgen, dass es auch Teil eurer Einführung ist. Ein Beispiel wäre eine Aussage wie diese:

> „Bis zum Ende des Meetings werden wir uns auf einen Zeitplan mit delegierten Maßnahmen geeinigt haben, damit wir unser Ziel von zehn neuen Kunden bis Ende März erreichen können.“

Eine eher unkonventionelle Ninja-Methode besteht darin, das Meeting mit der *Antwort* auf eure Frage zu beginnen, nicht nur mit der Frage; dann öffnet ihr das Meeting für eine gezieltere Ideensammlung. Wenn es in dem Meeting beispielsweise um die Festlegung des Budgets geht, lasst jemanden einen Budgetentwurf erstellen, bevor ihr beginnt, oder schreibt die Annahmen auf, damit ihr etwas habt, über das ihr diskutieren könnt, aber auch damit eine generelle Richtung vorgegeben ist.

FLOW

Wenn ihr ein Meeting plant, solltet ihr es als eine Reise betrachten. Überlegt, wo ihr stecken bleiben könntet, wo die Teilnehmerinnen eine Pause brauchen oder sich die Beine vertreten müssen, und überlegt euch die beste Route. Großartige Meetings vermitteln das Gefühl einer Reise. Bei den meisten Meetings geht es zunächst darum, den Rahmen abzustecken: Wir stellen uns gegenseitig vor, dann das Thema und das angestrebte Ziel. Die mittlere Phase ist die Erkundung: Diskussionen, Fragen und erste Vereinbarungen. Das Ende eines Meetings sollte der Punkt sein, an dem ihr eindeutig über das Diskutieren hinweg seid und Entscheidungen trefft, Maßnahmen ergreift und euch auf die nächsten praktischen Schritte einigt. Es ist leicht, diese Grenzen zu verwischen, wenn man nicht einige gute „Markierungen" hat, die den Weg weisen.

PLANT SCHWIERIGE TAGESORDNUNGSPUNKTE UNMITTELBAR VOR KAFFEE- ODER MITTAGSPAUSEN

Ein guter Tipp zur Steuerung des Flows ist es, die natürlichen Pausen des Tages strategisch zu nutzen: eine Mittagspause, eine Kaffeepause oder die festgelegte Endzeit. Wenn ich Tagesordnungen schreibe, versuche ich immer, die Punkte, bei denen ich vorhersehen kann, dass es etwas hitzig werden könnte, möglichst kurz vor einer Kaffeepause oder noch besser unmittelbar vor dem Mittagessen anzusetzen. Das bedeutet, dass anstatt nur auf das Thema fokussiert zu sein, die Aufmerksamkeit der Teilnehmer und ihr gemeinsamer Enthusiasmus für eine Debatte auf ihren gemeinsamen Enthusiasmus für einen Kaffee oder ein Essen gelenkt wird. Die Person, die das Mittagessen für alle verzögert, selbst wenn es um eine prinzipielle Frage geht, ist wirklich mutig. Und wenn es doch einmal etwas hitzig wird, habt ihr die Möglichkeit, eine Pause einzulegen, bevor der Disput anderen Tagesordnungspunkten in die Quere kommt.

PLANT ZEIT FÜR „SPIELRAUM“ EIN

Es gibt Momente in einem Meeting, in denen Schwierigkeiten und Komplikationen an den seltsamsten Stellen auftreten, und es gibt keine Möglichkeit, diese vorherzusehen. Anstatt also zu versuchen, vorherzusagen, wo dies der Fall sein könnte, plant damit, dass ein paar Tagesordnungspunkte gegen Ende des Meetings etwas länger dauern als ihr erwartet. Das verschafft euch den nötigen Spielraum, wenn ihr überziehen müsstet. Das ist euer kleines geheimes Zeitreservoir. Hütet euch jedoch davor, dies den anderen im Raum zu verraten – auch nicht denen, denen ihr ausdrücklich vertraut –, denn wenn sie wissen, dass es existiert, wird es auch zu ihrem geheimen Zeitreservoir und sie werden sich ebenso berechtigt fühlen, es einzusetzen.

LÄNGE

Überlegt euch genau, wie lange das Meeting dauern soll. Wenn ihr ein disziplinierter Meeting-Leiter seid, könnt ihr das Meeting wahrscheinlich in kürzerer Zeit abwickeln, als zu erwarten wäre. Ihr dürft jedoch keinesfalls dafür bekannt werden, dass Meetings länger dauern als geplant oder erforderlich. Ihr müsst also vernünftig und realistisch sein und gleichzeitig euch selbst und andere zur Kürze auffordern. Nur weil euer Outlook-Kalender Zeitfenster von 30 oder 60 Minuten vorsieht, heißt das nicht, dass ihr nicht stattdessen ein 15- oder 45-minütiges Meeting abhalten könnt – oder sogar ein 21-minütiges Meeting, wenn ihr das wollt!

ORT UND ANORDNUNG

Die Gestaltung des Raums sagt viel über die Art des Meetings aus, das ihr abhalten möchtet: Ein hörsaalähnlicher Raum mit einem Rednerpult an der Stirnseite deutet auf einen didaktischen Stil hin, auf exzessives Mitschreiben der Teilnehmerinnen und festgelegte Zeiten, in denen diese Fragen stellen können. Ein Tisch im Stil eines Sitzungszimmers suggeriert ein gewisses Maß an Formalität und aktiver Beteiligung, wobei der Tisch jedoch gelegentlich ein Hindernis für aktives Zuhören darstellt. Eine hufeisenförmige Stuhlanordnung ohne Tisch suggeriert so etwas wie eine Gruppentherapie: aktives Zuhören, Teamarbeit, Konsensbildung und Problemlösung. Es gibt kein Richtig oder Falsch, nur für bestimmte Anlässe und Tagesordnungen besser geeignet als für andere. Die Raumaufteilung ist wirklich wichtig.

> „Der Raum sollte sagen: ‚Du bist wichtig‘.“
> – Nancy Kline

SCHAFFT DIE KULTUR, DIE IHR BRAUCHT

Im Rahmen meiner Tätigkeit als Interimsmanager musste ich an einem wöchentlichen Management-Meeting teilnehmen. Was mich am meisten beeindruckte, war, dass der Geschäftsführer dieser Organisation eine Kultur geschaffen hatte, in der Vorbereitung absolut erwartet wurde. Der Vorsitzende war vorbereitet, aber auch alle anderen leitenden Angestellten. Man erwartete von uns, dass wir alle Unterlagen im Voraus gelesen hatten, und so konzentrierten sich die Gespräche eher auf Meinungen und Maßnahmen als auf Klärungen und lange Erläuterungen. In dem Meeting selbst wurde in 40 Minuten mehr besprochen als in vielen anderen Meetings in drei oder mehr Stunden. Diese Kultur war kein Zufall: Sie war nicht nur geplant, sondern wurde vom Vorstandsvorsitzenden akribisch forciert, der jeden Tagesordnungspunkt mit ein paar Zeilen einleitete, die fast immer den Satz „Ich gehe davon aus, dass alle das Dokument gelesen haben" enthielten, bevor er sehr schnell zu Entscheidungen überging. Das war Kultur durch bewusste Gestaltung. Überlegt euch, welche Kultur ihr braucht und welche Gewohnheiten ihr einführen könnt, um sie zu vermitteln.

20 % IST DAS MEETING SELBST

Ihr habt euch akribisch vorbereitet und die anderen ermutigt, dasselbe zu tun. Ihr habt sogar die guten Kekse gekauft. Wie sichert ihr nun ab, dass euer Meeting produktiv ist?

DIE BEGRÜSSUNG UND ERÖFFNUNGSRUNDE

Bei Gruppen mit mehr als vier oder fünf Teilnehmern, bei denen es etwas länger dauert, bis eine Gruppendynamik entstanden ist, besteht die Herausforderung darin, dafür zu sorgen, dass sich alle so wohl wie möglich fühlen. Das Gefühl, willkommen zu sein, führt dazu, dass die Teilnehmer einen aktiven Beitrag leisten, da das vermeintliche Risiko nachlässt, sich lächerlich zu machen. Eine von vielen Möglichkeiten, dies zu erreichen, besteht darin, Augenkontakt herzustellen und sich kurz mit den Leuten zu unterhalten, wenn sie eintreffen. Wenn ihr denkt, dass dies kleinkariert oder ein unnötiges Detail ist, denkt daran, wie oft ihr euch entweder willkommen oder nicht willkommen gefühlt habt, als ihr zu einem Meeting kamt – das ist sehr effektiv.

Zu Beginn von Meetings, die ich leite, bitte ich in der Regel die Teilnehmerinnen, sich an einer „Eröffnungsrunde“ zu beteiligen, inspiriert von Nancy Klines hervorragendem Buch *Time To Think*, in dem beschrieben wird, wie man ein ideales Umfeld für gutes Zuhören und gutes Denken schafft. Dieses einfache Instrument ermöglicht es jedem, etwas beizutragen und sich wohl dabei zu fühlen, die Aufmerksamkeit der Gruppe für einen kurzen Zeitraum auf sich zu lenken, und trägt so zur Bindung der Gruppe bei.

Meine übliche Eröffnungsrunde besteht aus drei oder vier Fragen, wie zum Beispiel:

- Euer Name
- Eure Funktion (und wo ihr arbeitet, wenn das Meeting mehr als eine Organisation oder einen Standort zusammenbringt)
- Warum ihr hier seid
- Eine Sache, die gut läuft (diese Frage kann absichtlich so vage gehalten werden, dass sie sowohl beruflich als auch persönlich gemeint sein kann, und ist ein guter Eisbrecher).

Die letzte Frage ist meine Lieblingsfrage. Hier öffnen sich die Teilnehmerinnen ein wenig, gehen ein kleines persönliches Risiko ein, wenn sie die Aufmerksamkeit der Gruppe auf sich ziehen, und fühlen sich dadurch sicherer, wenn sie später, wenn es zur Sache geht, mit der Gruppe interagieren. Es gibt auch alle möglichen Studien über den Effekt von Lachen auf die Entscheidungsfindung in einer Gruppe, und bei der letzten Frage gibt es immer mindestens einen Lacher wegen eines Mitglieds der Gruppe, das etwas Unterhaltsames zu sagen hat. Ein einfaches, aber sehr effektives Instrument.

ERMUTIGT ZUR IDENTIFIZIERUNG UND DISKUSSION VON HINDERNISSEN

Was hindert euch daran, eure Ziele zu erreichen? Manchmal ist es für die Teilnehmer nicht leicht, dies zu erklären. Manchmal seid *ihr* derjenige, der im Weg steht. Manchmal sind es Persönlichkeiten, manchmal sind sich die Teammitglieder über die Aufgabe nicht im Klaren oder haben unterschiedliche Auffassungen darüber, was zu tun ist. Bietet ein Zeitfenster – entweder während des Meetings oder mit den einzelnen Teilnehmern vor und nach der Besprechung persönlich –, um offen zu sprechen und ihre Gedanken zu den Hindernissen zu äußern. In Teams ist Kommunikation lebenswichtig, also fördert sie aktiv und macht Meetings zu dem „Vorwand", den manche brauchen, um Probleme anzusprechen, aber auch zu dem Ort, an dem andere nicht umhinkönnen, sie anzusprechen.

LEICHTES UNBEHAGEN = SCHNELLERE ENTSCHEIDUNGEN

Leichtes Unbehagen kann ein großer Katalysator für die Entscheidungsfindung in einer Gruppe sein. Deutet darauf hin, wenn ihr den Vorsitz führt:

- „Ich weiß, dass wir alle gerne in die Kaffeepause gehen würden, also lasst uns das Thema abschließen und weitermachen."
- „Es ist ein bisschen warm hier, ich weiß. Ich werde jemanden beauftragen, die Klimaanlage zu reparieren, sobald wir diesen Punkt abgeschlossen haben."
- „Lasst uns noch fünf Minuten damit verbringen, dann können wir uns die Beine vertreten."

Andere, extremere Varianten, dieses leichte Unbehagen als Katalysator für eine konzentriertere Entscheidungsfindung zu nutzen, bestehen darin, Meetings an ungewöhnlichen Orten abzuhalten oder sogar im Stehen. Meetings im Stehen sind ein nützliches Instrument, doch denkt an die Aufmerksamkeitsspannung, die wir zu Beginn des Kapitels erörtert haben – es gibt Zeiten, in denen Unbehagen und „einfach weitermachen" die besten Herangehensweisen sind, aber auch Zeiten, in denen Unbehagen unsere Fähigkeit zum Zuhören und zur umfassenden Beteiligung einschränkt.

LENKUNG HIN ZUM ZIEL

Während des Meetings besteht die Aufgabe der Leiterin oder Moderatorin darin, die Teilnehmer auf den Weg zum Ziel zu bringen und dafür zu sorgen, dass Entscheidungen und Aufgaben so klar wie möglich formuliert werden. Wenn es sich um ein Meeting handelt, bei der jemand ein formelles Protokoll führt (was meiner Erfahrung nach nur gelegentlich sinnvoll ist), könnt ihr *während* des Meetings auf das Protokoll verweisen, um Klarheit über die Beschlüsse zu gewinnen („Also gut, Leute, wie sollen wir das im Protokoll festhalten?"). Allein die Tatsache, dass ihr euch darüber einigt, wie etwas für die Person, die das Protokoll schreibt, zu formulieren ist, ermöglicht eine fokussiertere Diskussion und stellt sicher, dass alle wirklich auf demselben Stand sind.

SCHAFFT EINEN SICHEREN RAUM ZUM FEHLER MACHEN

Fehler werden oft als etwas grundlegend Schlechtes angesehen. Doch Fortschritt entsteht genauso oft durch das Experimentieren mit dem, was nicht funktioniert, wie mit dem, was funktioniert. Einer von Fiona Dawes Leitsätzen, als sie Geschäftsführerin von YouthNet war, hat mich stets angespornt: „Ich habe kein Problem damit, wenn jemand Mist baut. Solange man es zugibt und ausbügelt.". Ermutigt zu Experimenten und Innovationen und denkt darüber nach, wie ihr dies so „sicher" wie möglich gestalten könnt.

ENDE GUT, ALLES GUT

Es ist wichtig, ein Meeting gut zu beenden. Die letzten Minuten sind das, woran sich die meisten Teilnehmerinnen erinnern werden, also endet mit einem Gefühl von Zielstrebigkeit, Gruppenharmonie und Momentum. Informiert alle, was als Nächstes passieren wird, und stellt sicher, dass sich alle über die nächsten Schritte im Klaren sind, insbesondere über die Schritte, die ihre eigenen Aufgaben betreffen.

ÖFFENTLICHE VERPFLICHTUNGEN

Öffentliche Verpflichtungen sind eine gute Möglichkeit, die Teilnehmerinnen in die Verantwortung zu nehmen und sicherzustellen, dass jeder seine Verantwortung auch übernimmt. Bittet die Teilnehmerinnen, ihre Aufgaben zu Papier zu bringen, und teilt diese entweder paarweise oder mit der gesamten Gruppe. In der Vergangenheit habe ich einen alten Moderationstrick angewandt, indem ich alle Teilnehmerinnen gebeten habe, einen Brief oder eine Postkarte an sich selbst zu schreiben, datiert drei oder sechs Monate in der Zukunft, in denen sie detailliert beschreiben, was sie erreichen wollen. Ich sammle diese tatsächlich ein und verschicke sie an einem bestimmten Datum in der Zukunft. Wichtiger als der Erhalt des Briefes in sechs Monaten (was eine überraschende, physische Erinnerung darstellt) ist jedoch, dass die Teilnehmer sich beim Schreiben dazu entschließen, ihre Ziele zu verwirklichen, sodass sie damit fertig sind, bevor der Brief eintrifft.

ABSCHLUSSRUNDE

Es kann auch nützlich sein, eine „Abschlussrunde" zu machen, ähnlich wie die Eröffnungsrunde, die ich zu Beginn dieses Abschnitts erwähnt habe.

Auch hier hat jeder die Möglichkeit, sich zu äußern und das Gefühl zu bekommen, sich gut beteiligt zu haben; diese Runde bietet jedoch auch die Gelegenheit, ein paar Momente über die eigene Rolle nachzudenken und die Zukunft zu planen. In der Regel verwende ich die folgenden Fragen als Teil einer Abschlussrunde:

- Was hat euch an diesem Meeting am meisten gefallen?
- Hat euch etwas während des Meetings überrascht?
- Was plant ihr als Ergebnis des Meetings zu tun?
- Worauf freut ihr euch?

40 % UMSETZUNG

„Durch Reden wird kein Reis gekocht." – Chinesisches Sprichwort
Denkt einen Moment darüber nach: Das am sorgfältigsten geplante und am besten geleitete Meeting kann eine vollkommene Zeitverschwendung sein, wenn darauf keine Aktionen oder konkrete Maßnahmen folgen. Lasst uns also über einige der Schlüsselgewohnheiten sprechen, die notwendig sind, um eine Kultur der Umsetzung und des produktiven Handelns zu schaffen.

ENTWICKET WÄHREND DES MEETINGS SELBST EINEN MASSNAHMENKATALOG

Stolpert nicht über die erste Hürde. Ich habe so viele Meetings erlebt, die es bis hierhin geschafft haben, und dann nimmt die Moderatorin alle Informationen an sich, klamüsert alle Aufgaben auseinander und verschickt

sie hinter per E-Mail. Wenn dann alle ihre Aufgaben erhalten haben, ist es wie bei dem alten Spiel „Stille Post“: Die Worte beginnen ihre Bedeutung zu verlieren und Unklarheit führt zu Prokrastination, was wiederum zu Angst führt. Beginnt mit der Erfassung der Aufgaben am Ende des Meetings und fasst hinterher so schnell wie möglich nach.

DIE KULTUR DES HANDELNS

Es reicht jedoch nicht aus, in Meetings eine Aufgabenliste zu führen. In euren Teams muss sich eine Kultur des Handelns entwickeln, sodass die Umsetzung von Maßnahmen zu einer Selbstverständlichkeit wird.

DIE ERFASSUNGS-MAIL

Die Meeting-Leiterin sollte dafür sorgen, dass entweder sie selbst oder eine mit dieser Aufgabe betraute Person eine „Erfassungs“-Mail verschickt, die entweder im Text oder als Anhang eine vollständige und eindeutige Liste der Handlungspunkte enthält.

SCHAFFT ZEITFENSTER FÜR KLÄRUNGSFRAGEN

Wenn ihr ein Teamprojekt leitet, müsst ihr Zeitfenster schaffen, in denen Klärungsfragen gestellt werden können, ohne dass die betreffende Person Gefahr läuft, dumm dazustehen. Stellt entweder per E-Mail oder im Rahmen einer Diskussion Fragen wie:

- „Ist euch klar, was ihr zu tun habt?“
- „Habt ihr alles, was ihr braucht?“
- „Seid ihr auf Kurs?“

Um nicht Gefahr zu laufen, dass Leute dumm dastehen, die diese Fragen nicht beantworten können, braucht ihr Zusätze wie:

- „Es würde mich nicht überraschen, wenn ihr noch ein paar Dinge zu klären hättet. Ich habe diese Woche etwas Zeit, falls ihr etwas besprechen wollt.“
- „Ich weiß, es gab viel zu klären, also fragt einfach, wenn ihr etwas braucht.“

- „Ein paar Leute sind schon mit Fragen auf mich zugekommen. Habt ihr auch noch welche?“ (Sagt das auch dann, wenn dem nicht so ist, denn es gibt den Leuten das Gefühl, dass sie nicht allein sind, also auch nicht dumm.)

- „Hier gibt es einige große Herausforderungen. Was sind eure?“

FOLLOW-UP-MAILS

Die Erfassungs-Mail unmittelbar nach einem Meeting wird heutzutage nahezu erwartet. Weit weniger üblich ist eine Follow-up-Mail eine Woche oder einen Monat später. In dieser E-Mail könnt ihr einfach die ursprüngliche Aufgabenliste wieder anhängen, oder ihr könnt ein paar Updates liefern, um ein Gefühl von Dynamik zu erzeugen.

DEADLINES

Wenn möglich, setzt eine Deadline. Wir haben darüber während des „Erledigen“-Teils unseres CORD-Prozesses gesprochen. Deadlines zaubern Kaninchen aus dem Hut. Denkt an das Projekt, an dem ihr bis tief in die Nacht hinein gearbeitet habt, um es fertig zu bekommen: Es schien unmöglich, als ihr damit anfingt, nicht wahr? Genauso solltet ihr euch auch nicht scheuen, bei der Delegation von Aufgaben aus Meetings sportliche Deadlines festzulegen, solange ihr für Fragen und Nachverhandlungen zur Verfügung steht.

ÜBUNG: CHECKLISTEN FÜR EIN REGELMÄSSIGES MEETING ERSTELLEN

Was ihr benötigt:	Einen Ort zum Nachdenken, proaktive Aufmerksamkeit im Chefmodus
Wie lange es dauert:	15 Minuten
Ninja-Mentalität:	Einsatzbereitschaft

- Denkt an ein regelmäßiges Meeting, das ihr leitet. Es könnte sich um ein Teamstatus-Meeting oder ein halbjährliches Review-Meeting zu Auswärtsterminen handeln.

- Erstellt eine Checkliste für die Tagesordnungspunkte und Aufgaben, die regelmäßig anfallen.

- Überlegt, was ihr aktuell in diesem Meeting nicht macht, was euer Leben einfacher machen würde, und da es sich um ein regelmäßiges Meeting handelt, nehmt euch jetzt etwas Zeit, um diese Systeme zu verbessern, damit sie produktiver genutzt werden können, wieder und immer wieder.

Auf unserer Ressourcenseite findet ihr einige PDFs – eine Mustertagesordnung und eine Checkliste zur Vorbereitung von Meetings:
https://thinkproductive.eu/resources

Seid ihr ein Ninja?

- Die zenartige Ruhe eines Ninja rührt daher, dass er regelmäßig jeden Bereich seiner Arbeit überprüft und alles wie ein Projekt behandelt.
- Ein Ninja hat eine unkonventionelle Vorstellung von Projektmanagement und Meetings und konzentriert sich mehr auf Agilität und Reaktionsfähigkeit als auf altmodisches „Planen“.
- Ein Ninja nutzt Projekte und Meetings, um Achtsamkeit und Einsatzbereitschaft zu fördern, Vertrauen zu schaffen und Gruppendynamik zu erzeugen.

11. HÖRT AUF, AUF EUREM HANDY HERUMZU-DADDELN

Mit meinem Unternehmen Think Productive arbeite ich nun schon seit zehn Jahren mit Unternehmen und Privatpersonen zusammen. Ich werde oft gefragt, was sich in dieser Zeit verändert hat. In mancher Hinsicht hat sich sehr wenig verändert. Während ich dies hier schreibe, sind wir immer noch nicht alle durch Roboter ersetzt worden, und die Arbeit eines Wissensarbeiters ist im Wesentlichen die gleiche wie in den letzten Jahrzehnten: Wir müssen nach wie vor unsere Aufmerksamkeit managen, Informationen erfassen und sammeln, sie in einem zweiten Gehirn organisieren und regelmäßig überprüfen. Wir müssen uns nach wie vor auf diese „Erledigen"-Gewohnheiten konzentrieren, sinnlose Meetings vermeiden und uns von unseren E-Mail-Postfächern fernhalten.

Zwar haben die technologischen Veränderungen das Tempo und Ausmaß der Kommunikation verändert, doch die vielleicht größte Veränderung ist die Kunstfertigkeit der Smartphone-Hersteller und App-Entwickler, uns an unsere Geräte zu fesseln. In vielerlei Hinsicht besteht also die größte Veränderung seit der Erstveröffentlichung dieses Buches im Jahr 2014 darin, dass wir einen intensiveren Kampf gegen unsere eigenen Impulse führen müssen. Die zunehmende Handysucht macht digitales Tarnen und Täuschen schwieriger, und Ninja-Achtsamkeit ist notwendiger denn je.

In diesem Kapitel werden wir uns darauf konzentrieren, wie ihr eurem Handy lange genug Paroli bieten könnt, um tatsächlich etwas Arbeit erledigt zu bekommen. Wie die meisten guten Gewohnheiten in diesem Buch sind das sowohl nützliche Lebenskompetenzen als auch gute Produktivitätsprinzipien. Dieses Kapitel wird euch also auch dabei helfen, interessanter zu sein, mehr Zeit in der Gegenwart zu verbringen, euer Stresslevel zu senken und ganz generell ein besserer Mensch zu werden. Lasst uns zunächst die Wurzel des Problems begreifen.

> „Die Tycoons der sozialen Medien müssen aufhören, so zu tun, als seien sie freundliche Nerd-Götter, die eine bessere Welt bauen, und zugeben, dass sie nur Tabakbauern in T-Shirts sind. Philip Morris wollte nur eure Lunge. Der App-Store will eure Seele."
>
> – Bill Maher

MENSCH VERSUS HANDY (WARUM DAS EIN PROBLEM IST)

EURE AUFMERKSAMKEIT LÄSST IM GLEICHEN MASS NACH WIE DER AKKU EURES HANDYS

Social-Media-Plattformen und App-Hersteller haben es in den letzten Jahren geschafft, die menschliche Psychologie anzuzapfen, um ihre Produkte so süchtig machend wie möglich zu konzipieren. Ihr Spiel ist ganz einfach: Je mehr Nutzer, desto bessere Finanzierungsmöglichkeiten und desto höher die Gewinne, wenn sie das nächste große Ding werden. Es gibt keine James-Bond-Bösewichte, die in dunklen Räumen auf Drehstühlen sitzen und manisch über die Zerstörung eurer Produktivität lachen, doch macht euch keine Illusionen: Ihr Ziel ist es, eure Aufmerksamkeit zu gewinnen und zu behalten. Je mehr ihr abgelenkt seid, desto mehr Geld bekommen sie.

Ninja sind Menschen, keine Superhelden. Trotz all unserer produktiven Genialität sind auch wir unzulänglich und fehlbar. Das Zeug auf unseren Handys ist neu und glänzt. Es bietet uns sofortige Befriedigung. Um ehrlich zu sein, ist es unmittelbar belohnend und interessanter als viele unserer Arbeitsaufgaben. Wie können wir also achtsam mit unseren Geräten umgehen und eine gesunde Beziehung zu ihnen entwickeln? Eine, die unserer Produktivität dient und sie nicht behindert.

EURE WILLENSKRAFT IST LAUSIG

Ein gesünderes Verhältnis zu eurem Handy ist leicht gesagt, doch schwer erkämpft. Es ist zu einem der Klischees der Neujahrsvorsätze geworden, zusammen mit Klassikern wie „Ich werde dieses Jahr proaktiver und weniger reaktiv sein“ oder „Ich werde geselliger sein“. Das sind keine Dinge, die man einfach so beschließen kann. Es sind Dinge, für die man etwas tun muss, damit sie Wirklichkeit werden. Der Grund? Eure Willenskraft reicht nicht aus. Tatsächlich ist eure Willenskraft lausig. Eure Willenskraft hat keine Chance gegen die Armee von Tausenden von Silicon-Valley-Freaks, deren Aufgabe es ist, eure Aufmerksamkeit zu ruinieren und zu kontrollieren, eure Produktivität zu zerstören … und die Welt zu erobern (Stichwort: manisches Gelächter).

Der Sozialpsychologe Roy Baumeister hat den Großteil seiner Karriere damit verbracht, das „Selbst“ und Themen wie Selbstwertgefühl, selbstzerstörerisches

Verhalten und Bewusstsein zu erforschen. Am bekanntesten jedoch ist seine Arbeit zum Thema Selbstbeherrschung. Baumeisters Arbeit hat uns geholfen, Entscheidungsmüdigkeit und das Gefühl der kognitiven Überlastung zu verstehen, das wir empfinden, wenn wir mit zu vielen Gedanken und Entscheidungen konfrontiert sind. Er prägte den Begriff „*ego depletion*“ (Selbsterschöpfung), um zu beschreiben, wie jede winzige Entscheidung – von der Wahl, was wir morgens anziehen, bis hin zu jeder einzelnen E-Mail, die wir lesen, und allem, was dazwischen liegt – langsam unsere geistigen Energiereserven aufzehrt.

Wir alle kennen diese Momente, in denen wir unser Handy und andere Ablenkungen absolut unwiderstehlich finden, obwohl wir wissen, dass es etwas Besseres zu tun gäbe. Baumeisters Arbeit zeigt uns, warum das so ist. Unsere Selbstbeherrschung wird im Laufe des Tages allmählich aufgebraucht, und durch Schlafen und Ausruhen füllen wir diese Ressource wieder auf. Selbstbeherrschung ist eine sich selbst erschöpfende Ressource. Wir können uns Selbstbeherrschung auch wie einen Muskel vorstellen: Man ermüdet ihn, wenn man ihn überbeansprucht, doch mit regelmäßigem Training kann er auch gestärkt werden. Seine Studien haben ergeben, dass das Üben von Selbstbeherrschung in einem Bereich eures Lebens euch zusätzliche Reserven verschafft, die ihr in anderen Bereichen abrufen könnt. Wenn ihr also zum Meister werdet, morgens aus dem Bett zu kommen, habt ihr mit der Zeit immer weniger Dinge, denen ihr widerstehen müsst, und mehr Selbstbeherrschung übrig, um eure Diät oder To-do-Liste anzugehen. Es geht letztendlich darum, diese täglichen Reserven allmählich aufzubauen und nicht zu versuchen, alles auf einmal zu ändern (habt ihr jemals versucht, euer Leben über Nacht im Rahmen einer verrückten Liste von Dutzenden von Neujahrsvorsätzen zu ändern? Jetzt wisst ihr, warum das nicht funktioniert hat!).

DIE SACHE MIT DEM DOPAMIN

OK, wir wissen also, dass es schwer ist, auf dem richtigen Weg zu bleiben, doch der Grund, warum gerade unsere Handys einen solchen Kampf um unsere Selbstkontrolle abliefern, ist derselbe Grund, warum ein Spieler seinen Verlusten hinterherjagt. Jedes Mal, wenn wir aufs Handy schauen und neue E-Mails oder Posts in den sozialen Medien finden, schüttet unser Gehirn einen kleinen Schub des Botenstoffs Dopamin aus. Dabei handelt es sich um einen Neurotransmitter, der für Verlangen, Belohnung und Glück zuständig ist. Und er macht in hohem Maße süchtig.

Hattet ihr schon einmal den plötzlichen Drang, auf euer Handy zu schauen, wenn ihr das schon eine Weile lang nicht mehr getan habt, oder habt ihr euch unruhig gefühlt, wenn ihr nicht wusstet, wo euer Handy war oder wenn der Akku leer war? Der Grund dafür ist, dass ihr unter Dopamin-Entzug leidet. Wenn ihr den Ping hört oder eine Benachrichtigung seht, weiß euer Gehirn, dass es einen Schuss Dopamin bekommen wird, wenn ihr nur hingehen und nachsehen würdet. Euer Gehirn schüttet sogar das Stresshormon Cortisol aus, wenn ihr nicht sofort darauf reagiert.

Man sagt, dass die Abhängigkeit von Heroin und Kokain so stark ist, weil sie die Wirkung von Dopamin widerspiegelt. Und ein Teil dieser Wirkungen ist die Tatsache, dass Glücksgefühle und Euphorie zur Betäubung beitragen. In den Momenten, in denen man den Dopaminrausch spürt, kann man seine Probleme vergessen. Doch natürlich hält dieser Rausch nicht ewig an, und man fühlt sich unruhig und jagt dem nächsten „Schuss" hinterher.

Das Geheimnis von Websites wie Instagram, Twitter und Facebook besteht darin, euch dazu zu bringen, regelmäßig die Feedback-Schleife zu füttern: Ihr verspürt einen Dopamin-Kick, weil euer Beitrag Likes bekommt oder kommentiert wird. Euer Gehirn sehnt sich dann nach dem nächsten Kick, was bedeutet, dass ihr etwas Neues postet. Wiederholt diesen Zyklus so lange, bis ihr eure gesamte Zeit vergeudet habt und sie euch an einige Werbekunden verkauft haben. Dann streuen sie unvorhersehbare „Bonus"-Kicks ein, indem sie euch zum Beispiel zeigen, wer euch nun folgt, oder alte Erinnerungen, sodass euer Gehirn das Gefühl hat, es gäbe kein Muster, wann neue Informationen verfügbar sind, und ihr euch einfach gezwungen fühlt, regelmäßig nachzusehen. Die Gestaltung dieses unvorhersehbaren Informationsmusters ist gewollt. Im Silicon Valley gibt es inzwischen Beratungsunternehmen, die mithilfe von künstlicher Intelligenz (KI) gezielt die süchtig machenden Feedback- und Impulsschleifen designen und mit Technologieunternehmen zusammenzuarbeiten, um deren Apps so süchtig machend wie möglich zu machen.

„Der Denkprozess war: ‚Wie können wir so viel eurer Zeit und bewussten Aufmerksamkeit wie möglich in Anspruch nehmen?'"
– Sean Parker,
ehemaliger Vorsitzender
von Facebook

SMARTPHONE VERSUS EIN SMARTERES IHR

Da wir nun wissen, womit wir es zu tun haben, ist es an der Zeit, smarter zu werden. Ein Produktivitäts-Ninja ist waffenkundig. Wir konzentrieren uns nicht auf die glänzendsten oder coolsten Funktionen, sondern darauf, wie diese Technologie uns hilft, das zu erreichen, was wir wollen. Erinnert ihr euch noch an das coolste Kind in eurer Klasse? Erinnert ihr euch, wie ihr jeden seiner Witze lustig fandet, jede Idee oder Meinung überzeugend? Erinnert ihr euch, wie sehr ihr euch wünschtet, so zu sein wie sie, und wie groß euer Wunsch war, dass sie euch noch mehr mögen? Nun, zu viele Menschen denken über ihr Handy genauso, wie sie früher über das coolste Kind in der Schule dachten. Sie lassen zu, dass ihr Handy sie mit einem stetigen Strom – seien wir ehrlich – unsinniger Ideen füttert und wissen nicht, wo sie die Grenze ziehen sollen. Heutzutage werden wir sogar dazu ermutigt, unsere Handys und Geräte als Menschen zu betrachten und mit ihnen zu sprechen, indem wir ihnen niedliche Namen geben (ihr seid hier aus dem Schneider, wenn ihr die Worte „Siri“, „Hey Google“ oder „Alexa“ noch nie laut ausgesprochen habt). Diese Geräte sind nicht das coolste Kind der Klasse. Sie sind eher der Schulhoftyrann, der euch zwingt, mit seiner Meinung übereinzustimmen oder Dinge auszuprobieren, die schlecht für euch sind. Außerdem nehmen sie euch regelmäßig einen Teil eures Pausengelds ab.

ÄNDERT EURE ***DENKWEISE***

Wir können unser Handy als die schlechte Beziehung betrachten, die unsere Willenskraft mit der hypnotischen Kraft der Dopaminsucht testet und untergräbt, oder wir können einen anderen Weg wählen. Wir können stattdessen eine gesunde, nachhaltige und fruchtbare Beziehung zu ihm aufbauen. Das ist eine Änderung der Denkweise. Wir müssen die Grenzen und Erwartungen festlegen, so wie wir es in jeder anderen gesunden Beziehung auch tun. Wir überlegen uns, was wir brauchen, um zu wachsen, und werden das los, was uns auslaugt. Um das zu verstehen, ist es wichtig, achtsam zu sein. Wenn ihr das nächste Mal nach eurem Handy greift, denkt an diese übermächtigen chemischen Dopaminschübe in eurem Gehirn. Denkt darüber nach, wie ihr euch dabei fühlt. Fühlt ihr euch ein wenig leer und glaubt, dass ein paar Likes diese Leere füllen könnten? Oder macht ihr euch einfach nur Sorgen, dass ihr etwas verpassen könntet, wenn ihr euer Handy nicht in die Hand nehmt? Was ist es, dem ihr hinterherjagt? Oder habt ihr tatsächlich Angst, dass ihr in den nächsten Minuten allein mit euren Gedanken seid? Achtsamkeit wird zu einem Werkzeug, das euch hilft zu erkennen, was in eurer Beziehung zu eurem Handy wirklich vor sich geht, und gleichzeitig zu der perfekten Aktivität, die ihr anstelle von ein paar weiteren Minuten sinnlosen Scrollens wählen könnt.

VERGESST DIGITALEN ENTZUG

Alle sechs Monate erscheinen in den Zeitungen lange Artikel über digitale Entgiftungskurse oder Retreats, bei denen man sein Handy an der Tür abgeben muss. Obwohl ich mir sicher bin, dass dies erfüllende Erfahrungen sein können, so lösen sie doch das Problem nicht. Es ist einfach, auf sein Handy zu verzichten, wenn man sechs Stunden am Tag Yoga macht und keine Online-Einkäufe tätigen oder in seinen Kalender schauen muss. In *Work Fuel: The Productivity Ninja Guide to Nutrition* sprechen Colette Heneghan und ich über den Grundsatz, dass Beständigkeit vor Intensität geht. Bei der Ernährung kommt es darauf an, was ihr an den meisten Tagen esst, nicht was ihr heute gegessen habt. Modediäten bieten sofortige Lösungen, in der Regel durch extreme Methoden, die nur schwer durchzuhalten sind, und das Ergebnis – kaum überraschend – ist oft, dass diese neuen Gewohnheiten nicht von Dauer sind und die Leute wieder in ihre alten Gewohnheiten zurückfallen.

Sicherlich ist es nützlich, eine Woche oder länger aufs Handy zu verzichten. Man lernt dabei etwas über seine eigene Psyche. Doch es kommt vor allem darauf an, wie ihr euer Handy an einem regnerischen Arbeitstag im November benutzt. Wie gesund ist die Beziehung, wenn ihr euch auf euer Gerät verlasst, eure Arbeit zu erledigen, euch in der Stadt zurechtzufinden oder von anderen zu hören?

Geht also mit der Einstellung an die Sache heran, dass Beständigkeit das Wichtigste ist. Wie bei den meisten Dingen im Bereich der Produktivität gibt es auch hier kein Patentrezept. Doch wenn es dieses gäbe, dann bestünde der Königsweg darin, die einfachen Dinge konsequent und gut zu tun.

BETRACHTET EUER LEBEN WIE EIN WISSENSCHAFTLICHES EXPERIMENT

Trotz allem vorher Genannten kann das Extrem ein großartiger Lehrmeister sein. Extreme Experimente, wie zum Beispiel eine Woche lang alle Apps von eurem

Telefon zu entfernen, Facebook zu kündigen, maximal eine Stunde pro Tag am Handy zu verbringen, euren Schlafrhythmus zu ändern oder einen Monat ohne Internetzugang zu verbringen, können fantastische Lerngelegenheiten sein.

Ich weiß das, weil ich das alles in den letzten Jahren mindestens einmal ausprobiert habe. Die Absicht dabei ist nie, diese Intensität beizubehalten. Es geht darum, aus den Extremen zu lernen und dann einen gesunden Mittelweg zu finden (auch wenn ihr mich nach wie vor nicht auf Facebook wiederfindet!).

UMARMT LANGEWEILE

Meine Freundin Laura Willis von Shine Offline spricht viel über die Folgen von Handysucht. Eine meiner Lieblingsbeobachtungen von ihr ist die Idee, dass unsere Handys jede Lücke in unserer Aufmerksamkeit ausfüllen. Wir springen von einer Sache zur nächsten und füllen die Lücken mit Scrollen, Konsumieren und dem Posten von Fotos unseres Abendessens. Wir sind die Generation, die Langeweile und den Blick ins Leere abgeschafft hat. Aber wisst ihr was? So unangenehm Langeweile und diese Lücken auch sein können, sind sie auch die Zeit, in der wir nachdenken, Zeit mit unseren Gedanken verbringen und einige unserer besten Ideen haben. Sicherlich ist es unangenehmer, sich zu langweilen, als den Highscore in unserem Lieblingsspiel zu erreichen, doch wenn man Langeweile akzeptiert, anstatt sie als etwas zu betrachten, das es zu beseitigen gilt, dann wird die Welt seltsamerweise interessanter.

ÄNDERT EUER ***VERHALTEN***

Das sind ein paar Denkanstöße, die euch helfen können, eure Einstellung zu eurem Handy zu ändern. Die Idee ist natürlich, dass sich dadurch auch euer Verhalten ändert. Positive, Dynamik erzeugende Gewohnheiten, die den negativen Ablenkungsgewohnheiten entgegenwirken, können einen großen Unterschied ausmachen. Es sind oft die kleinen, physischen Dinge, die einen großen Bewusstseinswandel fördern. Hier sind einige meiner Favoriten.

LADESTATION

Lange Zeit hatte ich überall Ersatz-Ladegeräte für mein Handy herumliegen. Das führte dazu, dass ich mein Handy in jedes Zimmer mitnehmen konnte. Heute habe ich eine „Ladestation“ für alle meine Geräte (Uhr, Tablet und Handy) in der Küche. Das bedeutet, dass ich mein Handy nachts dort auflade und es oft auch in der Küche liegen lasse, wenn ich im Wohnzimmer sitze.

KAUFT EINEN WECKER (ODER EINEN SMARTEN LAUTSPRECHER)

Ich bin besessen von meinem Sonos-Musiksystem und benutze es als Wecker im Schlafzimmer, um mich mit meiner Lieblingsmusik wecken zu lassen. Das bedeutet, dass ich mich nicht auf mein Handy als Wecker verlassen muss und es somit auch nicht im Schlafzimmer bei mir haben muss. Ich habe auch schon mit einem richtigen Wecker experimentiert, den ich ebenfalls sehr mag.

HANDYSCHUBLADE

Benutzt eine Schublade in eurem Schreibtisch, in der euer Handy liegt. Sie machen so süchtig, dass schon der Anblick einer kleinen rechteckigen Form, bei der es sich nicht einmal um ein Handy handelt, ausreicht, um einen Dopaminrausch auszulösen. Aus den Augen, aus dem Sinn ist der einzige Weg. Noch besser ist es, wenn ihr in der gleichen Schublade eine Powerbank aufbewahrt, damit das Handy aufladen kann, während es in der Schublade liegt. Wenn ihr einen Grund habt, dass es dort liegt, wird euch das motivieren, es länger dort liegen zu lassen.

FÜLLT DIE LEERE

Wenn ihr noch nicht bereit seid, euch der Langeweile hinzugeben und längere Zeit mit euren Gedanken allein zu sein, lohnt es sich, etwas mit euch herumzutragen oder im Haus zu haben, das die Lücken zwischen euren Aktivitäten füllen kann. Der Klassiker ist ein Buch oder eine Zeitschrift, vielleicht auch ein kleiner Notizblock und ein Stift, um Notizen oder Ideen aufzuschreiben. So wie Raucher „etwas zum Halten" brauchen, wenn sie mit dem Rauchen aufhören, brauchen auch Handysüchtige etwas, woran sie sich festhalten können.

MORGENRITUALE

Legt euch eine gesunde Morgenroutine zu, die euer Handy ausschließt, und versucht, es bis zum Ende eurer Morgenroutine dort zu lassen, wo es aufgeladen wird. Eure Morgenroutine könnte zum Beispiel so aussehen:

- Aufstehen
- Etwas Sport machen
- Frühstücken
- Wasser trinken
- Duschen

Es gibt keinen Grund, euer Handy in eine dieser Aktivitäten einzubeziehen. Lasst es liegen und verbringt die erste Stunde des Tages ohne es. Noch besser ist es, wenn ihr es direkt in eure Tasche steckt und zur Arbeit geht; dann könnt ihr dieses Gefühl von Freiraum noch verlängern.

HANDYZONEN

Richtet in eurem Haus „Handyzonen" und „Handyverbotszonen" ein. Dies ist besonders wichtig, wenn ihr Kinder habt, die ebenfalls ständig am Handy zu hängen scheinen. Ein positives Verhalten vorzuleben ist nicht nur eine grundlegende Erziehungsmaßnahme, sondern auch ein starker Motivator an den Tagen, an denen man versucht ist, nachzugeben und mit dem Checken und Checken und Checken zu beginnen.

NINJA TARNKAPPENMODUS

Der Flugmodus eures Handys ist eine gute Möglichkeit, die Welt bewusst zu entschleunigen und euch abends Ruhe zu gönnen oder euch während des Arbeitstages zu konzentrieren. Es ist eine Art „Aus-Knopf für Ablenkungen". Das Gleiche gilt für euren WLAN-Router, wenn ihr von zu Hause aus arbeitet!

ÄNDERT EUER ***GERÄT***

Alle oben genannten Verhaltensänderungen entspringen einer positiven Energie, die besagt: „Das kann ich tun, um Momentum zu erzeugen und mein bestes Leben zu leben". Wie unser Freund Roy Baumeister jedoch sagt, ist es ein sicherer Weg in die Katastrophe, sich allein auf Willenskraft zu verlassen. Der entscheidende Ansatz besteht also darin, auch am Handy selbst Veränderungen vorzunehmen.

SNAKE-NOSTALGIKER?

Wenn ihr älter als 30 seid, erinnert ihr euch wahrscheinlich noch an die Zeit, bevor jedes Handy so leistungsfähig war wie die Computer, mit denen die NASA Menschen auf den Mond schickte. Ihr erinnert euch insbesondere an das Nokia 3210. Die Legende der Prä-Smartphone-Ära hat in den letzten Jahren ein gewisses Comeback erlebt, mit einer kleinen Subkultur bekennender Smartphone-Süchtigen, die auf die Leistung von iOS und Android zugunsten der nostalgischen Freude an dem alten Spiel „Snake", des dreimaligen Drückens einer Taste, nur um den Buchstaben „C" zu tippen, und anderer solcher Herrlichkeiten verzichten. Es ist leicht zu erkennen, was daran so attraktiv ist. Doch ihr braucht kein altes „dummes Handy“, um euer aktuelles ein bisschen weniger smart zu machen. Ihr müsst euer Gerät nicht physisch ändern, um euer Gerät zu ändern.

Produktivität bedeutet, Platz für das Wesentliche zu schaffen. Die schiere Komplexität der Funktionen, die Handys bieten, kann an sich schon überwältigend sein. Vielleicht solltet ihr festlegen, was ihr wirklich braucht, was ihr gelegentlich mit eurem Handy erledigen möchtet und was ihr besser mit einem Laptop, einem Tablet oder dem guten alten Stift und Papier macht. Im Folgenden findet ihr einige Möglichkeiten, wie ihr euer aktuelles Handy so verändern könnt, dass es nicht mehr ganz so smart und weniger wie ein Schulhoftyrann ist:

APP-MINIMALISMUS

Macht mit eurem Startbildschirm das, was Marie Kondo mit eurem Kleiderschrank macht. Löscht jede App, die ihr ein paar Wochen lang nicht benutzt habt. (Erinnert ihr euch an die Denkweise, als es darum ging, eure E-Mails auszumisten? Und denkt daran, dass ihr alle Apps jederzeit kostenlos neu installieren könnt, wenn ihr festgestellt habt, dass das Löschen ein Fehler war). Limitiert den Startbildschirm auf Anwendungen mit hoher Funktionalität und geringer Ablenkung. (Mein Startbildschirm besteht aus meiner Podcast-App, Nozbe, meinem Kalender, einer Tagebuch-App und meinem Sonos-Musik-Controller, und ich verbanne bewusst Messaging-Apps vom Startbildschirm).

ENTFERNT E-MAIL

Wenn man versucht, E-Mails auf dem Handy zu bearbeiten, ist das so, als würde man versuchen, ein Zimmer durch ein Schlüsselloch zu betrachten. Es ist suboptimal. Ja, es kann praktisch sein, wenn ihr unterwegs seid, doch diese E-Mail kann warten, bis ihr euer Ziel erreicht habt. Wenn ihr Ninja E-Mail praktiziert und euren Posteingang auf Null haltet, dann seid ihr bereits gut aufgestellt, um den Würgegriff von E-Mails auf euer Leben zu lockern. Natürlich gibt es Ausnahmen: Wenn ich ins Ausland reise, installiere ich manchmal mein E-Mail-Programm wieder auf meinem Handy, weil ich weiß, dass ich nicht so viel Zeit vor meinem Laptop sitzen werde, und dann brauche ich vielleicht auch noch Bestätigungsmails von der Fluggesellschaft. Doch im Alltag, wenn man nie so weit von seinem Posteingang entfernt ist, überschätzt man seine eigene Wichtigkeit, wenn man wirklich glaubt, dass E-Mails nicht noch ein paar Minuten warten können.

ENTFERNT BENACHRICHTIGUNGEN

Schaltet die Benachrichtigungen auf eurem Handy aus. Und schaltet dann diejenigen aus, die ihr beim ersten Mal nicht ausschalten wolltet. Und dann schaltet ihr die letzten aus, von denen ihr denkt, es wäre verrückt, sie nicht zu sehen. Ihr werdet lernen, euer Handy viel leichter wegzulegen, wenn es euch nicht alle fünf Minuten auf die Schulter klopft, um euch an euren nächsten Dopamin-Kick zu erinnern.

WECHSELT IN EINEN NIEDRIGEN DATENTARIF

Einschränkungen können eine wunderbare Sache sein. Sich nur auf einen Bildschirm mit Apps zu beschränken, ist eine Möglichkeit. Die Nutzung von Apps einzuschränken ist eine andere (dazu später mehr), doch wenn ihr euer Datenvolumen beschränkt, habt ihr auch einen finanziellen Anreiz, euer Handy nicht mehr zu benutzen.

„IT DON'T MATTER IF YOU'RE BLACK AND WHITE"

Wenn ihr wirklich dieses klassische Nokia-Feeling haben wollt, könnt ihr die Farben auf dem Bildschirm entfernen und zu den Tagen von Schwarz und Weiß zurückkehren. Das macht euer Handy weniger attraktiv, weil alle App-Tasten in Schwarzweiß langweilig aussehen. Auf einem iPhone müsst ihr in den Einstellungen auf der Registerkarte „Bedienungshilfen" einfach „Graustufen" wählen. Bei Android-Handys müsst ihr in der Regel zuerst die Entwicklereinstellungen aktivieren (tippt dazu mehrmals auf die Modellnummer im Abschnitt „Über das Telefon", falls ihr dies noch nicht getan habt) und dann auf der Registerkarte „Entwickleroptionen" unter „Farbraum simulieren" die Option „Monochromatismus" wählen.

ENTFERNT DIE KLEBRIGEN APPS

Stellt euch folgende Situation vor: Ihr seid zum Abendessen verabredet, und euer Begleiter muss auf die Toilette gehen. Oder ihr seid gerade irgendwo angekommen und wollt beschäftigt aussehen, weil ihr niemanden kennt. Wir haben das alle schon erlebt. Die einfachste Sache der Welt ist es, unser Handy zu zücken und ein paar Minuten zu verschwenden. Wenn ihr an diese Situationen denkt, was sind die zwei oder drei Apps, die ihr auf eurem Handy öffnen würdet? Facebook Messenger? Instagram? Snapchat? Twitter? WhatsApp?

Wenn ihr erst einmal wisst, welche Apps die „klebrigsten“ sind – also diejenigen, die ihr jedes Mal als erstes aufruft, wenn ihr euer Handy entsperrt –, habt ihr zwei Möglichkeiten. Ihr könnt sie löschen oder umgestalten (indem ihr sie stummschaltet oder zu bestimmten Tageszeiten unzugänglich macht – dazu später mehr). Also nur zu, seid mutig. Versucht es doch mal eine Woche ohne Facebook Messenger. Oder verzichtet einen Monat lang auf Instagram und schaut, was passiert. Das muss nicht dauerhaft sein, doch manchmal lernt man aus einem extremen Experiment etwas, das man anwenden kann, wenn (oder falls) man sich entscheidet, die App wieder zu installieren.

EINSTELLUNGEN FÜR DIE NACHT

Alle Studien weisen darauf hin, wie die übermäßige Nutzung von Handys unseren Schlaf beeinträchtigt. Es gibt eine Reihe von Maßnahmen, die ihr ergreifen könnt, um euch vor dem Schlafengehen von eurem Handy zu trennen. Ich verwende meine Fitbit-App, um eine Erinnerung einzustellen, dass ich langsam runterkommen und mein Handy ausschalten sollte, und die jeden Abend kurz vor 22 Uhr angezeigt wird. Apps wie Twilight filtern das störende blaue Licht heraus und dimmen den Bildschirm des Handys allmählich herunter, um den Sonnenuntergang zu simulieren. Ihr könnt euer Handy auch so einstellen, dass es sich zur Schlafenszeit automatisch ausschaltet.

JEDEM TIERCHEN SEIN PLÄSIERCHEN

Wenn ihr ein Handy und ein Tablet oder ein Handy und einen Laptop habt, dann besteht die übliche Vorgehensweise darin, auf allen Geräten dieselben Apps zu verwenden. Vielleicht habt ihr sogar mehrere Geräte, auf denen alle Safari oder Chrome, die Facebook-App, Evernote, … installiert sind. Doch oft liegt das nur daran, dass wir uns nicht die Zeit genommen haben, zu definieren, welche Beziehung wir zu den einzelnen Geräten haben oder welche Rolle jedes Gerät in unserem Leben spielen soll. Legt eine Regel fest, dass jede App nur auf einem Gerät genutzt werden kann. Vielleicht ist euer Tablet nur noch zum „Lesen und Spielen“ da, während euer Handy für „Musik-Apps und Fotos“ zuständig ist. Es ist besser, zwischen den Geräten zu wechseln, als den ganzen Abend mit demselben Gerät zu verbringen – selbst die wenigen achtsamen Momente, während denen ihr das Gerät wechselt, helfen dabei, Gewohnheiten zu durchbrechen.

BAUT EINEN WALD

Forest ist eine großartige App für die Konzentration. Es ist ein Spiel, um fokussiert zu bleiben. Ihr stellt den Timer auf, sagen wir, 30 Minuten, und legt dann mit eurer Arbeit los. Während ihr arbeitet, dürft ihr den Forest-Startbildschirm, auf dem nach und nach ein Baum entsteht, nicht verlassen. Am Ende der 30 Minuten ist euer Baum fertig. Wenn ihr jedoch den Bildschirm ausschaltet, um Instagram oder etwas anderes zu checken, stirbt der Baum. Das Prinzip ist simpel, doch die umgekehrte Psychologie des Anreizes, auf einem bestimmten Bildschirm zu bleiben, ist erstaunlich effektiv.

VON SELBSTBEHERRSCHUNG ZUR HANDYBEHERRSCHUNG

Der letzte Punkt in diesem Abschnitt ist der wichtigste. Vielleicht habt ihr den vorangegangenen Teil dieses Kapitels über Selbstbeherrschung gelesen und gedacht: „Das hört sich aber anstrengend an – dafür muss es doch eine App geben!“ Und bis zu einem gewissen Grad können uns einige großartige Apps bei der Lösung dieses Problems helfen. Apps wie Freedom (iOS) und QualityTime (Android) ermöglichen es euch, zeitlich begrenzte Sessions zu planen, bei denen ihr im Voraus festlegen könnt, worauf ihr zugreifen dürft und worauf nicht. Im Folgenden zeige ich euch, wie ich dies genutzt habe, um mir selbst ziemlich spezifische Grenzen zu setzen, was ich auf einen Teil meiner Aufmerksamkeit zugreifen lasse, und wie ich dies auf verschiedene Tageszeiten abstimme.

Es gibt Zeiten am Tag, in denen ich das dümmste aller dummen Handys möchte, mit so wenig Ablenkungen wie möglich, und es gibt Zeiten, in denen ich ohne schlechtes Gewissen durch Instagram scrollen möchte. Mit QualityTime für Android kann ich beides haben. Freedom erfüllt die gleiche Funktion für das iPhone und ermöglicht mir auch, dasselbe auf meinem Laptop zu tun. Dabei wird ein spezieller neuer Startbildschirm erstellt, durch den ihr hindurch müsst, um zu den Apps zu gelangen, die ihr als erlaubt festgelegt habt. Ihr seht nicht einmal die Apps, die ihr für diesen Zeitraum blockiert habt. Wenn ich den speziellen Startbildschirm von QualityTime verlassen möchte, muss ich eine fünfminütige Zeitstrafe in Kauf nehmen, bei der ich warten muss, während die Uhr ganze fünf Minuten lang heruntertickt. Diese Minuten reichen normalerweise aus, um meine Meinung zu ändern und QualityTime eingeschaltet zu lassen.

Das Experimentieren mit diesen Apps brachte mich dazu, mehr über die Grenzen um unsere Aufmerksamkeit nachzudenken, die wir schaffen, managen und bewahren müssen, um Ablenkungen zu vermeiden und unsere beste Arbeit zu leisten. Proaktive Aufmerksamkeit – diese zwei bis drei Stunden unserer besten Energie und Konzentration – ist so kostbar, dass es sich lohnt, sie mit skrupellosem Ninja-Eifer zu managen. Zumindest geben uns diese Apps die Möglichkeit, die Zeiten am Tag, in denen wir uns im Allgemeinen am aktivsten und leistungsfähigsten fühlen, mit ein wenig mehr Sorgfalt zu behandeln, um maximale Konzentration zu erreichen. In Erweiterung dieser Idee habe ich mir drei Modi für meine Produktivität ausgedacht, und jeder Modus hat seine eigene Einstellung in den Apps, die ich verwende, damit das, was auf meinem Handy verfügbar ist, meinem Modus entspricht.

DIE DREI MODI DER PRODUKTIVITÄT

KREATIVITÄT

Der erste Modus ist „Kreativität". Alle Wissensarbeiter müssen von Zeit zu Zeit kreative Arbeit leisten. Kreativ bedeutet nicht nur, dass man Bücher schreibt oder Bilder malt. Es umfasst auch die Zeit, in der wir durch gute Denkarbeit oder Problemlösung Wert schaffen. Es geht um das Ausdenken von Sales-Strategien oder das Verfassen von Sitzungsprotokollen. Alle diese Tätigkeiten erfordern ein gewisses Maß an konzentriertem Denken. Sie sind das, was der Autor Cal Newport als *„deep Work"* bezeichnet. Und die Zeit und den Raum für diese Art von Arbeit zu finden, ist für fast alle von uns eine Herausforderung.

Ich persönlich möchte sicherstellen, dass die gesamte proaktive Aufmerksamkeit, die mir zur Verfügung steht, in den „Kreativität"-Modus fließt, denn es wäre eine Verschwendung, diese Zeit mit etwas anderem zu verbringen. Ich gehe jedoch viel weiter als nur diese zwei bis drei Stunden pro Tag: Ich denke, dass der „Kreativität"-Modus im Idealfall die Hälfte bis zwei Drittel meiner Arbeitszeit ausmacht, was vergleichsweise viel ist. Ich sollte noch erwähnen, dass ich mich in einem Stadium meines Unternehmens befinde, in dem ich keine Führungsaufgaben mehr habe und meine Aufgabe darin besteht, entweder zu schreiben oder andere Dinge zu erschaffen. Das ist also viel mehr, als die meisten Menschen brauchen oder sich leisten können – und mit Sicherheit der höchste Wert, den ich je hatte.

ZUSAMMENARBEIT

Der Rest der Arbeitszeit eines Wissensarbeiters wird in der Regel durch den Modus „Zusammenarbeit" ausgefüllt. In diesem Modus finden die alltäglichen Aktivitäten statt: E-Mails, Anrufe, Meetings, Textnachrichten. Für die meisten Menschen macht die „Zusammenarbeit"-Zeit den größten Teil der Arbeitszeit aus. Man könnte sagen, dass es ein paar Stunden reine „Kreativität"-Zeit in der Woche gibt (vielleicht wenn man von zu Hause aus oder allein im Büro arbeitet), doch für den Großteil eures Tages ist euere Aufmerksamkeit offen für Unterbrechungen, Ablenkungen, E-Mails und so weiter. Ich betrachte den „Zusammenarbeit"-Modus als eine Zeit, in der meine Aufgabe darin besteht, anderen Menschen bei ihrer kreativen Arbeit zu helfen: Sie stecken vielleicht irgendwo fest und ich bin der Engpass, weil sie eine Erlaubnis oder Genehmigung brauchen, um ein Projekt in eine bestimmte Richtung zu lenken, oder sie brauchen Hilfe, um herauszufinden, was am besten funktioniert. Das Zusammenspiel zwischen „Kreativität" und „Zusammenarbeit" ist der eigentliche Knackpunkt in der Wissensarbeit. Wenn wir das richtige Gleichgewicht finden, können wir uns sowohl auf das konzentrieren, wofür wir verantwortlich sind, als auch ein guter Mitarbeiter und Teamplayer sein. Das Schwierigste, aber Wertvollste, was ihr für einen anderen Menschen tun könnt, ist, ihr oder ihm in jedem Moment eure volle Aufmerksamkeit zu schenken.

CHILLEN

Der letzte Modus ist „Chillen". Wenn es drunter und drüber geht, vergessen wir Pausen zu machen, ausreichend Schlaf zu bekommen und unseren Augen und unserem Gehirn eine Pause vom Bildschirm zu gönnen, was jedoch alles von entscheidender Bedeutung für Ninja-Einsatzbereitschaft ist. Ein Ninja, der sich ständig im Kampf befindet, verliert am Ende. Wir wissen instinktiv, dass unsere Leistung durch bewusste Ruhephasen gesteigert wird, doch wir haben entweder das Gefühl, dass wir keine Zeit zum Ausruhen haben, oder, was noch schlimmer ist, wir fühlen uns schuldig deswegen. Im Laufe der Jahre habe ich gelernt, dass ich Ruheperioden als Teil des Prozesses betrachten kann. Teil der Produktivität. Und auch ein Teil des Lebens. „Chillen" kann die 15-minütige Pause sein, in der ihr am Vormittag an die frische Luft geht. Es kann die ganze Stunde Mittagspause sein (sogar inklusive eines kleinen Nickerchens, wenn eure Umgebung das zulässt), und es kann die stundenlange Zeit ohne Bildschirm sein, in der ihr euch abends mit einem Buch zurückzieht, damit ihr besser schlafen könnt. Doch täuscht euch nicht, „Chillen" ist der am meisten vernachlässigte Modus. Es ist der Modus, dem wir nur dann Priorität einräumen, wenn er Seite an Seite mit den Modi „Kreativität" und „Zusammenarbeit" existiert.

WIE IHR DIE MODI **PLANT**

Ihr habt zwei Entscheidungen zu treffen, die ich euch nicht abnehmen kann. Die erste Frage ist, wann ihr euch in jedem der drei Modi befinden wollt. Die zweite Frage ist, wie viel Ninja-Skrupellosigkeit ihr für den „Kreativität"-Modus aufbringen und wie viel von dieser skrupellosen Verteidigung eurer Aufmerksamkeit ihr auch in die Zeit im „Zusammenarbeit"-Modus mitnehmen wollt. Hier ist ein Überblick, was bei mir zu jedem Modus gehört, und meine allgemeine Zeitplanung.

KREATIVITÄT-MODUS

Frühmorgens (manchmal 5 Uhr, manchmal 7 Uhr) bis 13 Uhr. Ich gehe direkt vom Bett an den Schreibtisch und verbringe danach eine Stunde (9-10 Uhr) im Chill-Modus, wo ich frühstücke, dusche und etwas Sport treibe.

Blockiert	Zugriff auf
• Alle eingehenden Anrufe, mit Ausnahmen für wichtige Personen (zum Beispiel die Schule meines Sohnes, meine Assistentin). Bei eingehenden Anrufen in Abwesenheit erhalten die Anrufer eine automatische SMS-Antwort mit der Information, dass ich mich um 13 Uhr melde, sie aber in dringenden Fällen meine Assistentin kontaktieren können. • Twitter, YouTube, Instagram • Google Chrome – nein, im Prinzip gar kein Internet!	• Ausgehende Anrufe

Blockiert	Zugriff auf
• Outlook – keine E-Mails! • Podcast-App • Alle WhatsApp-Benachrichtigungen • Alle anderen Handy-Benachrichtigungen	• Kalender-App (ich habe festgestellt, dass es auch ohne E-Mails hilfreich ist, morgens einen Blick auf meine Termine werfen zu können) • Sonos und Spotify • WhatsApp für ausgehende Chats und um proaktiv darauf zuzugreifen

ZUSAMMENARBEIT-MODUS

Nach meiner Mittagspause und etwas Chillen von 13–14 Uhr arbeite ich von 14 Uhr bis etwa 17 Uhr im Zusammenarbeit-Modus. Hinweis: Wenn ich morgens früh beginne (5 oder 6 Uhr), liegt der Schwerpunkt meiner Woche zwischen Montag und Mittwoch, mit ein wenig Zeit für die wöchentliche Checkliste am Donnerstagmorgen. Wenn es nötig ist, mache ich auch das eine oder andere Meeting am Donnerstag. Auch wenn ich meine Tage eher gegen 8 oder 9 Uhr beginne, habe ich immer noch eine Vier-Tage-Woche (Mo-Do). Der Freitag ist zu 100 % dem Chillen vorbehalten. Um es klar zu sagen: Das ist mein Terminplan; ich erwarte nicht, dass dies auch eurer wird. Die Art und Weise, wie ich arbeite, lässt sich gut mit meinem Familienleben vereinbaren, und ich bin sehr glücklich, dass ich meinen Zeitplan in diesem Umfang selbst bestimmen kann, doch um 5 oder 6 Uhr morgens mit der Arbeit zu beginnen, ist nicht jedermanns Sache (und auch nicht immer meine!). Wie dem auch sei: Hier ist, was auf meinem Handy im Zusammenarbeit-Modus passiert:

Immer noch blockiert	Doch mittlerweile habe ich Zugriff auf ...
• Instagram, Twitter, YouTube • WhatsApp-Gruppenbenachrichtigungen • E-Mail-Benachrichtigungen	• Google Chrome • WhatsApp, inklusive das Empfangen von Benachrichtigungen zu Einzelchats • Outlook, E-Mails • Anrufe (ein- und ausgehend) • Podcast-App

CHILLEN-MODUS

Der Chillen-Modus und mein Handy befinden sich eher im freien Fluss. Ich habe in der QualityTime-App einen geplanten Pausenmodus eingerichtet, doch es gibt Zeiten, in denen ich ihn ein- oder ausschalte. Wenn ich zu Hause bin und mir selbst etwas Gutes tun und in Ruhe lesen möchte, schalte ich ihn ein. Wenn ich unterwegs bin, möchte ich in der Regel auf alles zugreifen können – manchmal braucht man Zugriff auf seine E-Mails für eine Ticketbestätigung oder muss Google Maps verwenden. Dann wäre es ärgerlich, wenn man auf der Straße stehen und fünf Minuten warten muss, bis die App einem endlich Zugriff gewährt. Da es schwierig ist, all diese speziellen Umstände einzuplanen, ist es einfacher, wenn ich unterwegs bin, die App einfach ausgeschaltet zu lassen. Hier sind jedoch die Einstellungen, die ich für den Chillen-Modus verwende.

Blockiert	**Zugriff auf**
• Instagram, Twitter • WhatsApp-Gruppenbenachrichtigungen • Outlook	• Google Chrome (damit kann ich auf Twitter zugreifen, wenn ich möchte) • YouTube • WhatsApp, inklusive das Empfangen von Benachrichtigungen zu Einzelchats • Kalender • Anrufe (ein- und ausgehend) • Podcast-App • Sonos-Musik-Controller

Chillen ist ein eher subjektiver Modus. Die Frage, die ihr euch stellen könnt, um ihn zu definieren, lautet: „Was tut mir gut?“ Es kann sehr verlockend sein, die Zeit, in der man eigentlich abschalten könnte, so zu verbringen, dass sie der Arbeitszeit sehr ähnlich ist: auf Bildschirme fixiert, ständiges Checken, Checken, Checken, auf der Jagd nach dem nächsten Dopamin-Kick. Für mich persönlich ist es Teil meines generellen Ziels, zu Hause so wenig wie möglich an meinen Geräten zu kleben, doch manchmal ist es auch sehr schön, nach einem langen Tag ohne soziale Medien einfach ein bisschen Zeit mit ihnen zu verbringen. Yin und Yang, Gut und Schlecht: Gleichgewicht im 21. Jahrhundert, kein Rückfall ins finstere Mittelalter.

ÜBUNG: MEINE DREI MODI DER PRODUKTIVITÄT

Was ihr benötigt: Stift und Papier, euer Handy
Wie lange es dauert: 30 Minuten
Ninja-Mentalität: Skrupellosigkeit, Waffenfertigkeit

TEIL EINS: ***EURE MODI EINRICHTEN***

Füllt die Tabelle aus und überlegt, wie euer Handy und andere Geräte euren Zugriff auf nützliche oder ablenkenden Apps unterstützen sollen.

App	Kreativität-Modus	Zusammenarbeit-Modus	Chillen-Modus
Zum Beispiel Instagram	X	✓	✓

Empfohlene Apps, die ihr in eure Liste aufnehmen solltet: Chrome/Safari, Instagram, Facebook, Twitter, Snapchat, WhatsApp, Gmail/Outlook, Spotify/Musik-Apps, Podcast-Apps, Fitness-Apps

TEIL ZWEI: DIE DREI MODI PLANEN

Legt für jeden Tag fest, wann eure verschiedenen Modi stattfinden sollen. Ich habe hier ein Beispiel für einen Montag gemacht. Ihr könnt die Zeiten auch streichen und durch eure eigenen ersetzen (vor allem, wenn es darum geht, eine optimale Mittagspause zu gestalten, wovon ich ein großer Fan bin!).

Zeiten	Vor 9 Uhr	9–11 Uhr	11–13 Uhr	13–14 Uhr	14–16 Uhr	16–18 Uhr	Nach 18 Uhr
Montag (Beispiel)	Zusammenarbeit	Kreativität	Zusammenarbeit	Chillen	Zusammenarbeit	Zusammenarbeit	Chillen
Montag							
Dienstag							
Mittwoch							
Donnerstag							
Freitag							
Samstag							
Sonntag							

Anmerkung: Es lohnt sich auch, über regelmäßige „Ausnahmetage“ nachzudenken. Wenn ihr zum Beispiel einmal im Monat eine Woche lang in einem anderen Büro arbeitet oder wenn ihr von zu Hause aus arbeitet. Es kann hilfreich sein, in der App spezielle Pausen für diese Tage einzuplanen.

TEIL DREI: ALLES IN EINER APP EINRICHTEN

Hier gibt es mehrere Möglichkeiten, und da es sich hier um ein relativ neues Segment der App-Welt handelt, das zudem ständig durch die Entscheidungen von Google und Apple im Hinblick auf ihre eigenen Systeme bedroht ist, wird es wahrscheinlich bereits bessere Optionen geben, wenn ihr dies lest, doch hier sind einige Vorschläge. (Ihr könnt auch den Think Productive-Blog im Auge behalten, auf dem wir von Zeit zu Zeit spannende neue Apps vorstellen).

QUALITYTIME (ANDROID)

Dies ist die App, die ich persönlich auf Android verwende. Die Funktion für geplante Pausen ist das, was mich in jedem der drei Modi hält. Außerdem wird die

Nutzung nachverfolgt (obwohl es nicht 100 % genau zu funktionieren scheint). Es gibt eine kostenlose und eine kostenpflichtige Version. Was ich damit mache, ist durch die kostenlose Version abgedeckt.

FREEDOM (IOS FÜR HANDYS, MAC & WINDOWS PCS)

Diese kostenpflichtige App eignet sich hervorragend, um die drei Modi auf eurem Laptop so zu erstellen, dass sie euer Handy abbilden. Ihr könnt sie auf allen euren Geräten verwenden. Sie kostet ein paar Euro pro Monat (billiger im Jahresabo), oder ihr könnt den Sprung wagen und etwas mehr bezahlen und erhaltet dafür lebenslangen Zugriff.

OFFTIME (ANDROID UND IOS)

Offtime ist eine gute Alternative zu Freedom, vor allem wenn ihr nur ein kleines Budget habt. Die App ist ein kostengünstiger einmaliger Kauf. Wie bei QualityTime ist es auch hier schwierig, die Zeitplanung genau zu erfassen, doch auch hier lassen sich die Modi sehr gut erstellen und planen.

SELFCONTROL (MAC OSX)

Eine kostenlose App für Mac-Benutzer, mit der ihr ablenkende Websites zu verschiedenen Zeiten blockieren könnt.

STAYFOCUSD (GOOGLE CHROME-ERWEITERUNG)

Wie SelfControl, jedoch für Google Chrome. Legt Zeitlimits für eure ablenkenden Apps fest und die App blockiert sie für den Rest des Tages, sobald ihr das Zeitlimit erreicht habt. Der Nachteil dieses Ansatzes im Vergleich zu Freedom ist, dass natürlich nicht alle Stunden eurer Aufmerksamkeit gleich kostbar sind, sodass ihr diese für eine maximale Effektivität anpassen müsst.

NEWS FEED ERADICATOR (CHROME-ERWEITERUNG FÜR FACEBOOK)

Dies ist eine wundervolle kleine kostenlose App für Chrome. Sie blendet den News-Feed auf Facebook aus, sodass ihr Facebook weiterhin dazu verwenden könnt, um eure Veranstaltungen und euer soziales Leben zu planen, oder Nachrichten zu verschicken, jedoch ohne die Ablenkung durch die Essensfotos anderer. Es gibt auch Kill News Feed, was dasselbe tut, und eine Reihe weiterer für YouTube und Twitter.

Seid ihr ein Ninja?

- Ein Ninja ist waffenkundig genug, um sein Handy als Produktivitätswerkzeug und nicht als Ablenkungsmaschine zu sehen.
- Ein Ninja geht skrupellos an sein Selbstmanagement heran und erkennt, dass Willenskraft allein nichts gegen die App-Hersteller ausrichten kann, die es auf unsere Seelen abgesehen haben.
- Ein Ninja scheut sich nicht, unkonventionell zu sein, indem er bestimmte Apps entfernt und sich nicht dem Gruppenzwang beugt.

12. MOMENTUM

„Ich stand bereits auf der Pole Position ... Ich fuhr einfach nur weiter. Plötzlich war ich fast zwei Sekunden schneller als alle anderen, einschließlich meines Teamkollegen mit dem gleichen Auto. Und plötzlich merkte ich, dass ich das Auto nicht mehr bewusst fuhr. Ich lenkte es quasi instinktiv, nur dass ich mich in einer anderen Dimension befand. Es war, als befände ich mich in einem Tunnel."
– Ayrton Senna (Formel-1-Champion) nach dem Qualifying zum Großen Preis von Monaco 1988

In den letzten Kapiteln habt ihr über das CORD-Produktivitätsmodell gelesen, ihr habt es umgesetzt und ein zweites Gehirn für das Managen von Projekten und Aufgaben eingerichtet, ihr habt euren E-Mail-Posteingang in den Griff bekommen und euch darauf konzentriert, Projekte zu managen, Meetings zu verbessern und euer süchtig machendes Handy unter Kontrolle bekommen. All die Tipps, Ratschläge und Vorgehensweises, die wir besprochen haben, funktionieren. Ich weiß das, weil ich sie umgesetzt habe, weil ich Menschen geschult und gecoacht habe, die sie umsetzen, und weil ich die Ergebnisse gesehen und erlebt habe. Sicherlich kann euch jetzt nichts mehr aufhalten! Außer, nun ja, ihr selbst.

Viele Zeitmanagement-Bücher lassen außer Acht, dass wir Menschen unglaublich komplexe Wesen sind und nicht immer das tun, was für uns selbst am besten ist – selbst wenn wir wissen, was wir tun *sollten*. Wir treffen schlechte Entscheidungen und setzen manchmal Prioritäten für Aktivitäten mit geringem Nutzen, obwohl in unserer noch nicht abgearbeiteten Hauptaufgabenliste viel größere Potenziale schlummern. Wir prokrastinieren und denken uns faule Ausreden aus, um schwierige Dinge zu vermeiden, die zwar zu Großem führen könnten, aber auch das Risiko bergen, dass wir dumm dastehen, oder dass wir auf dem Weg dorthin Konfrontationen begegnen könnten oder einfach nur intensive Konzentration brauchen. Wir geben zu vielen Versuchungen, Unterbrechungen und Ablenkungen nach.

Selbst wenn wir bereit sind, loszulegen – selbst mit all dem Wissen, den Werkzeugen und Systemen der Welt –, finden wir irgendwie immer noch eine Fülle von Gründen, es *nicht* zu tun. Als Ninja haben wir noch einen weiteren Feind zu bekämpfen: unseren eigenen Widerstand.

WIDERSTAND

Irgendwo tief in eurer Seele lebt eine kleine, böse Kreatur. Sie ist gerissen, unsichtbar, boshaft, bedürftig, rücksichtslos, eifersüchtig und, was am schlimmsten ist, sie kennt dich besser als du dich selbst kennst. Dieses schreckliche Monster ist euer Widerstand. Niemand weiß genau, was den Widerstand motiviert und warum er euer Bewusstsein gerade zu den Zeiten plagt, in denen ihr einfach nur euren Tag bewältigen und produktiv sein wollt. Sicher ist jedoch, je mehr euch eure Arbeit bedeutet und je mehr ihr vom Ergebnis der von euch zu bewältigenden Aufgaben abhängt, desto mehr wird euer Widerstand investieren, um zu sabotieren, zu zerstören und zu vereiteln.

„Ihr braucht nicht mehr Genialität. Ihr braucht weniger Widerstand."
– Seth Godin

Stephen Pressfields *The War of Art* ist ein Buch über euren inneren Widerstand und wie man ihn besiegen kann. Es erzählt die Geschichte von kreativen Menschen, die gegen ihre inneren Monologe der Hoffnungslosigkeit, des Zweifels, der Eifersucht, der Angst und all den anderen Dingen ankämpfen, die ihnen ihr Widerstand entgegenwirft und die sie davon abhalten, das zu tun, was sie tun müssen. Ihr mögt es nicht glauben, doch auch ihr seid „Kreative". Wenn euer Job darin besteht, aus Informationen und Ideen Wert zu schaffen, dann seid ihr genau der, den Stephen Pressfield beschrieben hat. Ob ihr euch dessen nun bewusst seid oder nicht, ob ihr euch nun öffentlich dazu bekennt oder nicht, wir alle erleben unseren eigenen Widerstand. Der Produktivitäts-Ninja muss seine Eigenwahrnehmung einsetzen, um den Kampf gegen den Widerstand zu gewinnen, und jeden erdenklichen Trick anwenden, um ihn vorübergehend zu überlisten oder in seiner Arbeit so viel Schwung erzeugen, dass ihn selbst die besten Versuche des Widerstands nicht mehr aus der Bahn werfen können. Der Widerstand verliert seine Macht erst dann, wenn er mit ernsthaftem Momentum konfrontiert wird. In diesem Kapitel geht es darum, euren Widerstand zu verstehen und ein Momentum zu erzeugen, das ihr gegen ihn einsetzen könnt.

DAS REPTILIENHIRN

DAS REPTILIENHIRN

Es gibt einen sehr guten Grund, warum unser Widerstand überhaupt existiert, trotz all der Schmerzen und des Stresses, die er uns bereiten kann. Solche Gedanken entstammen dem ältesten Teil unseres Gehirns. Die Amygdala, Teil des limbischen Systems unseres Gehirns, ist der Teil, der unsere grundlegendsten Überlebensfunktionen steuert: Selbstverteidigung, Hunger, Angst, Wut und Flucht. Haltet still und die Raubtiere werden verschwinden. Haltet still, fallt nicht auf und wir werden den nächsten Tag sicher überleben.

Jede Form von Kreativität – und ich verwende dieses Wort im weitesten und umfassendsten Sinne, um einen Großteil eurer Arbeit einzuschließen – ist ein Kampf zwischen zwei verschiedenen Instinkten in eurem Gehirn. Euer klügeres, weiter entwickeltes menschliches Gehirn sehnt sich nach Erfolg und danach, eure Arbeit und eure Ideen in die Welt hinauszutragen. Das Reptilienhirn – die Quelle all eurer Widerstände – hat Angst davor, was passieren könnte, wenn ihr etwas tut, was es noch nie zuvor gesehen hat. Es sorgt sich um Überleben, Status und Sicherheit. Es zieht die Sicherheit der Chance auf den ganz großen Wurf vor.

Alles, wovon euer Widerstand glaubt, es könnte Reaktionen oder Veränderungen provozieren, wird er zu stören versuchen. Beim kleinsten Anzeichen eines Risikos wird er schreien, beißen und drangsalieren. Alles, um zu überleben. Bleibt unauffällig, haltet die Klappe und schaut beschäftigt aus.

EUREN WIDERSTAND ***ERKENNEN***

Widerstand ist einfach gestrickt und kennt nur wenige grundlegende Emotionen. Unterschätzt jedoch niemals seine Macht, Kreativität und Hinterhältigkeit. Er kann sich in so vielen verschiedenen Formen manifestieren. Hier sind einige häufige Formen des Widerstands, auf die ihr achten solltet. So lang sie auch ist, diese Liste ist bei weitem nicht erschöpfend:

- Perfektionistin sein
- Ein Meeting über die Arbeit zu organisieren, die ihr eigentlich auf der Stelle erledigen könntet
- Ewigkeiten damit verbringen, Schriftarten, Formatvorlagen oder Titel zu ändern, anstatt den wichtigen Teil der Arbeit zu erledigen

- Stunden mit Recherchen oder dem Sammeln von Informationen verbringen
- Die kontroversen oder interessanten Teile weglassen
- Übertriebenes Organisieren
- Angst vor Veränderungen
- Menschen kritisieren, die versuchen, innovativ oder anders zu sein
- Sich mehr um die Anzahl der Wörter als um deren Inhalt sorgen
- Zwanghaftes Überprüfen der eigenen Arbeit
- Andere um Bestätigung bitten, getarnt als Feedback
- Sich eine Tasse Tee machen, anstatt ein mutiges Gespräch zu beginnen
- Mit Produktivitäts-Apps auf dem Handy spielen, anstatt produktiver zu sein

Ihr werdet feststellen, dass so viele dieser Dinge direkt den Kern unserer proaktiven Aufmerksamkeit treffen und uns mit starken Emotionen und tief verwurzelten Gewohnheiten ablenken. Widerstand zu erkennen ist der entscheidende erste Schritt. Sobald ihr etwas bemerkt, das aussieht wie Widerstand, beginnt der Kampf. Erinnert ihr euch daran, dass unser Freund Roy Baumeister im vorigen Kapitel sagte, dass Willenskraft eine sich erschöpfende Ressource ist? Das gilt für den Kampf gegen unseren eigenen Widerstand ebenso wie für den Kampf gegen die Versuchung, ständig am Handy zu hängen.

WIDERSTAND BEKÄMPFEN – UND ÜBERWINDEN

Es gibt eigentlich immer nur zwei Möglichkeiten, mit Widerstand umzugehen:

- Einen Weg finden, ihn zu ignorieren oder zum Schweigen zu bringen
- Ihn austricksen, damit man ihn nicht bemerkt

1. WIDERSTAND ZUM SCHWEIGEN BRINGEN

ZURKENNTNISNAHME

Unser Widerstand schwirrt in unserem Gehirn umher, zeigt nur selten sein Gesicht und tarnt sich als andere Gedanken, wo immer er nur kann. Ihr müsst ihn regelmäßig zum Vorschein bringen. Eine Reihe von Gewohnheiten und Verhaltensweisen in diesem Buch sind darauf ausgerichtet, den Widerstand aufzuscheuchen:

- Durch das **Erfassen und Sammeln**, was euch durch den Kopf geht, verschafft ihr dem Widerstand seinen kleinen Moment an der Sonne. Er nörgelt, plärrt und schreit. Und ihr bekommt die Chance, jeden einzelnen dieser Gedanken zu ordnen. Die Quatschis und Geräusche werden beiseitegeschoben und kurzgehalten.

- **Meditation**. Wir tauchen selten tief genug in unseren eigenen Verstand ein, um wirklich zu hören, was dort vor sich geht. Meditation ist eine großartige Möglichkeit, um zu erforschen, zu registrieren und zu erkennen. Es ist auch ein guter Weg, um *langsamer zu machen* und sich von den hektischen Gedanken zu lösen, die einem den ganzen Tag lang durch den Kopf jagen. Auf diese Weise könnt ihr euch viel besser fokussieren, konzentrieren und präsenter sein.

- **Ernährung und körperliche Bewegung**. Eine gute körperliche Gesundheit kann die Macht des Widerstands tatsächlich verringern. Beim Sport werden positive Endorphine ausgeschüttet, die uns ein solches Hochgefühl vermitteln, dass wir zwar wissen, dass es irgendwo Widerstand gibt, wir jedoch das Gefühl haben, stärker zu sein.

- **Entspannung**. So viele der mächtigsten Momente des Widerstands finden nach dem Ereignis statt. Wir beenden unsere Arbeit, gehen nach Hause, um unser Kind zu baden oder eine Theatervorstellung zu besuchen, und gerade als wir versuchen, uns zu entspannen, hören wir ihn.

- **Review** der wöchentlichen und täglichen Checklisten. Die Phase des Reviews ist von entscheidender Bedeutung. Da ihr euch gerade damit beschäftigt, Bilanz zu ziehen und den Wald vor lauter Bäumen zu sehen, werden Review-Zeiten euren Widerstand wecken, der sein Bestes geben wird, um euch zu stören und zu unterbrechen.

- **Mentoren**. Ein Mentor kann euch helfen zu erkennen, dass ihr nicht allein seid und dass selbst die scheinbar coolsten und gelassensten Menschen in ihrer Arbeit und in ihrem Leben Phasen haben, in denen sie wie ein Schwan sind: anmutig auf der Wasseroberfläche, darunter jedoch wie wild paddelnd.

INS LÄCHERLICHE ZIEHEN

Widerstand, so mächtig er auch sein mag, ist im Grunde ein kleingeistiger Idiot. Eines der besten Dinge, die ihr tun könnt – eines der Dinge, die euer Widerstand mehr als alles andere hasst – ist, ihn als das mickrige kleine Wiesel zu entlarven, das er in Wirklichkeit ist. Ihr könnt ihm ausgefeiltere Argumente entgegenwerfen. Hier sind ein paar Möglichkeiten, euren Widerstand wirklich in Verlegenheit zu bringen:

- Ändert euer Denkmuster von „Was, wenn es schiefgeht?“ in „Was, wenn nicht?“. Unsere Angst bringt uns oft dazu, uns nur unsere möglichen Misserfolge vorzustellen, sodass wir nicht erkennen, dass die Folgen unseres Handelns in Wirklichkeit ungezügelter und wunderbarer Erfolg sein könnten! Wenn wir uns hingegen jede Aufgabe als etwas vorstellen, von dem letztendlich unser Erfolg abhängt, ist dies erdrückend, da dann so viel auf dem Spiel steht! Befreit euch also aus dem Sumpf des negativen Denkens und stellt euch eine Welt vor, in der das, woran ihr gerade arbeitet, euch zwar nicht zum Millionär macht, jedoch auch nicht in den Bankrott führt! Alles wird gut.

> „Ich habe das Gefühl, ich befinde mich gerade in einer ‚Download-Phase‘. Ich nannte es immer Schreibblockade, doch so etwas gibt es nicht.“
> – Erykah Badu

- Outet euch. Sprecht es laut aus. Sagt jemandem im Büro, vielleicht einer engen und vertrauenswürdigen Kollegin, dass ihr aufgrund des Widerstands Probleme habt, diese PowerPoint-Präsentation fertigzustellen. Sobald ihr es laut ausgesprochen habt, wird euch klar, wie dumm es doch ist, dass dieser kleine Idiot mit dem Reptilienhirn überhaupt Macht über euch hat. Schaut zu, wie sich euer Widerstand verdrückt, sobald er merkt, dass er entdeckt wurde.

TAPFERKEIT UND SKRUPELLOSIGKEIT

Es ist selten die einfachste Option, den Widerstand tatsächlich frontal anzugreifen. Es erfordert Mut, Stärke und ein hohes Maß an Selbstbewusstsein, um den Widerstand für längere Zeit zu überlisten. Wenn ihr es dennoch versuchen wollt, findet ihr hier einige Ideen, die euch helfen könnten:

- **Schafft Raum, um den Widerstand zu zwingen, direkt mit euch zu kämpfen.** Erlaubt ihm nicht, sich hinter Websites und anderen Versuchungen zu verstecken. Schafft einen Raum, in dem es nur euch und euren Widerstand gibt. Auf diese Weise ist das kleine Biest leichter zu hören und leichter zu fangen.

- **Starrt eurem Widerstand ins Auge** (Widerstand hasst persönliche Auseinandersetzungen), um ihn zu verärgern, damit er lauter und stärker wird. Während ihr ihn anstarrt, lacht über seinen mickrigen Körper, seine dummen Ideen, die nutzlosen Taktiken, die ihr durchschaut habt; lacht und lächelt immer weiter und macht euch bewusst, welche Macht ihr tatsächlich über ihn habt. Wartet, bis ihr spürt, wie er sich in die Büsche verzieht.

- **Lasst den Widerstand zum Spielen nach draußen.** Nehmt ein Blatt Papier und beschäftigt euch mit eurem Widerstand. Lasst ihn eine Liste mit allen Gründen aufschreiben, die dagegensprechen, das zu tun, was euer Widerstand euch zuruft, zu unterlassen. Erschöpft den Widerstand auf diese Weise. Schreibt dann eine einfache Liste mit Vorteilen darunter, während ihr in aller Ruhe wieder die Kontrolle übernehmt.

- **Tut es eurem Widerstand gleich.** Denkt an all die Male, in denen es in der Vergangenheit wirklich schlecht für euch gelaufen ist. Alles, was der Widerstand euch von hier aus entgegenwirft, ist ein Fortschritt, ein Sieg und damit ein Level an Beruhigung für den Widerstand, was ihn vielleicht zum Aufgeben zwingt ... für den Moment.

2. DEN WIDERSTAND ***AUSTRICKSEN***

Einfacher, als den Widerstand zur Kenntnis zu nehmen, ihn zu verspotten oder zu bekämpfen, ist es natürlich, sich überhaupt nicht mit ihm auseinandersetzen zu müssen. Hier sind einige Möglichkeiten, wie ihr den Widerstand umgehen, betrügen, austricksen und überlisten könnt. Zumindest für den Moment.

DEN WIDERSTAND MIT EINEM BESSEREN GERÄUSCH ÜBERTÖNEN

In Stephen Kings Liebesbrief an seinen Beruf, *On Writing*, spricht er leidenschaftlich über seine Morgenroutine, die ihn als Schriftsteller dazu befähigt, loszulegen. Eines der für einen Schriftsteller furchterregendsten Dinge auf der Welt ist ein leeres Blatt Papier. Auf einem leeren Blatt hat man nichts als seinen Widerstand als Gesellschaft, und das ist beunruhigend. King spricht in diesem Buch über seine Liebe zu Heavy-Metal-Musik und starkem Kaffee. Beides, sagt er, sind Dinge, die ihm beim Schreiben helfen. Sie übertönen alle möglichen Widerstandsgeräusche und erzeugen die Illusion von Momentum, das dann durch echtes Erschaffen ersetzt werden kann, wenn die ersten Worte hervorsprudeln. Ich habe drei oder vier Musikstücke, die bei mir immer funktionieren. Eines davon ist Michael Jacksons *Don‘t Stop ‘Til You Get Enough*, das erste Stück auf seinem bahnbrechenden Album *Off the Wall*. Es ist eine Explosion von Disco-Energie, Optimismus und Ausgelassenheit – man kann fast hören, wie sein Stern in den Herzen aller aufgeht, die es zum ersten Mal hören, so kühn ist es; und als solches ist es das perfekte Gegenmittel gegen Widerstand.

ROUTINEN

Routinen können den Widerstand gerade lange genug ablenken, damit ihr in Schwung kommt. Einem bestimmten Muster zu Beginn des Tages zu folgen, bei dem das fünfte von sechs Elementen zufällig ein Teil der Arbeit ist, gegen das euer Widerstand normalerweise rebellieren würde, ist ein cleverer Weg, um mit der Arbeit zu beginnen, bevor euer Widerstand es überhaupt bemerkt. Als ich lange Zeit von zu Hause aus arbeitete, war meine Morgenroutine bewusst streng strukturiert:

1. Wasser trinken
2. 10 Minuten laufen
3. Duschen
4. Frühstücken
5. Schlimmste Aufgabe des Tages
6. Tägliche Checkliste

Zwischen so vielen positiven, angenehmen Aufgaben verbarg sich etwas wirklich Fürchterliches. Da die Endorphine von meinem Lauf noch durch meinen Körper pumpten, wusste der Widerstand nicht, wo er hinsehen sollte. Mittlerweile ist jeder Morgen anders, doch diejenigen, die mit einer guten Routine beginnen, gehen eher in produktivere Tage über.

DIE ILLUSION VON KOMFORT

Denkt daran, dass sich euer Widerstand nach Komfort und Sicherheit sehnt. Wenn ihr eure anspruchsvollste Arbeit in einer schönen, luxuriösen Umgebung verrichtet, kann das den Widerstand dazu bringen, zu glauben, dass alles in Ordnung ist, anstatt um sein Leben zu fürchten. Ich arbeite in Brighton und versuche, die meiste Zeit am Strand zu schreiben, mit Blick aufs Meer. Ich finde das beruhigend und es eliminiert die täglichen Ablenkungen und Unterbrechungen, die dem Widerstand seine Verstecke bieten. Versucht, eine Umgebung zu finden, die für euch funktioniert. Und wenn ihr das nicht könnt, könnt ihr eine Idee aus der Welt der neurolinguistischen Programmierung übernehmen und lernen, wie man „Zustände" entwickelt. Wenn ihr ein Telefonat führen müsst, vor dem euch graut, oder wenn ihr gerade in ein furchteinflößendes Meeting geht, atmet tief durch und lächelt. Setzt euren Körper positiv ein, um positive Signale zu senden und Ängste abzubauen. Aufrechtes Gehen hilft tatsächlich.

ERZEUGT EINE GRÖSSERE ANGST

Dies ist einer meiner Favoriten. Euer Widerstand wird so lange seinen perfektionistischen Unsinn von sich geben, wie ihr das zulasst, doch die Angst, dumm dazustehen und an Status zu verlieren, ist eine mächtige Angst, die euch und euren Widerstand in einem Kampf um eine rechtzeitige Abgabe vereint:

- **Habt Spaß an Deadlines.** Bei Projekten mit offenem Ende, bei denen die Gefahr von Prokrastination sehr groß ist, ist es hilfreich, sich von jemand anderem eine Deadline setzen zu lassen, auf die man sich dann fokussieren kann. Die Angst, diese Deadline zu verpassen, überwiegt bei weitem alle kleinlichen Widerstandsgedanken über die vermeintliche Qualität eurer Arbeit. Ihr werdet alles tun, um vor den Menschen, die euch wirklich am Herzen liegen, nicht dumm dazustehen. Dazu gehört leider auch, Arbeit abzuliefern, die weit unter eurem besten Niveau liegt. Natürlich stellt ihr erst im Nachhinein fest, dass ihr etwas abgeliefert habt, was ihr nicht akzeptabel gefunden hättet. Und dann stellt ihr fest, dass es sonst niemandem aufgefallen ist.

- **Öffentliche Ankündigungen.** Wenn ihr die ersten Schritte eines neuen Projekts in Erwägung zieht, ist eine der besten Möglichkeiten, dafür zu sorgen, dass ihr dies auch wirklich umsetzt, es anzukündigen. Das ist die Mentalität eines Unternehmers. Erst ankündigen, dann planen, bauen und liefern. Richard Branson hat dies bekanntermaßen mit seiner Marke Virgin Cola gemacht. Jahrelang hatte man in seinem Unternehmen darüber gesprochen, eine eigene Cola zu produzieren, doch der kollektive Widerstand des Unternehmens hatte die Entwicklung stets zugunsten anderer Dinge ausgebremst. Eines Tages nahm Branson an einer Pressekonferenz zu einem völlig anderen Thema teil und wurde gefragt, was das Unternehmen sonst noch geplant habe. „Dieses Jahr werden wir unsere eigene Cola herstellen!". Als er ins Büro zurückkam, herrschte blinde Panik, aber auch hektische Betriebsamkeit. „Habt ihr gehört, was ich gerade verkündet habe?", fragte er. Eine Antwort war nicht nötig.

GAMEIFICATION

Wenn ihr eure Arbeit zu einem Spiel macht, könnt ihr euch gerade lange genug von eurem Widerstand ablenken, um ihn zu überwinden. „Gameification" ist ein relativ neuer Begriff, doch das Prinzip, seine Arbeit zu einem Spiel zu machen, gibt es schon lange. Hier sind einige der häufigsten Spiele, die wir in der Arbeit spielen:

- **Verkaufsziele.** Niemand will ein Verlierer sein. Also strengen sie sich noch mehr an, um das Ziel zu erreichen und ihre Siegermedaille und ein öffentliches Lob zu erhalten.

- **Beurteilungen und leistungsbezogene Bezahlung.** Das ultimative Spiel, bei dem eure *gesamte* Arbeit zu einem Gewinn oder Verlust pro Jahr (oder pro Quartal) beiträgt.

- **Euren Posteingang auf Null bringen.** Klar, wenn ihr darauf versessen seid, wieder auf Null zu kommen, wisst ihr genau, dass das gut für euch ist, doch an den Tagen, an denen ihr euch überfordert fühlt, macht ihr euch vielleicht nicht die Mühe. In unseren E-Mail-Workshops geben wir den Teilnehmern kleine Abzeichen, wenn sie ihren Posteingang auf Null gebracht haben. Das lässt einen durchaus ernsthaften Prozess wie ein spaßiges Spiel erscheinen, und ihr würdet nicht glauben, wie viele wichtige Führungskräfte, die alles Materielle auf der Welt besitzen könnten, in meiner Schulung sitzen und nach einem Abzeichen schreien!

- **Ego-Challenge.** „Ich wette, du bekommst kein Interview mit dieser berühmten Schauspielerin." Ich wette jedoch, dass ihr euch nun noch mehr anstrengen werdet, es zu schaffen.

GEWOHNHEITEN DES POSITIVEN MOMENTUMS

Widerstand wird letztendlich durch Momentum besiegt. Aber was wäre, wenn ihr Momentum generell aufrechterhalten und fortsetzen könntet, ohne es erst erzeugen zu müssen, nur um euren Widerstand zum Schweigen zu bringen? Die Wahrheit ist, dass wir manchmal scheinbar mühelos diese „Zone" positiven Momentums erreichen, während es sich zu anderen Zeiten nahezu unmöglich anfühlt, überhaupt aus den Startlöchern zu kommen. Es gibt einige Gewohnheiten, die ihr euch aneignen könnt, um eine positive Dynamik voranzutreiben.

Das Schlimmste zuerst

Beginnt jeden Tag damit, die schlimmste Aufgabe auf eurer Liste zu erledigen. Dabei kann es sich um die härteste eurer „harten Nüsse" handeln oder um die eine Sache, auf die ihr euch am wenigsten freut. Das Gefühl der Erleichterung, diese Aufgabe vor 10 Uhr morgens erledigt zu haben, ist geradezu greifbar. Und alles andere an diesem Tag ist natürlich leichter. Dadurch vermeidet man den ganzen Widerstand, der sich immer weiter aufbauen kann, während man die Sache vor sich herschiebt und bemerkt, dass man den ganzen Tag nur über diese eine große Aufgabe nachdenkt.

Papier

Wenn ihr euer Gehirn in Schwung bringen müsst, gebt ihm die Erlaubnis, Gedanken zu haben und kreativ zu sein. Bewaffnet euch mit Papier, Post-it-Zetteln und schönen Stiften und beobachtet, wie gute Ideen aus euch heraussprudeln. Das ist ein guter Tipp, wenn ihr an einem Meeting teilnehmt, bei dem die Gruppe offensichtlich ins Stocken geraten ist. Besorgt euch Flipchart-Papier und Blu-Tack. Hängt einige Blätter an die Wand und gebt den Teilnehmerinnen Post-it-Zettel, auf denen sie ihre Gedanken notieren können. Das ist einer dieser magischen

Tricks, um eine Gruppe von Menschen wieder in Schwung zu bekommen. Das funktioniert auch gut, wenn ihr einfach nicht wisst, wo ihr anfangen sollt. Es fühlt sich einfacher an, die potenzielle Struktur des Berichts, den ihr schreiben wollt, auf einem Blatt Papier zu notieren, als diese Gedanken in einem neuen Word-Dokument festzuhalten. Gebt eurem Gehirn also die Erlaubnis, die es manchmal braucht, um viele schlechte Ideen zu haben, und dann werden sich die guten schon herauskristallisieren.

Taucht einfach auf

Wenn wir denken, dass wir nicht weiterkommen, müssen wir oft einfach nur an die Startlinie treten. Die ersten fünf Minuten einer Aufgabe reichen in der Regel aus, um sie zu entmystifizieren und die Ideen und Aktionen in Gang zu bringen. Wenn ihr also das Lesen des Berichts oder die Arbeit an eurem nächsten großen Projekt aufgeschoben habt, nehmt euch einfach vor, damit zu beginnen. Ihr solltet natürlich genau wissen, was der nächste physische Handlungsschritt ist, denn den schreibt ihr ja auch auf eure Hauptaufgabenliste. Wenn ihr also schon wisst, was zu tun ist, kann es doch nicht so schwer sein! Also los, taucht einfach nur für fünf Minuten auf. Ihr werdet überrascht sein, was passiert.

Aufwärmen

Die Tänzerin Twyla Tharp spricht in ihrem Buch *Mastering the Creative Habit* über eine ihrer „Power-Gewohnheiten". Als Tänzerin muss sie ihren Körper aufwärmen. Ihre Gewohnheit, die für Momentum und Kreativität sorgt, besteht darin, aus dem Bett zu steigen und die Treppe hinunter zum wartenden Taxi zu gehen, das sie ins Fitnessstudio bringt. Ganz egal, wie schlecht es ihr an diesem Morgen geht, egal, wie sehr sie sich noch eine halbe Stunde im Bett wünscht, der Akt des Aufstehens sorgt dafür, dass sie sich an diesem Morgen aufwärmt. Das wiederum gibt ihr die Gewissheit, bereit zu sein, wenn es an der Zeit ist, etwas zu schaffen. Das Aufwärmen gibt den Rahmen vor.

Klappe halten

Ist euch schon einmal aufgefallen, dass die Leute, die viel über ihre Arbeit reden, eigentlich nichts zustande bringen? Seid der stille Krieger im Büro und produziert Wunder in einer Lautstärke, von der andere nur träumen können. Und wenn ihr das dann tut, könnt ihr sicher sein, dass andere euch bitten werden über eure Arbeit zu sprechen.

Mutige Gespräche

Wenn ihr in eurem Denken feststeckt oder einem unangenehmen Konflikt aus dem Weg geht, denkt daran, dass mutige Gespräche die Dinge wieder in Gang bringen werden. Wenn euch das unangenehm ist, könnt ihr euer Gespräch sogar mit den Worten beginnen: „Weißt du, ich glaube, wir müssen ein mutiges Gespräch führen". Normalerweise weiß die andere Person genau, worum es gehen wird. Und ihr bekommt etwas Momentum zurück.

EIN LOBLIED AUF DIE UNVOLLKOMMENHEIT

Lasst uns zum Schluss noch über die Idee von Perfektion sprechen. Es mag unkonventionell erscheinen, denn das habt ihr sicher so nicht in der Schule gelernt, doch Perfektion ist euer Feind, nicht euer Freund. Vermeidet Perfektion um jeden Preis, denn sie kann ein positives Momentum ernsthaft zunichtemachen. Perfektion ist generell eine sinnlose Zeitverschwendung. Die letzten Momente, die man mit einer Sache verbringt, sind selten die besten. Wenn eure beste und produktivste Zeit verbraucht ist, ist es an der Zeit, mit etwas anderem weiterzumachen, bevor der Perfektionismus euch einholt. Wollt ihr hundert neue Dinge in die Welt setzen oder fünf perfekte?

Es gibt *immer* etwas, das ihr noch besser machen könnt, doch das bedeutet nicht, dass ihr es auch versuchen solltet. Wendet euch anderen Dingen zu, die etwas bewirken können. *Wenn* es nur noch eine einzige Aufgabe zu erledigen gäbe, bevor die Welt untergeht, könntet ihr euch dazu entscheiden, so viel Zeit wie möglich damit zu verbringen und nach Perfektion zu streben. Oder ihr könntet euch entscheiden, es früher abzuliefern und euch dann mit einem Bier zurückzulehnen und das Feuerwerk zu genießen.

Das Streben nach Perfektion ist oft nicht nur eine sinnlose Zeitverschwendung, sondern gibt dem Widerstand auch mehr Zeit, immer raffiniertere Erscheinungsformen zu entwickeln. Unser innerer Perfektionist ist eine Stimme, die auf Widerstand reagiert, ihn aber auch nähren kann. Wenn ihr in einem Word-Dokument an den Abständen zwischen den Absätzen herumfummelt, ist das ein sicheres Zeichen dafür, dass ihr eurem Perfektionisten den Vortritt lasst. Haut es einfach raus. Zeigt es den Menschen.

Der Wert liegt nie im Schnickschnack, sondern in der Substanz. Erinnert euch an das Paretoprinzip von 80-20 und die daraus abgeleitete Idee, dass 20 % eurer

Arbeit 80 % der Wirkung ausmachen. Ich arbeite viel mit Aufsichtsräten. Die Menschen, die in solchen Gremien sitzen, sind vielbeschäftigt und haben noch viel mehr anderes zu tun, als den Bericht zu lesen, den ihr gerade vorbereitet. Fragt euch einmal ehrlich: Will der Vorstand wirklich ein 45-seitiges, perfektes Dokument, bei dem er so tun muss, als hätte er es gelesen, wenn es zu diesem Punkt im Meeting kommt – oder will er wirklich nur die wichtigsten Punkte? Eine einseitige Zusammenfassung ist viel überzeugender als ein perfekter Bericht. *Wenn* sie ins Detail gehen müssen, werden sie danach fragen.

Manchmal verwechseln wir Sorgfalt mit Perfektion. „Perfekter" Service in einem Restaurant ist nicht wirklich perfekt, er wird nur mit solch bemerkenswerter Sorgfalt durchgeführt. Sorgfalt muss gefeiert werden. Wenn jemand weiß, dass euch das Ergebnis eurer Arbeit wirklich am Herzen liegt, verzeiht er auch Unvollkommenheiten. Liefert so ab, wie es euch wichtig ist; wartet nicht, bis es perfekt ist.

Während ihr also nach Ergebnissen strebt, solltet ihr vielleicht sogar nach Anti-Perfektion streben. Gebt euch selbst die Erlaubnis, unvollkommen zu sein und unvollkommene Arbeit zu produzieren – das zählt *immer noch*. Lasst eure Arbeit die Qualität haben, dass sie in fantastischem Nutzen resultiert, produziert jedoch auch in solchen Mengen, dass dies zu noch mehr fantastischem Nutzen führt. Sicherlich sollte das doch unser Bestreben sein. Gönnt euch den Freiraum, Fehler zu machen und aus ihnen zu lernen.

Tatsächlich ist Unvollkommenheit ein Segen. Wir sollten Zufälle und Unfälle feiern. Denkt daran, dass im Laufe der Jahrhunderte Zufälle zur Entdeckung der Schwerkraft geführt haben, zu einigen unserer erstaunlichsten Musikstücke, zu neuen Lebensmitteln und Rezepten und zu tausend Dingen, die unsere Welt und unsere Arbeit mit Staunen erfüllen. Feiert die Tatsache, dass Zufälle Überraschungen, Humor, Farbe und Begeisterung mit sich bringen können. Und feiert die Tatsache, dass wir uns nur durch diese Unvollkommenheiten und das Unvorhersehbare daran erinnern, dass wir letztendlich doch nur Menschen sind. Wir sind keine Superhelden, sondern einfach nur Produktivitäts-Ninja, die ihr Bestes geben.

Und wenn uns die Unvollkommenheit dazu veranlasst, unsere Fähigkeiten in Frage zu stellen, und uns davon zu überzeugen versucht, dass die Dinge die Mühe nicht wert sind und wir das, was wir tun, für ein ruhigeres oder einfacheres

Leben aufgeben sollten, können wir uns stattdessen auf unsere vielen und vielfältigen Erfolge konzentrieren und – *jetzt passt auf!* – einfach aufhören, uns so viel Vorwürfe zu machen. Wir sind Menschen. Es sind diejenigen, die erwarten, dass immer alles perfekt ist, die Hilfe brauchen, nicht wir.

Wichtig ist jedoch, dass Unfälle und Unvollkommenheiten lediglich als Kontrast dazu dienen, um zu beweisen, wie magisch es sein kann, wenn die Dinge nach Plan verlaufen, und sie erinnern uns daran, es nie als selbstverständlich anzusehen. All diese Magie? All die erstaunlichen Dinge, die wir erreicht haben? All die Energie, dieses Momentum und explosive Produktivität? Nun, das war überhaupt keine Magie, es schien nur so. Und eigentlich war alles ganz einfach – dank über*menschlicher* Ninja-Fähigkeiten, nicht übermenschlicher Superkräfte.

Unvollkommenheit ist die Erinnerung daran, dass wir unter all dem immer noch bemerkenswert und auf beruhigende Weise menschlich sind.

WORAUF WARTET IHR ALSO NOCH? ES IST AN DER ZEIT, EUER EIGENES SPIELERISCHES, PRODUKTIVES MOMENTUM ZU ERZEUGEN ...

Ich hoffe wirklich, dass euch dieses Buch gefallen hat, und ich möchte euch dafür danken, dass ihr Geld, Zeit und Aufmerksamkeit in das investiert habt, was ich zu sagen hatte. Bevor ich mich verabschiede, möchte ich euch noch etwas gestehen. Früher war ich in all diesen Dingen ein Totalausfall, und selbst jetzt, nachdem ich es jahrelang gelernt und gelehrt habe und weiß, wie sehr ich meine eigene Produktivität verbessert habe, weiß ich, dass ich immer noch mehr tun kann. Und bevor ihr jetzt euer Geld zurückverlangt und euch auf die Suche nach einem Guru macht: Ich habe euch gleich zu Beginn davor gewarnt. Versteht mich nicht falsch, ich habe einige großartige Systeme eingeführt und hart daran gearbeitet, ein sehr hohes Maß an Produktivität zu erreichen. Doch ich möchte nicht, dass ihr dieses Buch aus der Hand legt und denkt, ich sei anders als ihr. Wir sind Weggefährten auf derselben Reise, denn es gibt immer etwas Neues zu entdecken.

Es gibt immer mehr zu lernen, immer Möglichkeiten für Verbesserung. Alles, was ich in diesem Buch dargelegt habe, ist, so denke ich, gesunder Menschenverstand. Es wird nur zu selten angewandt. Ihr glaubt, dass *ihr* mit diesen Dingen zu kämpfen habt? Denkt an all die Menschen, die noch nicht einmal selbstkritisch genug sind, um ein Buch zu kaufen und einen Anfang zu machen!

Dies ist also der Moment, der wirklich zählt.

Das Wissen aus den letzten Kapiteln ist euer Kapital. Ihr könnt es behalten. Ihr könnt auch zurückgehen und Teile davon morgen oder nächste Woche oder nächsten Monat erneut lesen, wenn ihr wollt. Es spielt eigentlich keine Rolle, ob ihr das tut oder nicht. Wichtig ist nur Folgendes:

WAS WERDET IHR TUN?

Lasst uns dies zu etwas Größerem machen als zu einer nach innen gerichteten Nabelschau auf eure eigenen schlechten Produktivitätsgewohnheiten. Lasst uns etwas ändern. All die Übungen, die ihr versprochen habt, später zu machen, all die tollen Ideen, die ihr hattet, um eure eigenen Produktivitätsgewohnheiten zu ändern, all die Pläne, die ihr morgen machen wolltet – warum fangt ihr nicht gleich jetzt damit an? Der große Sprung ist der von der Idee zum praktischen Handeln, also lasst uns damit beginnen, den Super-Ninja zu schaffen, der ihr sein wollt, hofft und auch verdient zu sein. Ihr müsst nicht groß anfangen, aber ihr müsst anfangen. Sitzt nicht einfach nur an der Seite herum und nickt.

Doch mehr als das, lasst uns dies auch zu einer Gelegenheit machen, etwas zu bewegen, da draußen, in der Welt.

DENN ES IST ALLES MÖGLICH. ALLES. ***NICHT EURE FÄHIGKEITEN ODER EURE ZEIT SIND DAS LIMIT,*** *SONDERN EURE VORSTELLUNGSKRAFT.*

Ihr könnt tatsächlich die Welt verändern. Ich weiß, das klingt kitschig, doch alle eure Helden, die das im Laufe der Jahre getan haben, waren Menschen wie ihr, sie hatten lediglich das Selbstvertrauen, hoch hinauszuwollen. Und wenn etwas schiefging, standen sie wieder auf und nutzten all ihre zenartige Ruhe, Skrupellosigkeit, Waffenfertigkeit, Tarnung und Täuschung, Achtsamkeit, Unkonventionalität, Einsatzbereitschaft und Agilität, um von vorne zu beginnen. Wer hartnäckig und clever ist, gewinnt am Ende immer.

Worte sind nur Schall und Rauch. Was zählt, sind Taten.

Wir alle kennen diese Morgen, an denen wir trotz bester Vorsätze feststecken und nicht in der Lage sind, loszulegen und aktiv zu werden. An solchen Tagen setze ich meine Kopfhörer auf und höre das Album *Kind of Blue* von Miles Davis. Wenn ihr Jazz-Fans seid (und selbst wenn nicht), wisst ihr wahrscheinlich, dass dieses Album als eines der größten Alben aller Zeiten gilt und in allen Bestenlisten von Kritikern in Büchern und Magazinen regelmäßig an der Spitze steht. Es ist von Anfang bis Ende ein wunderschönes Stück Musik und hilft mir, das nötige Momentum zu erzeugen.

Vor ein paar Jahren habe ich eine Dokumentation über die Entstehung von *Kind of Blue* gesehen. Ich war erstaunt, als ich erfuhr, dass das gesamte Album in nur zwei kurzen Sessions aufgenommen wurde, insgesamt nicht mehr als sieben oder acht Stunden. In diesen kurzen Momenten im Frühjahr 1959 entstand ein Meisterwerk, das bis heute nachwirkt – und doch betrug die Gesamtzeit für die Aufnahmen nicht mehr als die sieben oder acht Stunden, die euch zur Verfügung stehen, wenn ihr morgens an eurem Schreibtisch sitzt..

Wir alle sind in der Lage, ein Meisterwerk zu schaffen. Bei Miles sah es einfach aus, das Ergebnis war jedoch magisch. Es hat wahrscheinlich geholfen, dass Miles nicht von E-Mails unterbrochen wurde, während er seine Soli spielte. Doch in Wahrheit wusste er, dass es nur um spielerisches, produktives Momentum ging. Er stellte großartige Musiker zusammen und sorgte dafür, dass alles vorbereitet war – ohne natürlich übermäßig vorbereitet zu sein. Er ermutigte seine Musiker, nach Wirkung zu streben, nicht nach Perfektion.

Wenn ich mir also *Kind of Blue* anhöre, inspiriert mich das dazu, mich aus meiner morgendlichen Benommenheit zu befreien und das Momentum zu erzeugen, um Dinge zu verwirklichen: indem ich ein Team zusammenstelle, indem ich plane, indem ich mich engagiere und indem ich die entscheidenden ersten Schritte mache, während ich gleichzeitig mein Bestes gebe, um meinen eigenen Widerstand zum Schweigen zu bringen. Wenn dieses spielerische, produktive Momentum erst einmal in der Luft liegt, ist es tatsächlich schwieriger, die Dinge aufzuhalten, als es jemals war, sie in Gang zu bringen.

Es ist eine erstaunliche Vorstellung, dass wir mit diesem Buch eine Bewegung von Produktivitäts-Ninja ins Leben rufen konnten, die sich über verschiedene Branchen, Hintergründe, Altersgruppen und Rollen verteilen, aber alle darauf aus sind, die Welt positiv zu verändern, egal wie groß oder klein. Mein Plan mit diesem Buch war es, Menschen zu inspirieren, Produktivitäts-Ninja zu werden und sie dann zu inspirieren, ihre Ninja-Fähigkeiten mit anderen zu teilen, um eine solidarische Gemeinschaft zu schaffen, die jene, die etwas bewegen, feiert und fördert. Bitte leiht dieses Buch einer Freundin oder einem Freund, verbreitet die Botschaft des Produktivitäts-Ninja, verbessert eure eigenen Fähigkeiten und helft anderen, das Gleiche zu tun. Die Kontaktdaten von Think Productive findet ihr auf der Rückseite des Buches, und ich hoffe, dass ihr mit uns in Kontakt bleibt.

Das also werde ich tun. Was ist mit euch?

Seid ihr ein Ninja?

Zenartige Ruhe

Unkonventionalität

Skrupellosigkeit

Agilität

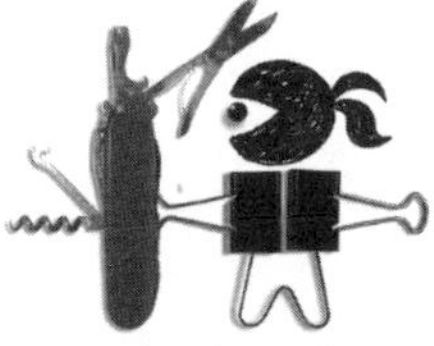

Waffenfertigkeit

Achtsamkeit

Tarnen & Täuschen

Einsatzbereitschaft

Ninja sind keine Übermenschen

ANHANG

FÜNF WEITERE BÜCHER, DIE IHR LESEN SOLLTET!

The Seven Habits of Highly Effective People, Stephen Covey

Making It All Work, David Allen

The War of Art, Stephen Pressfield

Meeting Together, Lois Graessle, George Gawlinski and Martin Farrell

Linchpin, Seth Godin

Ein Wort zu Produkten und vermeintlichen Kaufempfehlungen in diesem Buch

Obwohl ich zwar denke, dass dies bei weitem der nützlichste Weg ist, ist einer der Nachteile eines Buches, in dem man praktische Ratschläge zu Technologien und Werkzeugen geben will, dass es bereits veraltet ist, bevor es überhaupt veröffentlicht wurde, da sich insbesondere die Welt der Produktivitätssoftware so schnell verändert. Ein weiterer Nachteil ist, dass es viele nützliche Softwareanwendungen gibt und meine Aufgabe oft darin besteht, nur eine einzige auszuwählen, obwohl es in Wirklichkeit viele gute Optionen gibt. Der Think Productive-Blog veröffentlicht gelegentlich Artikel über neue oder interessante Produkte, die auf den Markt kommen. Wenn ihr uns abonniert, werden wir unser Bestes tun, um euch auf dem Laufenden zu halten! Und seid versichert, dass meine Entscheidungen immer rein auf Erfahrung und Objektivität beruhen. Ich erhalte von keinem Unternehmen, das in diesem Buch empfohlen wird, eine Gegenleistung für die Erwähnung ihrer Produkte.

Danksagung

Zunächst einmal möchte ich euch für den Kauf dieses Buches danken. Es ist das Ergebnis der letzten zehn Jahre, in denen ich mich selbst und andere darin geschult habe, produktiver zu sein. In dieser Zeit habe ich Hunderte von E-Mails mit Screenshots von leeren Postfächern und Geschichten von besseren Meetings, lebensverändernden Momenten und geschaffenem Mehrwert erhalten. Es war eine unglaubliche Reise, und ich hoffe, dass ich hier etwas davon festhalten und euch etwas Wertvolles weitergeben konnte. Wenn ja, meldet euch bitte bei mir – ich höre mir gerne eure Geschichten an. Wie ich bereits zu Beginn sagte, glaube ich nicht, dass es allwissende Gurus gibt, und ich lerne immer noch dazu. Vielleicht habt ihr also etwas, das für euch wirklich gut funktioniert und das ihr nicht in diesem Buch gefunden habt? Ich würde mich freuen, wenn ihr es mit mir teilen könntet! Meine E-Mail-Adresse lautet: graham@thinkproductive.co.uk. Ich freue mich, von euch zu hören!

Es gibt so viele Menschen, die meine Arbeit beeinflusst haben, und ich möchte ihnen für das danken, was sie mich gelehrt haben. Vor vielen Jahren habe ich Stephen Coveys *Seven Habits of Highly Effective People* gelesen, und Teile dieses Buches haben mich seither nicht mehr losgelassen. David Allens *Getting Things Done*, sein erstes Buch, und *Making It All Work*, sein meiner Meinung nach bestes Buch, Sally McGhees Buch *Take Back Your Life* und Merlin Manns Vortrag *Inbox Zero* waren ein großer Einfluss und haben mir geholfen, anders über E-Mails, Informationen und Aufgaben zu denken. Die Arbeiten von Julia Cameron und Stephen Pressfield haben mich ermutigt, mich selbst zu verwirklichen und meine eigenen Ängste und Widerstände zu überwinden. Seth Godin hat mich zu ähnlichen Themen inspiriert und war auch an einem kritischen Punkt bei der Entstehung dieses Buches großzügig.

Martin Farrell, der „Meetings-Magier" von Think Productive, ist jemand, den ich mit Stolz als Kollegen und Freund bezeichnen kann. Ihm dabei zuzusehen, wie er über die Jahre hinweg in Meetings Magie erzeugt hat, war sehr inspirierend. Er spielte auch eine wichtige Rolle in der frühen Entwicklungsphase von Think Productive, indem er bei der Entwicklung des CORD-Workflow-Modells half und einige unserer ersten Workshops gemeinsam mit mir leitete. Seine Integrität, sein Enthusiasmus und sein kluger Rat sind eine stetige Quelle der Unterstützung.

Es gibt so viele andere, deren Beiträge zum Thema Produktivität es wirklich wert sind, hier als unbestrittene Einflüsse gewürdigt zu werden, und ich habe Angst, dass ich jemand Offensichtlichen übersehe. Vielen Dank jedoch an: Michael Sliwinski, Gina Trapani, Michael Hyatt, Leo Babauta, Laura Stack, Kevin Duncan, Tim Ferriss, Lois Graessle, Nancy Kline, Lee Cottier, Matthew Brown, Russell Caird, Grace Marshall, Bernadette McDonagh, Dawn O'Connor, Hayley Watts, Lee Garrett, James Allen, Matt Cowdroy, Barbara und Richard Green, Fokke Kooistra und Marcel van den Berg.

Danke an mein fantastisches Team von Buchrezensenten und -rezensentinnen, Testleserinnen und -lesern: Elena Boga, Sean Sankey, Natalie Reynolds, Charlotte Maytum, Kate Parsley, Lou Drake, Jen Lowthrop, Mark Fellows, Sharon Leonard, Rob und Sarah Geraghty, Jon Burgess und Lyss McDonald.

Für die fantastische und dringend benötigte Unterstützung und Inspiration zu verschiedenen Zeiten auf meinem Weg: meine Lektorin Kate Hewson, Ellen Conlon und das fantastische Team von „Bücher-Ninja“ bei Icon Books, Elena Kerrigan, die mir mit Rat und Tat zur Seite stand und eine fantastische Geschäftspartnerin war, Cara Delaney, Hannah Urbanek, Caitlin Fox, Jess Scott, Elloa Atkinson, Dr. Rex Pogson, Lee Cottier, Lizzie Moore, Sneha Patel, Rob Wilson, Julia Slay, das gesamte Involve-Team, Max McLoughlin, Julia Poole, Marie Benton, Seyi Obakin, Paul Oginsky, Rasheed Ogunlaru, Allan Burrell, Chris Dubery, die SPW-Crew, Gareth Parker, Neil Smith, Claudia Pilgrim, Fiona Dawe, Penny Francis, Colette Heneghan, Matt Hyde, Martin Farrell, Ben Kernighan, Christopher Spence, Natalie Reynolds, Emma Serlin, Sophia Williams, Lisa Brady, Charlene Campbell, Tom Wylie, Mama, Papa, Oma, Heather, Craig, Lyra Jo und Alex.

Und schließlich an Roscoe: Du hast mich mehr über die wahre Bedeutung eines produktiven Lebens gelehrt als jeder andere auf der Welt. Ich liebe dich.

KONTAKTIERT EINEN PRODUKTIVITÄTS-NINJA IN EURER NÄHE

Weitere Informationen über unsere Workshops und über die Möglichkeit, sie in eurem Unternehmen anzubieten, findet ihr unter www.thinkproductive.eu oder schreibt uns eine E-Mail an: hello@thinkproductive.eu

Wendet euch per E-Mail an ein Think Productive-Büro in eurer Nähe:

Australien & Neuseeland – **hello@thinkproductive.com.au**
Kanada – **hello@thinkproductive.ca**
Frankreich – **hello@thinkproductive.fr**
Deutschland, Österreich & Schweiz – **hello@thinkproductive.eu**
Niederlande, Belgien und Luxemburg – **hallo@thinkproductive.nl**
Vereinigtes Königreich & Irland – **hello@thinkproductive.co.uk**
USA – **hello@thinkproductiveusa.com**